動物たちのすごいワザを物理で解く

花の電場をとらえるハチから、しっぽが秘密兵器のリスまで

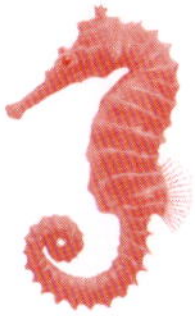

マティン・ドラーニ
リズ・カローガー
吉田三知世 訳

インターシフト

両親、サイードとインゲ、そしてカティヤ、チアラ、アレックスに
——マティン

スー、パトリック、マグス、キャサリン、ジャスティン、
ダニエル、トム、そしてジョシュに
——リズ

動物たちのすごいワザを物理で解く

花の電場をとらえるハチから、
しっぽが秘密兵器のリスまで

【目次】

＊文中、〔 〕は訳者の注記です

はじめに　動物たちは物理を生きている

動物の暮らしも楽じゃない。体温を快適に保つためのセントラルヒーティングもエアコンもないし、おなかがすいたら何か買いに行けるスーパーマーケットもない。守ってくれる壁もない。川に飛び込んで魚を取り、苦労して水のなかを歩いて、やっとの思いで岸に上がっても、体をふくタオルがあるわけじゃない。体はどんどん冷えていく。動物が生きていくためには、長い年月をかけて環境に適するように進化してきた自分の体のほかに、感覚、機知、つがいの相手、親戚たち、群れの仲間（ヒョウなど、群れを作らない種を除いて）を利用しなければならないが、この、体を使う場面で物理が働いている。食べる、飲む、交尾する、そして命にかかわるさまざまな危険を避ける日々の活動のなかで、動物がいかに巧妙に物理を利用しているかに、生物学者や物理学者が気づき始めたのはつい最近のことだ。ペットの犬でさえ、濡れた体を揺さぶって水を振り払い、逃げ遅れた人をみなびしょびしょにしてしまうとき、物理を使っている。

何も、動物たちが物理の原理を発見し、それに合うように自分の体を設計したわけではない。進化が長い歳月をかけて、人間が物理学と呼ぶ科学の原理・法則を使いながら試行錯誤を重ね、うまく機能する実際のシステムを徐々に作り上げたのだ。

物理を利用し始めたのは、人間よりも動物のほうが先だった。科学者たちが電気とは何かを理解するずっと前から、電気ウナギは電気の原理を応用し、高圧電流を一気に発生させてカニを感電死させていた（第5章を参照）。ウナギが電流を理解しているわけではないが、人間にしたって、スマートフォンを使うのにトランジスタや集積回路のことなど何も知らなくてもいいわけである。

本題に入る前に、皆さんに安心していただくために一言お断りしておく。この本は、何種類かの野生動物について、彼らが生存のために物理をどのように使うかを紹介するものだ。物理なんて苦手だという人も、心配ご無用。難しいことは書いていない。本書を読むのに、アインシュタインである必要はない——ダークエネルギー、ヒッグス粒子、それにワームホールなどの妙ちきりんなものが出てこないか、びくびくしなくていい。逆に、あなたが物理のファンなら、大好きな科学が動物の世界にどんなにカッコよく、しかも頻繁に登場するかを見てびっくり仰天するだろう。フワフワのネコやイヌから、ちくっと刺されそうな蚊、海中のイセエビやダイオウイカまで、すべての動物が物理を活用している。

物理学愛好家が生物学について忘れてならないのは、動物の生態のほとんどすべてが、セックスと食べ物を中心に繰り広げられているということだ。物理学は、ビッグバンにこだわり続けてはいるものの、生物学が生殖と栄養摂取から離れられないのとはだいぶ違う。自分の種を存続させるため、動物は子どもを産んで自分の遺伝子を次世代に伝えなければならない。ほぼすべての場合において、繁殖できるまで、また、そうして生まれた子どもが成熟して、そのまた子どもを世話できるようになるまで十分長く生きるには、食べ物が必要だ。注目すべき例外がイチジクコバチのオスである。幼虫期にはイチジクの実の中身を食べるが、変態して成虫になると、口の部分が縮んでしまい、もう食べることはできなくなる。オスは、力尽きて死ぬ前に交尾することだけを目的に生まれてくるのだ。

もしもあなたの得意分野が生物学なら、物理学について覚えておいてほしい大事なことは、それは生物学よりはるかに易しいということだ。実際、物理の実験を行うとき、生物の実験に比べ、はるかに容易に、自分の制御のもとで進めることができる。あるひとつのこと（科学用語では「変数」という）が、どれほど影響するかを調べるために、それだけを変更したいとき、温度と湿度が快適に制御され、風雨から守られた実験棟のなかでのほうが、ジャングルのなかよりも、あるいは、野生の花が咲き乱れる牧草地や、第4章で見るような動物園よりもずっと簡単だ。それに、調べている動物を、本来の環境から切り離してしまえば、そのことで動物の行動が変わったのかどうか、判断することはできない。だが、たとえその動物をもともとの生息地に置いたままだったとしても、あなたが変えてしまった何かの変数が、あなたが知らない何か別のこと——ほかの動物またはほかの変数——を変えてしまったかどうか、まったくわからない。そのことは、あなたが知らないうちに結果をゆがめてしまうかもしれないのだ。このように、生物学は難しく、物理学は易しい。

ここでひとつお断りをしておく。本書では、しばしば擬人化を行い、動物があたかも人間であるかのように見なし、私たちが動物の立場にあったらどう考えるかという書き方をする。生物学者たちはこれを好まないのだが、このほうが話をしやすいので、著者らはそのことでは謝らない。もし謝ったとしてもほんの少しだけだ。そして、あまり大きな声では言えないが、物語の進行を妨げないように、物理をほんの少し単純化することもある。

今日の混乱した世界のなかに秩序と論理を求めてポピュラー・サイエンス本を手に取る人もいる。だが、人生は複雑だ。見れば見るほど、物事が余計に複雑になってしまうこともある。たとえば、バラの美しい色と妙なる香りを楽しんだあと、ぐっと近づいて、ベルベットのような花びらの表面の凹凸、花びらの付け根近く、色が薄くなった部分にある縦筋、中央のおしべと花粉が作る小さくて複雑な森のような構造、お椀状になった花のすぐ下に生えている葉の産毛などの細部を見るようなものだ。高性能の顕微鏡を使えば、バラを成り立たせている生物学的な構造――どんな管がどう通っているかや、個々の細胞――を見ることができる。だが、真剣に生物学に取り組んでいる人でなければ、あまり細部を見すぎると、いつのまにやら喜びは消えて、難しい名称と、もはや美しくも見えない一輪の花との、わけのわからない世界に迷い込んでしまっているのに気づく。物理の説明でもこれと同じはめになりやすい――レベルはたくさんあるのだ。誰もが楽しめるレベルもあれば、物理に非常に熱心な人や天才に任せるべきレベルもある。本書では、楽しめるレベルにとどまるよう努めた。そのため、美しく単純であることを優先させ、奇妙すぎる細部を軽く取り繕った部分があるが、皆さんがそれを喜んでくださるよう願っている。それが不満な方は、ご自身でいろいろな方程式や詳細を調べていただくといいだろう。

本書は、物理を利用しているすべての動物について、その行動や特徴を網羅的に書いたものではない。そんなことをしたら、とんでもなく分厚い本になってしまう。本書としては、章ごとに、熱、力、流体、音、電気・磁気、光という特定の項目を取り上げ、著者らが選んだ何種類かの動物の生態を通して、その基本原理がどのように利用されているか例を示していく。動物が日常生活でどのように物理を使っているかに注目して、クジャクからタコまで、そしてゾウからミツバチまで、水の摂取、獲物の捕獲、体温の調節、自らを守ることなどに、積極的に物理を利用している動物を選んでいる。ミステリー小説にたとえるなら、「どの動物がそんなことをしているか？」という犯人捜しではなく、「その動物はどんなふうにそれをやっているか？」という、犯行方法を推理して楽しんでもらう本になっているはずだ。とはいえ、皆さんが「犯行方法」を当てるのが難しい例も出てくる。

人間がいかに動物のやり方を借用してさまざまな装置を作っているかについては、それだけで1冊の本になってしまうので、本書では触れない。そんなわけで、物理学者たちが蝶の羽の構造にインスピレーションを得て熱センサーを作った経緯や、植物のトゲが犬の毛にどんな具合にくっつくかなどを調べてベルクロ〔マジックテープ〕を開発した課程などは、本書では扱わない。「バイオミメティクス」、「バイオインスピレーション」などと呼ばれるこの分野は、確かに興味深いが、すでにいろいろなところで取り上げられている。だが、ゾウのコミュニケーション方法を応用した補聴器については、この原則からちょっと外れて、少し説明することにする。すでにあちこちで取り上げられているという理由で私たちが扱わないもうひとつの話題は、隊列をなして飛ぶ鳥の群れ、一団となって移動するペンギン、力を合わせていかだを作るアリの群れなど、動物が示す「集団行動」だ。

この本では、集団ではなく、個々の動物から話を始める。

第1章 熱 ガーターヘビからファイアービートルまで

・熱を盗むヘビ ・水滴を最大量、飛ばせるイヌ
・尻から血を出す蚊 ・抱擁で敵をやっつけるミツバチ
・しっぽが秘密兵器になるリス ・赤外線を「聞く」甲虫

インディ・ジョーンズのあのシーンのように

『レイダース／失われたアーク《聖櫃》』では、ハリソン・フォード扮する熱血考古学者ヘンリー・「インディアナ」・ジョーンズが、究極の悪夢のような試練に直面する。「契約の聖櫃《せいひつ》」が敵の手に落ちるのを阻むため、彼は恐れに震えながらも、ヘビがひしめく「魂の井戸」――エジプトにある聖櫃の秘密の隠し場所――の奥へと、勇気をふるって進まねばならない。映画ではよくあるように、このシーンも、悪と力の象徴という古典的なヘビのイメージを利用している。

だが、この映画を監督したスティーヴン・スピルバーグの頭のなかにあったのは、象徴としてのヘビをはるかに超えたものだった。スピルバーグの部下たちは、ヘビを求めて、ロンドンじゅうのペット

ショップをしらみつぶしに探し回った挙句、ゴムホースをヘビぐらいの長さに何本も切断してごまかして、数合わせせざるを得なかった。生きた「ヘビ」にしても、その一部は本物のヘビではなく、アシナシトカゲだった。両者の違いは、追い詰められた映画撮影班にとっては大したことではなかったかもしれないが、生物学者にとっては重大だ。アシナシトカゲは——その名が示唆するように——足が退化して縮んだりなくなったりしたトカゲなのである。

「子どもと動物とは、絶対一緒に仕事するな」という俳優たちの格言は、ヘビのことを念頭に作られたのかもしれない。ヘビはかみつく。スルスル動く。怖い。だが、ヘビに苦労するのは映画を作る人たちだけではない。野生のヘビを研究する動物学者も、困った事態に遭遇する。ヘビは追跡するのが難しいし、あなたのことを見つけたら、すぐさまスルスル逃げてしまうか、もっとひどい場合には、皮膚の下や目に入ったら命にかかわる毒を、あなたに注入したり吹きかけたりする。

これから紹介する物語のヘビ恐怖症ではないヒーロー、オーストラリアのシドニー大学のリック・シャインにとってありがたいことに、この「一緒に仕事しづらい」という原則にはひとつ例外がある。そのヘビは、いいタイミングで捕まえれば、人間がつまみあげても気にもかけないのだ。シャインは、望みさえすれば、このヘビを何匹も車に乗せて、ドライブすることもできる。このあとわかるが、彼はあるときまで実際にそうしていた。秋、冬、そして春、レッドサイドガーターヘビ（*Thamnophis sirtalis parietalis*）は、『レイダース／失われたアーク《聖櫃》』でインディー・ジョーンズの宿敵だったヘビのように巨大な群れになって出現し、何万匹もの群れになることも珍しくない（件《くだん》の映画監督がうらやむだろう数だ）。このヘビたちがいるのは、エジプトの秘密の地下遺跡ではなく、カナダはマニトバ州の大草原だ。この点に関して、レッドサイドガーターヘビは記録更新者である。西半球で最も北に生息する爬虫類なのである。

気温がマイナス40度まで下がり、毎年8、9ヶ月にわたって地面が凍結するところに生息するなど、正気の沙汰とは思えない。爬虫類は外温性動物で、自ら食物を燃やして体熱を発生させることができない。そこで太陽などの外にある熱源に頼り、素早く動き生殖するのに十分温まるまで日光浴をするわけだ。極寒のなかでは、レッドサイドガーターヘビは冬用の隠れ家の穴のなかで群がり、冬眠する。

しかし、マニトバにいることは、レッドサイドガーターヘビと、その研究者たちに、恩恵をもたらす。まずひとつには、夏になりさえすれば、気温が30度に届き、暖かくなる。4月か5月ごろになると、ヘビたちは姿を現し、草も生えていない地面の上で、数百匹、数千匹の群れになって、くねくねと体をよじらす。まるでスパゲティーの巨大な塊がくねくねしているように見えるこの光景は、長年にわたり人々を引き付けてきた。いったいヘビたちは何をしているのだろう？

レッドサイドガーターヘビの謎は、クールな物理と、たくさんのセックスに、性転換をちょっと添えた、あのスピルバーグでも、自分で思いついたなら自慢に思うだろう物語になっている。念のためにお断りしておくが、セックスと性転換をするのはシャインとその同僚たちではなく、ヘビたちである。

ガーターヘビの生態

おっと、マナーに反した振る舞いをしてしまった。彼らのセックスライフを覗き見する前に、このヘビのことをもっとよく知らなければ。まず、もう少し広い親戚全体を知ろう。ガーターヘビは北米大陸全域に生息しているが、冬眠するのは、冬が極端に寒くなる地域の種だけだ。水の近くなら、森、林、草地など、どこでもいる。体長約50センチで、小さな獲物を殺すのに十分な毒を持っているが、人間がそれで死ぬことはない。カエルや魚を好んで食べるが、ミミズ、ネズミの仲間、そして小鳥も餌とする。

レッドサイドガーターヘビは、一見したところ、名前にふさわしからぬ姿に思える。体は黒く、体側に沿ってクリーム色の縞模様が入っているだけなのだから。赤い部分（レッドサイド）は鱗の下にあるので、このヘビがイラついて体を膨らませたときしか見えない。マニトバの3、4ヶ月にわたる夏のあいだ、レッドサイドガーターヘビは暖かさを最大限に活用し、食べ物を探して、巣穴から15キロメートル以上離れたところまで移動する。

空気がひんやりしてくると――8月のうちにそうなる――、ガーターヘビは巣穴に戻る。はじめのうちは、巣穴のなかまで下りていくのは、夜間と曇りの日だけだ。だが、日中の温度が氷点下になると、ガーターヘビは自ら自宅軟禁状態に入り、身を寄せ合って、9ヶ月に及ぶ寒い季節に備える。彼らの冬の家は地下6メートルの深さにあり、凍結線（地中で凍結する下限の深さ）の下だ。「室内温度」は摂氏10度で、夏の昼間の気温には届かないが、外はマイナス40度の寒さなのだから、それよりはずっと心地よい。冬眠のあいだガーターヘビたちは、仮死状態の一歩手前の状態で過ごし、エネルギーもほとんど消費せずに過ごす。何も食べず、ほとんど呼吸もせず、ときどき水を少し飲むために起き上がるだけだ。

メスに成りすますオス

待ちわびた陽光で顔がぽかぽか暖かい晩春、マニトバ州のナルシス村付近で、ヘビの巣穴の近くに行くと、自然界の最も不思議な光景のひとつを見ることができる。あなたの眼前には、泥まみれのヘビの集団の、うごめく絨毯《じゅうたん》が広がっているはずだ。まさに今巣穴から出てきたヘビたちが、地面の上で再び群がっている。よく見ると、それ以上に奇妙なことに気づくだろう。ほとんどすべてのヘビがオスなのだ。長さ約45センチと、メスより15センチほど短い。

体が小さいことなど物ともせず、オスのヘビたちはメスより数週間も早く外に繰り出す。どのオスヘビも、自分が真っ先に交尾するのだと意気込んで待ち構えている。オスどうしでスルスル行き違いながら、早起きしたオスはチロチロと舌を出して、メスが皮膚から分泌するフェロモンという化学物質を探す。9ヶ月も続いた冬眠から目覚めたオスたちの一番の目的はセックスのようだ。

だが、そううまくはいかない。メスは、巣穴から出たとたん、一目散にどこかへ行ってしまう。のろまなメスには、欲望に駆られた何十匹、あるいは何百匹のオスが、交尾しようと興奮して寄ってたかってくる。どのオスも、交尾できる体勢になろうと、体をメスに巻き付けようと必死だ。メスにとってはうっとうしいばかりで、逃げるためには何でもする。オスとメスの比率は10対1、あるいはそれ以上でオスのほうが圧倒的に多いので、オスが交尾できる確率は極めて低い。

オスヘビの巨大な絨毯のような塊や、交尾希望者のより小さな塊だけでも十分気持ち悪いが、それ以上に奇妙なことが起こっている。注意深く見ていると、ときどき、メスではなくて、自分以外のオスを全身全霊で求めているオスがいることに気づくはずだ。著者らは、性別に応じてどう行動すべきかを他人に押し付ける、いわゆるセクシストではないが、オスの一部に、どう見ても紳士的ではない行動をするものたちがいる。いやほんとうに、非紳士的なのだ。このオスヘビたちは、メスヘビのふりをする。科学用語では「シーメイル（she-male）」と呼ぶのだが、彼らはフェロモンを分泌してメスに成りすます。シーメイルを見分けるのはたやすい。ほかのオスたちと同じ長さだが、地中から出てくるのが遅かったため、体はまだべっとりと泥に覆われているのだ。「他の」メスに求愛することはほとんどせず、これらのトランスジェンダー・ヘビたちはのろのろとはい回っている。ほどなく、「まともな」オスが彼らに飛びついてくる。

シーメイルたちが何をやっているかを理解するのは、彼らを見分けるよりもはるかに難しい。メスと交尾したいのなら、その相手と同じ性別のふりをするなんて、おかしいじゃないか？　生物学者たちも、この謎には頭をかきむしってしまう。シーメイルになると、ほかのオスから精子を盗めるとか、自分より大きなオスから攻撃されないですむとか、生殖上の利益が得られるのかもしれない。だが、リック・シャインは、そもそも巨大な塊になって過ごすこと自体には、生殖以外の目的があるのではないかと考えた。そう、熱の問題なのかもしれない、と。

温めた集団、冷やした集団

ありがたいことに、生物学は研究者たちの味方だった。交尾したくて死に物狂いのガーターヘビが、ちょっかいを出されるのを好意的に受け入れるはずないと思われるかもしれない。しかし、晩春、シャインとその同僚たちは、オス、シーメイル、メス、何であれ、ガーターヘビにしたい放題のことができる。つまみあげ、サイズを測り、袋に入れる。何でもありだ。ヘビたちはそんなことを気にする元気などなく、ほとんど笑ってしまうぐらい、研究にうってつけの状態になる。だからこそシャインは、1997年から2004年にかけての8年間のうち、7年もの期間、オーストラリアからナルシス近くのヘビの巣窟に出かけたのだ。「1万匹の発情したヘビたちがいるリビングルームほどの広さの区域は、ヘビ学者にとっては天国ですよ」と彼は言う。

シーメイルの秘密を明かすため、シャインとその同僚たちがやったことは単純だった。冬の巣穴から出てきたばかりのレッドサイドガーターヘビたちの近くの草地に、ただ座ったのである。シーメイルを1匹ずつしっぽのところでつかんで、「まともな」オスに近づけ、どんな反応をするか見た。オスはほぼ必ず、シーメイルをとても魅力的だと感じ、相手に顎《あご》を押し付け、体をぴったりと寄せ付けた。つまり、オスはシーメイルのフェロモンの魅力に完全に落ちてしまうのだ。だが、シーメイルにとってそれが何の得になるのだろう?

もう少し工夫のある実験を計画しなくては。シャインはシーメイルの集団を丸ごとひとつ、彼らの巣穴の温度である摂氏10度に保った。そしてもうひとつのシーメイル集団を布袋に入れて、チームで借りたレンタカーの四駆車、ユーコンの前座席に置いた。座席は温めて28度に保つ。その後、これら2つの集団を、同じ25度にしてやった。寒いところにいたヘビたちは、この座席の上で温めてやり、さっきから座席にいたヘビたちは自然に放熱させて冷やしたわけである。

シャインは、25度になったシーメイルを1匹ずつしっぽでつかんで、5匹のオスヘビに見せた。予想どおり、オスたちは舌のチロチロした動きを速め、シーメイルににじり寄ろうとした。しかし、彼らはいつまでもシーメイルに引き付けられてはいなかった。「温めた集団」のヘビに対しては、約3時間以内に嗅ぎまわるのをやめた。一方、「冷やした集団」のヘビたちは、5時間、オスを引き付け続けた。まともなオスが関心を失ったのは、シーメイルたちが普通のオスに戻ったからだ。そして、「温めた集団」のシーメイルのほうが、「冷やした集団」よりも早く元のオスに戻ったのだ。結論は明らかだった。オスのレッドサイドガーターヘビは、ほかのオスを誘惑して、交尾できそうな相手と思わせて、体を押し付けさせるのである。体が冷たいシーメイルたちは、本来はライバルであるはずの、自分より温かいオスに体をこすりつけ、彼らの筋肉によって生み出された熱を奪って、自分の体に取り込むわけだ。本書でもあとで説明するが、熱は熱いところから冷たいところに向かってしか流れない。

友はそばに置け。そして敵はもっとそばに置け

仲間の動物から熱を盗むことによる体温調節法は、クレプトサーミー（盗熱）と呼ばれている（上着の下に缶コーヒーを何本も隠して、スーパーマーケットから走り去りたくてしょうがなくなるのは、盗癖という意味のクレプトマニアなので間違えないように）。ヘビは細長いので、体積の割には表面積が大きく、丸々とかわいらしい形をしていた場合よりも速く熱を失ってしまう。寒冷なマニトバの春、熱は貴重な必需品だ。一年のこの時期に天気に恵まれるなら、気温は摂氏10度ぐらいで、地面の下と同じくらいの温度だ。巨大な塊を作り、互いに体をこすりつけ合うことで、ヘビたちは体熱を極力失わないようにできる。寒い夜に

キャンプをするようなものだ。テントのなかで誰かと身を寄せあっていれば、2人とも温かい。

シーメイルとして振る舞うことで、巣穴から出てきたばかりのヘビは、冬のあいだにすっかり動きのにぶくなってしまった体を即座に温めることができる。素早く行動することは、命を守るには必須だ。何ヶ月も地下で過ごした直後で、まだ冷たくのろまなヘビは、カラスの絶好の標的となる。動きの鈍いヘビよりカラスが好きなものはない。体を温めれば、ヘビは素早く動いてカラスの爪牙《そうが》を逃れることができる。性別を偽ることには、もうひとつ密かな目的がある。シーメイルになることで、ライバルたちを本物のメスから遠ざけることができるのだ。ほかのオスたちに、無益な関係に貴重なエネルギーを注がせるのだから。そのあいだシーメイルたちは、交尾しようとやっきにならないことで、ちゃっかりエネルギーを節約している。「友はそばに置け。そして敵はもっとそばに置け」ということわざのとおりだ。

もともと生物学者たちは、冬眠後、シーメイルになるオスは、レッドサイドガーターヘビの一部だけだと考えていた。やがて、すべてのオスがシーメイルになることがわかった。ただし、シーメイルになるのはほんの一時《いっとき》のことである。1、2日ウォーミングアップしたあと、ほとんどのシーメイルがオスに戻り、夏の旅に出かけてしまう。本物のオスとメスの求愛と交尾の大部分が、ヘビの巣穴から遠く離れたところで、小さな集団のなかで行われる。

春のレッドサイドガーターヘビが「ばかばかしいほど調べやすい」おかげでシャインは、7回にわたるカナダの荒野への旅で、40件を超える科学論文を書くことができた。「一晩で新しいアイデアを組み立て、翌日それをテストし、その次の日の夕食のあいだに追跡実験を考えることができる」と彼は言う。ヘビたちがこれほど従順なのだから、スピルバーグもシャインにならって、『レイダース／失われたアーク』の有名なヘビのシーンはカナダで撮影すべきだったろう。

熱とは何か

ここまで、むんむんするような、ヘビの性別詐称の話のあいだ、私たちは熱や温度などの言葉を無頓着に使いまくっていた。もしかすると、まばたきする暇もほとんどなかった読者もいらっしゃるかもしれない。熱という言葉は、誰もが毎日使っている。太陽からの熱とか、議論が白熱するなどの言い回しを使い、熱く感じたり冷たく感じたりするのはどんなことか、みんな知っている。だが、かつては、最も頭のいい物理学者でさえ、熱とはいったい何なのか、真に理解するのは難しいと感じていた。18世紀には、ほとんどの科学者が、熱とは「カロリック」という目に見えず重さもない流体であり、熱い物体から冷たい物体に向かって流れるのだと考えていた。カロリックなどという概念、今聞けば笑いたくなってしまうかもしれないが、カロリック説を否定するには、1798年に、動物——馬2頭と、ミュンヘンで大砲の製造を研究していた人間1人——が参加する、ある実験が行われねばならなかった。アメリカ生まれのイギリス人、ベンジャミン・トンプソン（1753〜1814年）は、2頭の馬を円周に沿って歩かせ、水を張った水槽のなかの重さ2・7キログラムの真鍮製の円筒に、金属ドリルを押し込んで穴を開けさせた。馬たちがもうとっくにうんざりしていただろう2時間半ののち、真鍮も水も、ものすごく熱くなっていた。「火を一切使わずに、これほど大量の冷水が熱せられ、実際沸騰しはじめたのを目撃した見物人たちの、驚き仰天する表情を説明するのは難しいだろう」と、トンプソンは記した。

この熱はいったいどこから来たのだろう？　そのヒントは、両手をすり合わせれば見つかる。左右の掌、あるいはドリルの刃と、それでくり抜き大砲にする真鍮の筒など、２つの面が互いにこすれ合うとき、摩擦と呼ばれる力が生まれる。摩擦は動きに抵抗し、その運動エネルギーの一部を熱エネルギーに変える。この熱エネルギーこそ、私たちが熱と呼ぶものだ。摩擦については次章で、古代ギリシア人とアイスホッケーのパック〔球技のボールに相当するもの〕と共に、再度取り上げる。だが、馬がうんざりするまで穴を開けさせられただけで、カロリック説を否定する仕事が完全に終わったわけではなかった。ドリル、真鍮、水のどれも、物質としての性質はまったく変わっておらず、また、馬が動いている限り水温が上がり続けたことを示すことによって、トンプソンは、これらのもののうち、カロリックを獲得したり失ったりしたものはないことを証明した。カロリックという流体は、説明には便利だが、存在しないのだ。カロリックに代わる考え方として、熱の正体は運動のひとつの形態だと、彼は主張した。熱も運動もそれぞれエネルギーの一種であることからすると、彼は正しい。しかし、彼と馬たちの努力にもかかわらず、カロリック説を完全に葬り去るには、ほかの優秀な物理学者たち――マンチェスター生まれのジェームズ・プレスコット・ジュール（1818～89年）も含め――が、さらに半世紀を費やす必要があった。

伝導を利用して熱を盗む

ジュールは、家業の醸造業を経営者として切り盛りしていたが、いつのまにか科学にのめり込んでいた。彼は実験室を作り、トンプソンがやったように、運動によって水を熱する実験を行った。彼は馬の力は借りなかった。ひもにつるした錘《おもり》が落ちるときに、水槽内にある羽根車が回転するようにしたのだ。このように設定することによって、ジュールは実験後、錘が落ちるときに行った力学的な仕事を計算することができた。ジュールはさらに、この仕事が水のなかにどれだけの熱を生み出したかを測定して、仕事をするために必要だった力学的エネルギーと、それによって生み出された熱エネルギーを結びつけた。この実験がひとつの契機となり、エネルギーの保存という概念が生まれた。これは、簡単に言えば、「エネルギーは生み出すことも消失させることもできない」という概念である。エネルギーは生まれもせず消え去りもせず、ある形から別の形に変化するだけだ――ジュールの実験では力学的エネルギーが熱エネルギーへと変化した。電球の内部では、電流の電気エネルギーが光と熱に変わり、動物たちは、食物内部の化学エネルギーを、活動するための力学的エネルギーに変えている。

熱とそれ以外の形とのあいだでエネルギーが変換する現象についての学問は、熱力学と総称されており、エネルギー保存の法則が熱力学の第1法則とされている。熱力学の法則は全部で4つあり、極めて恣意的に、ゼロから3までの番号が振られている。物理学者たちは、19世紀に第1から第3までの法則を確立したあと、20世紀になってから第ゼロ法則を付け足した。番号が逆順になってしまっているわけだ。熱力学の第1、第2、第3法則が『スターウォーズ』の『新たなる希望』、『帝国の逆襲』、『ジェダイの帰還』だったとすると、第ゼロ法則は、『ファントム・メナス』ということになろう（スターウォーズ純粋主義者からすると、『シスの復讐』でなければならないかもしれない――物理学者の皆さん、『スターウォーズ』シリーズがぴったり当てはまるように、熱力学の法則をあと2つ作ってください）。

羽根車の実験をはじめとするさまざまな努力の結果、ジュールはエネルギーの単位に名を残した。1ジュール（J）とは、ある物体を1ニュートン（N）の力で1メートル動かすとき、その物体に与えられるエネルギーである。小さなリンゴ1個を1メートル持ち上げるのに必要なエネルギーとだいたい同じだ（あるいは、仕事）である。（力やニュートンについては次章でもう少し詳しく触れる）。ちなみにイギリスでは2010年、40年近く姿を消していたジュール・ブランドのビールが販売を再開した。だが、主力商品のエールに物理がらみの名前のものがないのはちょっと残念である（ダークエナジーやステラアルトワなんていう名前のビールはいかがですか？）。ジュールの名前は、食品のパッケージでもよく見かける（海外では、食品の熱量はジュール表記が多い）。私たちが研究目的で食べた25グラムのソルトビネガー味チップス1袋は、54万ジュール（540キロジュール）のエネルギーを私たちに与えた。130キロカロリーに相当する（食品の1キロカロリーは4184ジュールである）。熱を運ぶ仮想流体カロリックにちなんで名づけられたカロリーは、正式な度量衡としては使わないことになっており、世界的に見て徐々に消える方向にある。たとえ単位として廃れる運命にあっても、高カロリー食品にはおいしいものがいろいろある。

今日では、熱はエネルギーの移動の一形態として定義される。そもそも存在しなかったカロリックという流体よりはずっと正しい概念になった「熱」は、2つの物体の温度が異なるときだけ存在する。その熱は、これら2つの物体のあいだを流れ、やがて両者は同じ温度になる。科学用語ではこれを、両者は熱平衡に達したという。このとき、エネルギーの移動は止まり、熱は存在しなくなる。それまで熱として知られ、熱として流れていたエネルギーは、もともと冷たかったほうの物体のなかで振動している原子や分子の運動エネルギーとして取り込まれ、それらの振動は速くなる。絶対零度（摂氏－

273・15度、あるいは、専門家の使う温度目盛りでは、ゼロケルビン［ゼロK］）より高いあらゆる温度で、これらの分子や原子は常に振動しているのだ。気体や液体のなかでは、原子や分子は自由に動き回るが、個体のなかでは「決まった」場所で振動するだけだ。これが温度である。つまり、ある物体のなかの原子または分子の平均運動エネルギーの尺度こそ、温度なのだ。温度が高い物体は、分子が多くのエネルギーを持っているので、自分より低温の物体に熱を移動させることができる。焼きたてで熱々のアップルパイにアイスクリームを乗せたときのように。したがって、温度とは、ある物体が熱を移動させられる能力の尺度とも言える。

だが、熱はどのように移動するのだろう？　さっきのガーターヘビを見てみよう。体が冷たく、気力が出ないシーメイルたちが、メスのふりをして出すホルモンの助けを借り、「まともな」オスたちを自分の体にすり寄らせるとき、「まともな」オスの熱は、いったいどうやって彼らの皮膚からシーメイルの体へと移動するのだろう？　だまされたオスたちの一番の目的は自分のDNAを渡すことだとしても、ヘビどうしで分子を交換しているわけではない。ヘビたちは、伝導を利用して熱を盗むのだ。オスがシーメイルの冷たい体にぴったりとくっついているところでは、温かい「まともな」オスの体の内部にある、速く振動している分子たちが、シーメイルの体の、ゆっくり振動している分子たちをバンバンと押している。この衝突で、速い分子のエネルギーの一部が、近くにある遅い分子に移動する。シーメイルの分子にしてみれば、足早に行き交う人混みにもまれるようなもので、彼らもやがて動きが速まる。この結果として起こる熱の移動で、まともなオスの分子の平均運動エネルギーは低下し、体温が下がり、逆にシーメイルの分子の平均運動エネルギーは増加して、体温が上がる。このように、温度の異なる2つの物体が接触しているときに起こる伝導は、熱移動のひとつの形態である。残る2つの形態についても、すぐに紹介する。だが、まずは、イヌの話をしよう……それも、人類最高の発明の一つ、風呂にからめて。

風呂から出たあと、タオルがなかったら

目的もなく考えにふけったり、ときおり、アルキメデスのように「わかったぞ《ユリーカ》！」という瞬間を味わったりするのに最適なのが、風呂だ。シャワーは、水の節約にはなるだろうが、考える時間は提供してくれない。というわけで、あなたはお気に入りのポピュラー・サイエンス本を手に、湯船に漬かっている。湯気のなかにはラベンダーの香りが漂い、バックにはヴィヴァルディが流れ、浴槽のすみにはペパーミントティーのマグカップが載せてある。至福のときだ。ページを濡らさずに本を読むこともできる……と思っていたら、一瞬うつら……っとして、正気に返ると、口の上までお湯のなかだ。うーん、ラベンダーの入浴剤は、香りはいいが味はいただけない。

それでも、それ以外はすべて完璧だ。冷えてきたって、難なく解決できる。蛇口からお湯を足して、あとはまた何もせずにぼおっとしていればいい。お湯は、重力に引かれて底まで落ち、やがてまた一番上まで上がってくる。というのも、熱いお湯は密度が低い――気持ちよく感じるにはもう冷めすぎてしまった湯船のお湯に比べ、同じ体積にある分子の数が少ない――ため、上昇するからだ。高温のお湯は、上がっていくにつれ、浴槽の反対側にあるぬるいお湯を、自分がつい先ほどまで占めていた場所に

引っ張り込む。その結果、対流が生まれ、すべてが混ぜ合わされ、あなたは指1本動かすこともなく、熱を浴槽全体にわたらせる（とはいえ、あなたが片手をさっと動かせば、もっと早く全体を温かくすることができるのは確かだ）。

熱が移動する第2の方法、対流は、すべての液体と気体で起こる。液体と気体では、原子や分子が自由に動き回れるからだ。一方、伝導は、原子や分子の位置がほぼ固定されていて、互いに近いところに存在する傾向にある固体において最もよく働く。ただし、液体や気体では起こらないというわけではない。というわけで、あなたは風呂のなかで、2つの熱移動方法によって体を温めてもらえることに感謝すべきだろう。つまり、対流が熱いお湯をあなたのところまで運んでくれて、伝導があなたの体の内側に熱を運んでくれるのだ。交尾のために群がっているオスたちのなかで「シーメイル」のガーターヘビが温めてもらうのと同じように。

やがて指先がふやけて白っぽくなり、しわだらけになってしまったので、あなたは風呂から出ることにする。ところが、困ったことになる。よいしょっと浴槽から出たはいいが、体から水がぼたぼた落ちているのに、タオルがない。寝室の籐《とう》のかごのなかだ。おばさんからもらった籐かご。いやはや。風呂はぬくぬくと気持ちよかったのに、カーペットに濡れた足跡を残しながら急ぎ足で廊下を行くうちに、あなたはすっかり冷えてしまう。

風呂から出たとき、0・5キログラムもの水があなたの体に残っている——あなたの体重の約0・5パーセントに相当する（あなたの体重の話をして申し訳ない）。体積としては、およそ半リットルだ。小さいほうの牛乳パックぐらいである。この水の大部分はしたたり落ちるが、残ったものは蒸発する。蒸発とは、最も熱く、最も速く動いている分子が液体表面から空気中へと逃げだし、より冷たく動きの遅い分子が残される現象だ。残った水の温度は下がり、あなたの体は冷える。

蒸発は、夏に汗をかくときにはありがたい。あなたの体は、あなたを冷やすために、わざと皮膚の表面に水たまりを作る。また、イヌが舌を出しながらハアハア息をするときも、口から唾液を蒸発させて体温を下げる。しかし、蒸発という物理現象は、風呂から上がったあと、タオルがなくて、体に残った水分をそのままにしているときには、あまりありがたくない。建付けの悪い窓から隙間風が入りでもしたら、水滴の表面から蒸発しかかっている分子を風が素早く運び去り、さらにほかの分子が飛び出し、蒸発を一段と促すだろう。風の強い日に屋外プールから出るのに覚悟がいるのはこのためだ。少なくともイギリスではそうである。

皮膚の上にある水は、伝導によって体内の熱エネルギーを引き出して、あなたの体を冷やす。水は空気の約25倍もよく熱を伝導する。なぜなら、水の分子たちのほうが互いに近いからだ。伝導と蒸発の両方が働くとき、皮膚のすぐ上に空気しかない場合よりも、水の層が乗っているときのほうがずっと寒く感じるだろう。これを避けるには、タオルをひっつかみ、できるかぎり素早く体を乾かすしかないだろう。

イヌと体温

私たち人間は、寝室に忘れることもあるにせよ、タオルというものが使えるが、動物たちにはそれは無理だ。体毛に覆われた動物――イヌ、クマ、パンダ、ハムスターなど、何でも――では、毛と毛のあいだに水が大量に捕らわれる。ラットの毛は、びしょびしょに濡れているとき、ラットの体重の約5パーセントに相当する液体を含んでいる。これを人間に換算すると、4、5リットルの水を体にまとって風呂から上がる状況に当たる。普通風呂から出るときの10倍の水というわけだ。だが、もっと大変な動物がいる。ラットは幸いなことに、アリではない。アリはごく細い体毛で覆われており、なんと体重の3倍もの水を含み得る。

これほど体毛が濡れると、蒸発により、体温が極端に下がることもある。また、イヌその他の哺乳類、鳥類、そしてある種の魚のように、内温性で自ら熱を生み出すことのできる動物の場合は、毛がびしょびしょに濡れていると、体温を維持するために燃料を燃やすことになるので、体力を急激に消耗する。動物が体温を一定に維持するために多大な努力を払うのは、彼らの体が特定の範囲内でしかうまく機能しないからだ。内温性動物の場合、その範囲は普通、摂氏目盛りでたった2、3度しかない（ここでは冬眠は無視する）。爬虫類、蝶、蛾、その他の外温性動物は、自ら生み出す熱は微々たるものなので、もっと広範囲の体温でやっていける場合が多い。たとえばレッドサイドガーターヘビは、カナダの春の10度でも大丈夫だが、体温が25度のときのほうが動きが素早くなるし、より安全だ。一般に外温性動物は内温性動物ほど食べる必要もないが、マイナス面もある。外温性動物たちは、遠くまで行きたいときは、まず日光に当たりながらごろごろしなければならないし、速く動けるのはほんのしばらくでしかない。そもそも、寒すぎるところでは暮らせない。外温性動物は、夜に活動するのも難しい（ヤモリ――第2章を参照――は夜行性だが）。

ヤモリやラット、そしてアリの話はもうこれで終わりにしよう――イヌの話をしようとしているわけなのだから。イヌは内温性動物なので、体温は約38〜39度の範囲でなければならない。体温が37度を下回ったり、40度を上回ったりしたら、愛犬を獣医に診せるべきだろう（読者のみなさんへのお断り：私たちの医学的な助言を当てにしないでください。応急救命処置の資格を持っているのは共著者の一人だけで、それも有効期限が切れていますので）。人間と同じように、体温が上がりすぎると、イヌは代謝（体が食物を燃やしてエネルギーを解放する速さ）が速くなり、体力の源を速く消費しすぎてしまう。また、このエネルギーを解放する反応を可能にする酵素は、高温になりすぎると働かなくなる。エネルギーの停止、すなわち死である。逆に、理想的な温度よりずっと低温になっても、これらの酵素はうまく働かない。イヌの代謝は遅くなり、それに伴い、心拍数、呼吸、脳の活動なども減速する。イヌの体温が下がりすぎると、これらの基本的な機能がすべて停止する。

イヌは濡れるとダブルパンチに！

イヌの場合、濡れているというのはダブルパンチだ。蒸発で体が冷えるのみならず、体毛が体温を保つのを妨げてしまう。通常、体毛は、熱を伝導しにくい空気を層状に閉じ込めており、その結果、体毛の断熱性が高まり、熱が失われにくくなっている（閉じ込められた空気の塊のなかでも対流は起こるが、この対流はごく短い距離にしか及ばない）。人間も、体毛のほとんどを失ってはいるが、これと同じことを行う。寒いときには鳥肌が立って、腕の毛が立ち上がり、皮膚のすぐ上に薄い空気層ができ、対流を遮断するのだ。だが、イヌの毛が濡れてしまうと、閉じ込められていた空気に代わって、水が入ってくるため、伝導によって体温が素早く奪われてしまう。より多くの熱がイヌの周囲の空気に逃げ出し、より大きな対流の渦ができて、蒸発によるロスは追い打ちをかけ、さらに熱を奪い去る。ブルブル。

まとめるとこうだ。イヌの毛は、乾いているときは、伝導と対流による熱の損失を最小限にとどめる。だが、毛が濡れているときは、自分の体を機能させるに十分な体温を維持するために、イヌは貴重なエネルギーを燃やさなければならない。あなたが立っているところのすぐ隣に、川のなかからイヌが飛び出してきたとしよう。あなたはびしょびしょになるが、そのおかげで、イヌはなかなか賢くて、濡れたままだとエネルギーを消耗してしまうことを理解している、と思い知るだろう。ずぶ濡れのイヌは、体を揺さぶって、体を乾かす。体を左右に揺さぶることで、水を振り払い、人間の手から外れたホースのように、あらゆる方向に水滴をまき散らす。これはイヌに限ったことではない。ありとあらゆる毛を持つ動物が、自分の体を回転させて、水を飛ばして体を乾かすのである。

ブルンブルンの物理

ある日、愛犬のトイプードル、ジェリーが体を揺さぶって乾かすのを見ていた、アメリカのジョージア工科大学のディヴィッド・フーの頭に、いくつか疑問が浮かんだ。一匹の動物は、体を振って水を飛ばし、体を乾かすのにどれぐらいのエネルギーを使うのだろう？　そして、それだけのエネルギーを使って体を乾かし、蒸発によって体熱が奪われるのを防いだ結果、どれぐらいのエネルギーを節約しているのだろう？　科学的好奇心に駆り立てられたフーは、指導していた学生のアンドリュー・ディッカーソンとザカリー・ミルズと共に、イヌその他の哺乳類は体を揺さぶることによって、効果的に体を乾かすことができるのはなぜかを明らかにしようと決意した。

この3人の研究者たちは、テレビのドキュメンタリー番組よろしく、野原にキャンプを設営して動物を見守ったりはしなかった。アトランタ動物園、ジョージア工科大学の各研究室、そして地元の公園数カ所にいた、16種の動物たちが体を揺さぶって乾かす様子を録画したのである。最も小さいのは子どものネズミ、最も大きいのはヒグマで、両者のあいだには、ラットから、リス、ネコ、カンガルー、ライオン、トラに至るまで、さまざまな動物がいた。イヌについては、フーのプードルのほか、品種の異なるイヌ4頭を調べた。チワワとチャウチャウ各1頭、シベリアンハスキー2頭、そして、ベル、モリー、「すいません、名前忘れました」、そしてチッパーという名の、4頭のラブラドルレトリバーだ。

行った実験は単純なものだった。研究者たちは、ラットやネズミなど、小さな動物には霧吹き器で、大きな動物にはホースで水をかけた。続いて、最高毎秒1000コマ撮影できる、テレビより40倍ほど速いカメラを使って、動物たちが体を揺さぶって水を飛ばす様子を録画した。いちばんかわいかったのはラットとネズミだ。目を細め、ピンク色の前足を地面から持ち上げて、それから、洗濯機のドラムのように左右に体を回すのだ。最初、片側にヒュン、そして反対側にヒュン。

体の大きさにかかわらず、どの動物もほぼ同じやり方で体を揺さぶる、ということを研究チームは発見した。このブルンブルン、かわいく見えるのみならず、効果的でもあった。すべての水が飛んでいくわけではないとしても、ほんの数秒でかなり乾く。動物どうしの大きな違いは、揺さぶる速さだ。体を揺さぶって乾かしているネズミ1匹に注目し、その体の一番上の体毛に視線を固定すると、その部分が、たとえばまず右回りに動き、次に中点に戻って、それから今度は左回りに同じだけ回転し、また最初の点に戻るのが確認できる。3人の研究者らは、総じて、最も小さな動物たちが最も速く、この往復回転を行い、最も大きな動物たちが、最もゆっくり行うことを見出した。往復回転が一番スムーズにできるネズミたちは、毎秒約31往復。研究対象のうち最大のヒグマは、一番不器用で、毎秒やっと4往復であった。ネコは毎秒9往復で、常に真ん中あたりの成績だった。

体から水滴を最大量、飛ばすには？

人間の最良の友についてはどうだろう？　今なおコマーシャルの名作と称賛される、1972年に流されていたアンドレックスというブランドのトイレットペーパー（アメリカではコットネルというブランド名）のコマーシャルでは、薄茶色のラブラドルレトリバーの子犬が、トイレットペーパーのロールの端を口にくわえて、ひきずりながら家じゅうを走り回り、いたるところにトイレットペーパーを広げてしまう。子犬の垂れ下がった耳と、黒目勝ちの瞳が好調な売り上げをにおわせる、類似の映像からなる100以上の続編が作られた。ラブラドルレトリバーは、研究者のフー、ディッカーソン、ミルズにもたいへんありがたかった。というのも、この犬種は、ほとんどの場合、とても扱いやすく、彼らは4頭のラブラドルレトリバーを、ほかのどの動物よりも詳しく調べられたからだ。「常にカメラに向かってではなかったとしても、彼らは必ず、体を揺さぶって乾かすと、あてにできました」と、研究を主導したディッカーソンは述べる。

ディッカーソンは、4頭のラブラドルレトリバーを水で濡らしたあと、彼らが体を揺さぶる頻度を測定し、毎秒約4・5回と特定した。ネコより遅いが、それで「体が小さい動物ほど速い」という関係にちゃんと当てはまっている。ここから彼は、もっと詳しい実験を立案し、実施した。ディッカーソンは、ピンク色のストローを短く切り、ラブラドルの背中の真ん中付近の毛にテープで貼り付けて、体毛が回転する速さのみならず、どこまで回転するかも測定できるようにした。ストローは、イヌの両側に約90度の角度まで回転することがわかった。回転のあいだじゅう水滴が飛び散るが、一方向の回転が終わって、体毛が向きを変えるときに、最も大量の水滴が飛んだ。ほかの動物たちと同様ラブラドルも、体を揺さぶり続ける時間は数秒間だった。

体毛をそこまで──合計180度、つまりちょうど半回転──動かせるとはすごい。イヌの秘密は、外皮と筋肉のあいだの組織にある。この柔らかいスポンジ状の層は、コラーゲンと弾性繊維でできており、イヌで特に目立つ。これはイヌを打撃から守る働きをする。レトリバーを1頭じっとさせて、手でその皮膚を動かすと、ディッカーソンはこのタプタプした皮膚組織を、レトリバーの背骨の両側に60度ずつ回転することができた。90度にはあと30度足りないが、それは背骨自体をねじることでかせいでいるわけだ。

タプタプの皮膚だからこそ

ラブラドルのみならず、ディッカーソンが調べた、体を揺さぶって乾かすすべての動物が示した往復運動は、本質的に同じである。これは「単振動」と呼ばれるもので、振り子が左右に振れるときや、ばねの先につけた物体が上下に動くときにも起こる。単振動で運動する物体――イヌの場合、その皮膚――は、運動の中間点で最も速くなり、そのあと徐々にゆっくりとなり、中心から最も遠い点で停止する。その後、また中心点に戻りながら加速する。

単振動を記述する数学は何世紀も前から知られている。どんな状況でも、基本的には同じだ。体を揺さぶって乾かすとき、一頭のラブラドルレトリバーが使うエネルギーの量を見積もるには、単振動する物体の最大エネルギーを表す方程式を使って計算するだけでいい。ディッカーソンのラブラドルのどれか1頭について計算するなら、そのイヌの体の、揺れているすべての部分（筋肉、骨格、水分、体毛、そして内臓）の質量に、イヌの胸の半径（約12センチメートル）の2乗と、振動の頻度（毎秒4・5回）の2乗をかけあわせ、その結果を2で割る。そして、得られた数字にそのイヌが合計何回体を揺さぶったかをかければいいだけである。ただし、「この方程式は、見積もりとしては使えるが、正確な値を計算するには不十分だ。少なくとも、審査を通過できるような科学論文に使える値は得られない」とディッカーソンも認める。

重要だがまだわかっていないことのひとつが、ラブラドルが振り落とすのは水の何パーセントなのか、である。これをはっきりさせるには、イヌの下にマットを敷いておいて、イヌが体を揺さぶって水を振り落とす前後のマットの重さを量ればいいだろう。だが、びしょびしょに濡れたイヌを量りの上に乗せるのは至難の業だ。そこでディッカーソンは、「びしょびしょのイヌの体揺さぶりシミュレーション・ロボット」を開発し、これを解決した。すごそうに聞こえるが、家庭用電気ドリルから外したモーターに、びしょびしょに濡らしたイヌの体毛の塊を固定しただけである。ブンブンとイヌの毛を回転させると、水は一連のしずくとなって離れていき、最終的には約70パーセントが飛び去ると、ディッカーソンは突き止めた。つまり、イヌが500グラムの水を体に含んでいたとすると、そのイヌは、そのうち350グラム近くを振り落とすことができるわけだ。炭酸飲料の缶1本分である。大したものだ。

ディッカーソンは次のように考えた。体重30キログラムのラブラドルの体毛に500グラムの水が含まれていたとする。もしも体を揺さぶって水を飛ばさなければ、体毛の水の70パーセントが蒸発によって失われるはずだ。この蒸発によって失う熱を補うために、ラブラドルは約480キロジュールのエネルギーを燃焼しなければならない。480キロジュールは、食物の熱量にすると約110キロカロリーに相当する。1頭のイヌが1日当たり摂取する食物の熱量が800キロカロリーであることを考えると、体が濡れたラブラドルは、体を揺さぶって水を飛ばさなければ、体熱を維持するために、1日の摂取エネルギーの約7分の1を燃やさなければならないことになる（食物のエネルギーをすべて熱エネルギーに変換しているとの仮定のもとで）。これは、ドックフード缶1個の約3分の1に当たるが、体温を保つためにそんなにたくさんの食料を浪費したいイヌはいないだろう。イヌが体を揺さぶるのに必要なエネルギーがどれくらいなのか、ディッカーソンは数値で示すのはためらっているが、約1000ジュールと見積もっている。480キロジュールに比べれば平均で5000倍近く少ない。

というわけでイヌは、タプタプの皮膚と、体をねじることを活用して、体を揺さぶって乾かす。私たち人間は、表皮の下のタプタプの組織がそこまでたくさんはないので、体を揺さぶって乾かすことはできない——だから人間にはタオルが必要なのだ。私たちと同じく体を揺さぶって乾かせないのが、無毛モルモットだ。品種改良によって1980年代に初めて登場したこの「毛のないモルモット」は、ほぼ全身を、赤ん坊のようにすべすべの肌で覆われ、ピンクまたは茶色、もしくは、この2色が混じった色をしている。ディッカーソンは、無毛モルモットの皮膚も人間と同じく、ゆるみがなく、揺さぶることはできないのを発見した。タオルが使えない無毛モルモットたちは、濡れたときにはただ震えるしかない。

今度あなたの愛犬が海から飛び出してきて、あなたの隣に立ち、さあ、ブルブルっと体を揺さぶって乾かすぞ、という場面になったとき、2つのことを思い出してほしい。ひとつ目。あなたのイヌは、お行儀よく、まず離れたところへ行ったりせず、いきなり、体毛に含まれた水の約70パーセントを振り落とすということ。2つ目。あなたの愛犬は、それと同じ量の水を蒸発させるとすれば、体を揺さぶって乾かすよりも1000〜1万倍も多くのエネルギーが必要になるということ。これははっきりしおり、風呂につかってじっくり考えるまでもない。

体温を上げすぎないように

これで、風呂とずぶ濡れのイヌの話を通して、熱を伝達する2つの方法——伝導と対流——を紹介し終えたことになる。さて、これから、ある昆虫が、卵を産むのに必要な熱い飲み物を、自分の命を守るという意外な目的に流用している様子をご紹介する前に、熱が伝わる第3の、そして最後の方法について、もっと詳しく見てみよう。このとき同時に、黒いラブラドルのほうが、薄茶色のラブラドルよりも少しだけ早く体が冷えることも説明する。

放射と呼ばれるこの第3の方法では、熱は原子も分子もまったく必要なしに伝わることができる。放射では熱エネルギーが、交互に振動する電場と磁場の波である電磁波（電磁波の話は第5章で再び触れる）として空間を伝わる。電磁波は物体に当たると、物体のなかの原子や分子にエネルギーを渡し、その結果これらの粒子がより速く運動するようになり、物体が温まる。ガーターヘビがカナダの日差しのなかで日光浴するのもこのためだ――ガーターヘビは、太陽から地球まで、宇宙を通って、1億5000万キロメートルの距離を8分と19秒で旅して降り注いでくる電磁波を吸収するのだ。

だが、太陽のような恒星でなくても、電磁波を放射することはできる。絶対零度（0ケルビン、または摂氏－273・15度）よりも温度が高ければ、それでいい。そして、宇宙の万物がこの条件を満たす。科学者たちは、物質の小さなかけらを、この温度から10億分の1以内の温度にまで下げることに成功しているが、絶対零度まで冷やしたことはない（いかに努力しようと、絶対零度に到達することはできない。物理的に不可能なのだ）。そのようなわけで、すべての物体は、その内部の分子や原子が振動するのに伴い、何らかの種類の電磁波を出す。その波長の正確な値は、物体の温度によって決まる。薪《まき》をくべた暖炉で火かき棒を温めると、高温になるにつれ、棒は白黄色に輝き始めるだろう。棒は、目に見える電磁波、すなわち光を放射しているのだ。その火かき棒を暖炉から取り出してやると、冷えてくるにつれ、色は黄色からオレンジに、そしてさらに赤に変化するだろう。光の波長がどんどん長くなっているのである。棒が室温まで下がり、何の変哲もない冷たい物体にしか見えなくなったときでも、棒はまだ電磁波を放射しているのだが、それが赤外線の波長になっているため、私たちには見えないだけなのだ（だが、テレビのリモコンには使えるかもしれない）。

電磁波として変動する電場と磁場は、波のエネルギーに応じて、異なる振動数で振動している。物理の諸法則の制約を受けて、これらの波は、通過する物質の種類によって決まった一定の速度で進まねばならない。このため、目に見える赤い光よりも小さいエネルギーしか持たず、ゆっくり振動する赤外線の波は、場が振動するたびに、より遠くまで進まねばならない。言い換えれば、赤外線は、赤い光よりも波長が長いのである。人間の目には、赤から紫までの波長の光しか見えない。このことについては、第6章でさらに詳しく説明する。第6章ではまた、カッコーのひなが育ての親をだますのに、波長の短い紫外線を使う様子も紹介する。

火かき棒と同じく、室温にある動物たちも赤外線の波を放射する。私たちにはこの波は見えないが、この波がどう振る舞うかは、物理学でははっきりしている。黒い物体が黒く見えるのは、それが目に見えるすべての波長の光を吸収してしまい、私たちの目に向かってはまったく反射しないからだ。だからこそ、火山性の黒い砂のビーチのほうが、金色の砂のビーチよりも、足の裏が熱く焼かれるのだ――黒いビーチのほうが、より多くの光を吸収し、より熱くなるわけである。同じように、黒い物体はすべての波長の電磁波――赤外線も含めて――を最も効率よく熱放出する。したがって、黒いラブラドルのほうが薄茶色のイヌよりも少しだけ早く体が冷える。

つまるところ、生物の営みを成り立たせているのは、太陽からの電磁放射――可視光、不可視光両方を含めて――だ。太陽からの電磁放射が、植物が生命を維持するのに適したレベルの熱と、植物が光合成を行って自分たちと動物のための食物を作り出すのに必要な光を提供してくれている。生物にとって、常に十分な熱を確保することは極めて重要だが、特定の状況のもとでは、過剰な熱が命取りになることもある。ここで、体温を上げすぎないようにするために熱物理を利用する、ある動物について見てみよう。それは、人間にとって危険なこともある昆虫である。この人の話を聞いたなら、彼がこの昆虫が大好きになるはずなんてないと思えるのだが、マノプ・ラッタナリシクルは、この手の昆虫のひとつの大ファンなのだ。では、これからタイに旅して、その蚊という昆虫の生態を探ってみよう。

吸った血を尻から出す蚊

現在、ラッタナリシクルは、昆虫専門家の妻、ランパと共に、チェンマイにある「世界の昆虫および自然の驚異博物館」を運営している。無数の甲虫、ムカデ類、カメムシ類のほか、木枠のなかに飾られた数百種類の蚊の標本を誇る博物館だ。そのほか、マノプ自身が派手な色彩で描いた巨大な蚊の絵が何枚も飾られている。なかには、エメラルドグリーンのジャングルのなかで女性の膝の上に置かれている、異様に大きな黒い蚊の標本を描いた絵もある。第2次世界大戦中、タイの9歳の少年だった彼が、マラリアで死にかかったことを思えば、彼が蚊を好きなのは驚きだ。マラリアは蚊が媒介する命にかかわる病気なのだから。おまけに、彼がそのとき受けた治療は、想像を絶する極めてつらいものだったのである。

ラッタナリシクル少年が暮らしていたチェンマイでは、当時日本軍がある寺院に駐留していた。やがて米軍が町に空爆をしかけてきた。ラッタナリシクルの両親は、息子を絶対に守りたいとの思いで、彼を近くの丘陵地にある村へ連れていった。戦争からは守られたかもしれないが、その村でラッタナリシクルはマラリアにかかってしまう。医薬品類はまったく手に入らなかったので、彼は近所のある女性の元に連れていかれ、そこで治療を受けた。彼の博物館にある掲示によると、その女性は夫と共に、ラッタナリシクル少年のズボンを脱がせ、「レモンの木のトゲを取ってきて、私の肛門の周りの肌に突き刺しては抜いた」。夫妻がこの乱暴な行為を何度やったのか、ラッタナリシクルには思い出せないが、彼の尻から血が流れ出るまで2人はこれを続けた。「それは耐え難い痛みでした。痛くて、全身汗まみれになりましたよ」とラッタナリシクルは言う。

ばかげたことに思えるが、それは、汗をかかせることによってマラリアという病気の症状を和らげようという考え方だった。9歳のラッタナリシクルは、この「治療」を2カ月のあいだに計10回受けた。彼は、この苦しく無意味な治療を何とか生き延びた。完全に回復できた彼は、その体験を通して、蚊に対して生涯にわたる強い関心を持つにいたり、この博物館に打ち込んでいる。この話をしているのは、何も皆さんにショックを与えるためではない。このエピソードには、蚊そのものとの、興味深い類似点があるからなのだ。人間——あるいはほかのどんな動物でもいいのだが——から血を吸い終えた蚊のなかには、自分の尻から、血が混じった液体を放出するものがいるのである。飲んだばかりのものを体外に捨てるなんて、どう考えてもおかしい。しかし、これには理由があり、そこに物理がかかわっていると聞いても、皆さんはもう驚かれないだろう。

オスの触覚だけが繊毛に覆われているわけ

「小さなハエ」を意味するスペイン語にちなんで、英語ではmosquito《モスキート》と名づけられた蚊には、3500以上の種類がある。そのすべてが、羽を毎秒5、600回はばたかせて、あのイライラさせられる「ブーン」という羽音を立てる。一部の蚊たちは、「肩」のあたりで体が曲がっており、まるで大釜を覗き込む魔女のように頭が垂れ下がっている。蚊は一般に、花蜜と植物の汁液を食物とする。だが、すべての種ではないものの、多くの種が血液も吸う。あなたの血をほしがるのはメスだけだ。卵を産むために不可欠な、血液中のタンパク質がほしくて仕方ないのだ。水のなかに産み落とされた卵は、孵《かえ》って幼虫になり、やがて脚と羽のかたちも付いたサナギになる。そして成熟した成虫になり、水面に浮かんで過ごすが、そのうち十分体力がつくと飛ぶ。ある種の昆虫が水上を歩行できることについては、第3章で詳細に取り上げる。

成虫になった蚊は、2週間ほどしか生きられない。このため、メスはうろうろしているわけにはいかない。メスの蚊は、頭部に備わった、口器《こうき》または吻《ふん》と呼ばれる長い管を獲物の皮膚に突き刺して、必要な血液を取り込む。2013年、パリのパスツール研究所に所属するヴァレリー・ショーメとその同僚らが撮影したビデオからは、蚊の口器は、飲み物を飲むときに使うストローのように硬いものではなく、血液を求めて皮膚の広い範囲を探れるように、曲がったり折れたりすることがわかる。メスの蚊は、血管を発見すると、血がかたまって口器が詰まるの防ぐため、まず抗凝血剤の混じった唾液を注入してから、目的のサラサラの液体を吸い上げる。メスの蚊があまりに強く吸うので、口器が刺さった血管が破れ、流れ出た血がどこかにたまってしまうことがある。そんなときは、メスの蚊はあとからそこに戻ってきて、再び血を補給することもある。1911年にラドヤード・キプリングが書いた詩にも、

「その種のメスはオスよりも恐ろしい」とあるとおりだ。ただし、蚊の場合は、メスが恐ろしいのは、それがごくわずかな量の血を奪うからではなく、多くの種の蚊で、メスに刺されるといろいろな病気に感染する恐れがあるからだ。

マラリアを媒介するメスの蚊は、夕暮れから夜明けまでのあいだに刺す傾向がある。だから、朝起きると体中蚊に刺されていてかゆくてたまらない、という目に遭うわけだ。かゆみを感じるのは、メスの蚊が注入した唾液に対して、あなたの体が免疫反応を示しているからである。それより心配なのは、メスの蚊の唾液には、マラリアの原因となる寄生虫や、黄熱病、ジカ熱、デング熱などを媒介するウイルスが含まれているかもしれないことだ。２０１３年の世界保健機関のデータによると、毎年マラリアだけで60万人近くが死亡しているという。マイクロソフトの元会長ビル・ゲイツも、マラリア撲滅のために資金を注ぎこんだひとりだ。だが、メスの蚊に気を付けていれば刺されることはないとあなたが思っていたとしたら、それは間違いだ。肉眼で蚊の性別を見分けることはできない。しかし、顕微鏡で見ると、大きな違いがひとつあることに気づくはずだ。メスの触角はなめらかなのに対し、オスの触角は繊毛に覆われている。オスはこれを使って、メスの羽が出す音波をキャッチし、どちらに行けば交尾の相手に会えるかを判断する。

食事と体温のジレンマ

蚊は人間にとって危険な存在になり得るが、その一方で、蚊のほうも、ただのんきに暮らしているわけではない。丸めた新聞紙、もしくは手が素早く一振りされるだけで、蚊は叩き潰されて死んでしまう。ダライ・ラマさえもが、ときに蚊を叩き潰すことに反対しない。アメリカのジャーナリスト、ビル・モイヤーズに取材を受けたダライ・ラマは、宗教指導者であるにもかかわらず、自分にとまった蚊を吹き飛ばしたり手で払ったりできないときは、ぴしゃりと打ってつぶしてしまうと答えた。蚊は、人間を刺して命にかかわる病気をうつすかもしれないので、仏教徒は蚊を殺さなければならない、ということだろうか？　興味深い難問だ……。

メスの蚊にとって最大の危険は、ダライ・ラマではなく、血を吸うことそのものだ。卵を産むには血は欠かせないが、血を吸われるほうの動物にとってみれば嬉しいわけはなく、血を吸っている蚊などつぶしてしまおうとするだろう。蚊が夜に食事をするのを好むのはこのためだ――獲物たちは、休んでいるか眠っているかのどちらかだろうから。それにしても、血の「提供者」たちはいつ目を覚ますとも限らないし、危険なことに変わりはない。面倒を確実に避けるため、メスはできるだけ大量の血をできるだけ短時間に吸う。あなたが、熱々のスープをがぶがぶ飲んでいるところを見つかったなら、店長に殺されるとわかっていながら、食べ放題のレストランにあえて押し入るようなものだ。その場でぐずぐずする意味はない。メスの蚊は飲み物がメインのランチをたらふく食べて、通常、一度に数ミリグラムの血を吸い、体重が3倍になる。人間の場合、体重が3倍になるには、スープ100リットル以上を一度に飲み干さねばならない。

これほどのがぶ飲み、それで命を落としてはまったく意味がない。問題は、人間その他の哺乳類は体が温かく、一般的に摂氏34～40度ほどということだ。このため、私たちの血を吸うと、蚊の体内に血と一緒に熱も急激に入っていく。これは大変だ。というのも、メスの蚊は体温が上がりすぎて産卵できなくなる恐れが出てくるが、蚊の寿命はあまりに短いので、時間を浪費できないからだ。血で体が膨れて温まったメスの蚊には、自分自身が血を吸い取られる危険性もある。ほかのメスが口器を突き刺して、今吸ったばかりの血を奪おうとするかもしれないのだから。これはそれほどありえないことではない。蚊は、目、または触角にある、獲物の呼気に含まれる二酸化炭素を感知するセンサーを使って狩りをするのが得意なのだ。メスの蚊は、温かい血でぱんぱんに膨れた別のメスを見つけたなら、何とか一口でもすすりたいと思わずにはいられないだろう。

メスの蚊は、すこぶる困った状況にある。さて、メスの蚊としてはどうすればいいのだろう？　体温が急激に上がるのを避けるために、ゆっくりと血を吸えば、獲物のほうが逆に襲いかかってきて、殺されてしまうかもしれない。しかし、振り下ろされてくる手、足や尾、あるいは丸めた新聞などをかわすために素早く血を吸えば、メスの蚊は過熱してしまい、体がまともに働かなくなって、「姉妹」たちの1匹、つまり別のメスの蚊に、せっかくの血をすっかり吸い取られてしまうだろう。

メスの蚊がどうやって問題を解決するのか、その答えがわかったのは、フランスのツールにあるフランソワ‐ラブレ大学のクラウディオ・ラッツァーリとクロエ・ラオンデレのおかげだ。彼らは、シャーガス病を媒介するサシガメという名称の、平らな背中をした血を吸う虫が、相手の体熱を感知することによって獲物を見つける様子を詳しく研究したのに続き、２０１２年、自分たちの研究室に、ステファンス・ハマダラカがうじゃうじゃ入った、道具箱ほどの大きさのケージを設置した。インド、東アジア南部、中東の多くの地域で見られるこの蚊は、マラリアを媒介する主犯格の蚊のひとつで、その習性をよりよく知ることはとても重要だ。ラッツァーリとラオンデレはこれらの蚊に、人間の手、もしくは無毛マウスから、思う存分血を吸わせた。人間も無毛マウスも皮膚がすべすべで、何が起こっているのかがわかりやすいからだ。２人の研究者は、利己心を捨て、自分たちの手を使った。「クロエも私も、30回ほど刺されました」とラッツァーリは言う。彼らを刺した蚊のなかに、病原菌を運んでいるものがなかったのは幸いだ。

生物学者たちは、メスの蚊がお尻から、血を含んだ小さな水滴を落としていることを、１９３０年代から知っていた。だが、蚊が血を出すときに、蚊から放射される赤外線をサーモグラフィーカメラで測定したのは、ラッツァーリとラオンデレが初めてだった。その結果、熱い部分が赤、温かい部分が黄色、そしてさらに低温になるにつれ緑、青と色分けされた鮮やかな「熱マップ」が得られた。その画像は、アンディ・ウォーホルの『マリリン・モンロー』という作品に似ている。ただし、マリリン・モンローの顔ではなく、獲物の肌に口器を刺している蚊を横から見た姿が並んでいるのだが。５秒ごとに撮影されたこれらの画像は、摂氏28〜37度に保たれた手からメスのステフェンス・ハマダラカが血を吸う前、吸っている最中、そして吸い終わったあとの全身の正確な温度を図示している。

1枚目の36度の手のマップでは、蚊の頭部は明るい赤色になっており、手と同じくらい熱いことがわかる。蚊の体は34度と、それよりは温度が低い（オレンジ色表示）が、それでも蚊にとって快適な25度（青色表示）よりはまだまだかなり高い。血を吸い始めて約5秒後、球状になった液体——血と尿が半々に混ざったもの——がメスのお尻から出てくる。この小さな球、出てきたときは31度で、熱マップでは緑色に表示されている。続く25秒間で球は大きくなり、26度まで冷えて、熱マップでは青色になる。球はその後、離れ落ちる。少しもひるまず、蚊はすぐに次の球をひねり出す。

球がぶら下がっている25秒間の熱マップの変化から、蚊の体温（球の温度ではなく）は約3度下がって、約31度になることがわかる。熱の移動は、球が形成された数秒以内に始まる。血を吸い終わって口器を獲物から抜いたとき、蚊の体温はケージ内の気温と同じ23度まで下がる。メスの蚊の体温が上昇するのは、とまっている手からの熱伝導ではなく、摂取した血のせいだということを確かめるために、ラッツァーリとラオンデレはオスの蚊に注目した。その実験によって、手にとまったオスの蚊の体温は室温のままだとわかり、メスの体温が上がるのは血を吸ったせいだということが証明された。

メスの蚊が血を吸うあいだ、蚊の体温をマップで観察することにより、ラッツァーリとラオンデレは、メスの蚊が尿と血の混ざった球を排出するのは、体温を下げ、熱による負荷がかからないようにするためだと証明した。私たちも、風呂から出たばかりで肌に水滴がついているときには寒く感じるが、それと同じで、お尻にぶらさがった球から水分を蒸発させると、蚊も体温が下がるわけだ。蚊のメスは気化冷却を利用している。人間が汗をかくときと同じだ。おまけに、蚊のメスの体のなかには、ほかの部分よりも高温になっている部分があって、蚊は高温部から低温部へと熱が流れやすくなるような温度勾配を作っているのである。

熱ショックタンパク質

液体を玉にして体外に排出することで体温を下げるのは、蚊だけではない。ミツバチは、暑い日には飛びながら、口から花蜜を吐き出し、脳が過熱するのを防ぐことがある。おかげでミツバチは、最高46度の暑さでも飛ぶことができる。一部のガは、頭を冷やすために口器に液体を流し込むし、キクメダカアブラムシ（トマト栽培者全員の敵）は、肛門から甘露と呼ばれる糖分を多く含んだ液体を排泄して体温を下げる。

蚊の話を終える前に、あとひとつだけ――1970年代の連続テレビドラマの刑事コロンボの台詞を真似て――お話しておきたい。メスの蚊が、冷却用の水滴に尿のほかに血を加えるのはどうしてだと思われるだろうか？　食物を無駄にすることになるし、その分獲物から血を吸う時間が余計にかかり、自分の命を危険にさらすことになるのに。ラッツァーリの考えはこうだ。血を混ぜることで、より大きな水滴を排出できる。大きな水滴は表面積が広く、蒸発と冷却の速度が上がる。また、血を排出することで、体重も軽くなり、危険な事態になった場合、より素早く飛び去ることができる。謎は解けた。だが、すべての種類の蚊が血の混じった水滴を排出するわけではない。ラッツァーリとラオンデレは、黄熱病、デング熱、ジカ熱を媒介するネッタイシマカには、血を排出しているらしき様子はまったくないことを確認した。この種の蚊は、食事しながら体を冷やすのではなく、「熱ショックタンパク質」と呼ばれる、過熱したどんな分子も修復できる分子を形成するのである。

しかし、最も危険な数種の蚊のひとつ、ステフェンス・ハマダラカのメスの場合は、熱流の物理のおかげで、人間の血を吸っているあいだ、敵に襲われる危険度が少し下がる。こんなことがわかってもマラリアの治療には結びつかないが、蚊がいかにして病気を媒介するかを理解するうえでは、新たな道を拓いてくれる。これは貴重な研究だ。ただし、マノプ・ラッタナリシクルとは対照的に、ラッツァーリは蚊なんて好きでも何でもないという。研究室にいないときは、こんな虫大嫌いだそうだ。「しかし科学者としては、蚊はじつに興味深いのです」と彼は言う。

ミツバチは集団抱擁で敵をやっつける

動物にとって熱は、ただ適切な温度であればいいというものではない。日本に生息するハチからカリフォルニアのリスまでが、自分自身や幼虫を攻撃から守るために、熱という形のエネルギー移動をもっと巧妙な方法で利用している。まず、ハチから始めよう。日本に広く分布するニホンオオスズメバチ（*Vespa mandarinia japonica*）は無敵の王者の生活を楽しんでいるように思える〔ニホンオオスズメバチは、オオスズメバチという種の昆虫の亜種。スズメバチは、オオスズメバチが属する科の名称〕。体長5センチと、小指くらいの大きさで、猛毒を持ち、日本では毎年このハチに刺されて30～50人が命を落とす。腹部は黄橙色と黒の横じま模様で覆われており、ほかのハチが刺そうとしても突き通せないほど硬い、クチクラという膜で保護されている。だが、このスズメバチは体が頑丈なだけではない。大量の蜜を採取できるという理由で日本に導入されたセイヨウミツバチ（*Apis mellifera*）を、洗練されたシステムで攻撃するのだ。

ニホンオオスズメバチはまず、1匹の偵察バチを送り出し、良さそうなミツバチの巣を見つけさせ、そこから2、3匹ミツバチをさらってこさせる。偵察バチは下顎を使って、捕まえたミツバチの頭と脚をもぎとり、栄養がたっぷり詰まったおいしい胸部をスズメバチの巣に持ち帰り、幼虫に与える。2、3度これを繰り返したあと、偵察バチはミツバチの巣を再び訪れ、フェロモン（ガーターヘビが使ったのと同様、自分の性別を知らせる、あるいは、性別を偽るためのもの）をふりかける。そのにおいを嗅ぎつけたほかのスズメバチたちが、このミツバチの巣に集まってくる。３匹が戦闘態勢になるまでは、スズメバチたちは1匹ずつ狩りをする。３匹になって以降は一緒に攻撃する。生物学者たちは、この状態を「殺戮相《さつりくそう》」と、そのものずばりに呼ぶ。

これはまさにどんぴしゃな名称だ。1匹のニホンオオスズメバチは毎分約40匹のセイヨウミツバチを殺すのだから。20〜30匹の集団になったニホンオオスズメバチが、３万匹規模のセイヨウミツバチの巣を3時間以内に処分してしまうこともある。一致協力してこのような殺戮を行うニホンオオスズメバチは、スズメバチの仲間としては特異な存在だ。殺戮相の次は占領相だ。彼らはミツバチの巣を10日にわたって占領し、みなしごになってしまったミツバチの無防備な幼虫や、サナギ（成虫になる一歩手前の、硬い外皮に覆われた状態）がぎっしり詰まった「食糧庫」を略奪し、自分たちの巣に持ち帰って、自分たちの幼虫の餌にする。これにて任務完了。

しかし、これに反撃するうまいやり方を編み出したハチが1種類いる。ニホンミツバチ（*Apis cerana japonica*）だ。ニホンミツバチは、ヨーロッパの兄弟たちよりも長いあいだ、日本の巨大なスズメバチに対処してきた。ニホンミツバチが刺しても、スズメバチのクチクラ質の外骨格の下に届くことはありえないが、ミツバチには数の強みがあり、とりわけ最初に1匹でやってくる偵察バチに対しては数の違いは有効だ。東京にある玉川大学の小野正人、佐々木正巳と同僚らは、ニホンミツバチがこの数という武器を、物理学と少しの生理学と併せて活用して、団結して敵に立ち向かうことを発見した。ミツバチとスズメバチの体には、ちょっとした違いがある。それは普段はほとんど意味などなさそうな違いなのだが、両者の対決では重要になってくる。ニホンミツバチは、ある特殊な振る舞いをすることで、彼らが持っている強みを活かし、スズメバチに打ち勝つことのできる条件を作り出すのである。彼らは自ら自分たちの運をよくしているのだと言えよう。

偵察に来たスズメバチにとっては、ダビデとゴリアテ（少年ダビデが巨人ゴリアテを倒す旧約聖書の逸話から、体が小さく弱そうな者が、大きく強い者を倒すたとえとして使われる）の対決のような話だ。ただし、この場合、500人のダビデがゴリアテに立ち向かうのだが。『ネイチャー』誌に掲載された小野の論文にある写真では、ミツバチの体長は、オレンジ色をしたスズメバチの顔の大きさとやっとこさ同じぐらいしかない。ミツバチは小さいが、彼らにはダビデの石弓と同じぐらい強力な秘密兵器がある（ただし、飛ばす石のようなものはない）。まず、あれっと思わせるような、とてもお手本とは呼べない振る舞いをミツバチたちは行う。偵察に来たスズメバチの「ここにごちそうがあるよ」と知らせるフェロモンに気づいたミツバチは、それを早期警戒信号として行動する。その化学物質をカイロモン（それを受け取った動物が利益を受け、それを送り出した動物を害してしまう物質）として使うのである。秋の日、偵察のにおいと姿に気づくと、ニホンミツバチの働きバチが100匹ほど、巣の入り口付近で這い回る。偵察が近づいてくると、警備バチたちは飛び上がり、腹部を揺らす。まるで、拳を振り上げていじめっ子を追い返そうとしているかのように。その後、働きバチたちは、拍子抜けするほどすごすごと巣のなかに戻ってしまう。偵察は、いよいよ攻撃できるぞと意欲満々になる。これが罠《わな》だとは夢にも思わずに。

偵察は、巣のなかに潜り込むや否や、不意打ち攻撃を食らう。1000匹の働きバチが、普段の巣での仕事を放棄して、自分たちの家を守っているのだ。そのうち500匹ほどが、不運なスズメバチの周りを取り囲み、人間の掌くらいの大きさに固まって、ぎゅうぎゅう詰めのミツバチ・ボールを作る。この禍々しい集団抱擁が20分にわたって続いたあと、ミツバチは散り散りになる。偵察バチは、2、3匹のミツバチと共に、死んで横たわっている。警備バチたちがその死骸を引きずって、捨てに行く。こうして、スズメバチが侵入を企てた証拠はすべて消し去られる。

生物学者たちは、スズメバチが死ぬのは、ニホンミツバチに刺される結果だと考えてきた。ところが、ニホンミツバチが刺しても、ニホンオオスズメバチを殺すほどの威力はないことが明らかになった。そんなミツバチにとってはありがたいことに、集団抱擁状態では、スズメバチも刺す攻撃は使えなくなるのである。つまり、ミツバチたちがあまりに素早く、そしてあまりにきつくスズメバチを取り囲むので、スズメバチは刺すことができずに、かむ以外に防御手段がなくなるのだ。では、500匹のミツバチに刺されて死ぬのでなければ、スズメバチはどんな理由で、この巨大なミツバチ・ボールの中心で死ぬのだろう？　そして、中心の条件がそれほど厳しいのなら、スズメバチがかんだ数匹を除き、そのすぐ隣にいたミツバチたちが生き延びたのはどうしてだろう？

もっと詳しく調べようと、1995年、小野と同僚らは赤外線カメラでミツバチ・ボールの内側の温度を記録した。撮影された熱マップ画像から、中心部は摂氏47度とかなり高温だとわかった。画像のなかでミツバチ・ボールは、サイケ調に色付けされたカリフラワーの先のように見える。紫色の背景に、黄色の海が写り、そのなかで最も熱い部分は、蛍光色ピンクと赤で強調されている。ニホンオオスズメバチの偵察が振りまいた化学信号に反応して巣の入り口の外に集まった100匹ほどのミツバチも、体温が上がっている。彼らの体は、それぞれ孤立した黄色いシミに見えるが、中心部は、赤で縁取られたピンクだ。ミツバチの胸部の温度は、巣の外にいる興奮していないミツバチよりも相当高い。

熱耐性の違い

だとすると、外温性動物で、外部の熱源に頼らざるを得ないミツバチが、どうやって自分たちの体を温めるのだろう？　それはじつに単純な方法だ。胸部にある筋肉を振動させるのである。筋肉は運動すると同時に熱を発生する。寒い日にジョギングに出かけたことのある人なら、お気づきだろう。きっと、出発してものの数分で、体がずいぶん温まり、ウールの帽子など脱いでしまったはずだ。巣を守るためのミツバチ・ボールを作りに集まった数百匹のミツバチは、大量の熱を発生する。そして、冬の巣穴にいるレッドサイドガーターヘビと同じく、ミツバチはものすごく密集しているので、この熱は、ミツバチの体からミツバチの体へと伝わり、やがてスズメバチにまで届くだろう。熱は、主に伝導により伝わり、ところどころにある隙間の部分では、対流や放射が起こっていると考えられる。ミツバチ・ボールの最高温度は摂氏47度で、デスバレーの夏の平均気温に相当する。人間にしてみれば、体温より10度も高く、不快な温度だ。もしも温度調節システムが故障して、私たちの体温が40度以上に上昇したとすると、私たちは熱中症になって死んでしまうだろう。ミツバチにしても、それほど心地いいものではない。ミツバチたちが適応できる温度はたかだか48～50度なので、47度はミツバチの適応範囲の上限に近いことになる。熱に最もよく耐える動物のひとつである、サハラサバクアリ（*Cataglyphis bicolor*）ですら、50度を超える温度には対処できない（このアリが道を見つける驚異的な方法については第6章で詳しく論じる）。ニホンオオスズメバチにとっては、勝負はここで終わりだ。オオスズメバチは44～46度までしか生きられない。この身体的制約のおかげで、ミツバチは優位に立ち、ミツバチ・ボールは物理学と生理学でスズメバチを倒すわけである。

ミツバチとスズメバチで熱に対する耐性にこれだけ違いがあるのは、ミツバチには群れで冬を生き延びる習性があるからかもしれない。ミツバチは群れとして、生み出した熱を共有し温め合う。長年そうしているうちに、ミツバチの熱耐性が向上したのかもしれない。これとは対照的に、スズメバチで越冬するのは若い女王バチだけだ。それ以外のスズメバチは1シーズンしか生きず、ただ1匹残された女王は、春になると受精卵を産んで、新しい群れを一から始める。

ミツバチ・ボールの中心にいるスズメバチは、暑すぎるのに加えて、すべてのミツバチが吐き出す二酸化炭素で囲まれてもいる。スズメバチはまちがいなく過熱し、おそらく窒息状態にも陥るのだろう。二酸化炭素が過剰になることで、熱の問題も悪化するわけで、スズメバチとしてはなすすべなしだ。いずれにせよ、20分ほど経過すると、ミツバチは次々とボールから離れていき、散り散りになる。ミツバチの圧勝である。

遅れを取った武装競走

ここからニホンオオスズメバチは、「暑さに耐えられないなら、ミツバチの巣には近づくな」という教訓が学べるはずだ。しかし、生きながら焼かれることがわかっていながら、どうしてニホンオオスズメバチは、ニホンミツバチの巣を襲ってしまうのだろう？　そして、どうして秋にだけ、こんな苦しい死に方をする危険をおかすのだろう？　生物学ではよくあることだが、ここでも答えは生殖の事情にある。この季節、スズメバチは次世代の生殖者、すなわち、新しい女王バチと、生殖力のあるオスバチになる運命の幼虫を育てている。これらの幼虫は、ごく普通の働きバチになる姉妹よりも多くのタンパク質が必要だ。そのため、現役の働きバチたちには、最高級の食べ物を提供しなければならないというプレッシャーがかかる。初秋にはよく捕まえられた大きな毛虫や甲虫が、もうあまりいなくなっているのも困りものだ。栄養が必要なニホンオオスズメバチは、あえて危険度がもっと高い方法で食料を集めはじめる。ニホンミツバチや、自分より小さなスズメバチの巣を攻撃するのだ。ニホンオオスズメバチが必ず失敗するというわけではない――つまり、もしも最初の偵察バチがニホンミツバチに殺される前に2、3匹のスズメバチがミツバチの巣に到着したなら、ミツバチたちはおそらく逃げてしまうだろうから。そうなれば、逃げたミツバチの命は助かるが、幼虫は置き去りにせざるを得ないわけで、スズメバチは残された幼虫を巣に持ち帰り、自分たちの幼虫の餌にすることができるわけだ。

このように、ニホンミツバチが作る防御のためのミツバチ・ボールは、どうやらニホンオオスズメバチの集団攻撃という、いじめっこ的な戦略への対処法として進化したらしいのに、常にうまく働くわけではない（ニホンオオスズメバチは、ほかのハナバチやカリバチなどに対して、群れを作って攻撃するスズメバチとして、知られている唯一の種だ）。最初たった1匹の偵察バチとして、500匹の小さなダビデに対抗していたニホンオオスズメバチは、その後同じ巣の仲間たちと団結して、30匹のゴリアテを確保し、少しでも勝つ可能性を高めようとする。セイヨウミツバチは、日本に持ち込まれるまで、こんなニホンオオスズメバチの集団攻撃に対処する必要などなかったので、とてもじゃないが、防御のためのミツバチ・ボールをそんなにうまく作ることなどできない。セイヨウミツバチは、偵察に来たスズメバチを刺そうと最善を尽くす。スズメバチのクチクラを突き通すほどの威力はなかったとしても、運よく胸部の節と節のあいだや、羽の継ぎ目の膜を突き破ることに成功することもあるだろう。だが、刺そうとして頑張るなら、襲撃者の周りをぎゅっとくるんだボールを形成することはできない。したがって、発生させられる熱の量も、スズメバチをフライにしてやっつける能力も、限られてしまう。そのような次第で、たいていの場合、スズメバチは団結して、セイヨウミツバチの巣全体を破壊することができるわけである。小野とその同僚らはまた、セイヨウミツバチはスズメバチの偵察がマーキングに使うフェロモンにも反応しないことを突き止めた。セイヨウミツバチは、ニホンオオスズメバチに対処するための進化という武装競争において、ニホンミツバチにはるかに遅れを取っているのである。

リスのしっぽに隠されたトリック

ここまで見てきたように、ガーターヘビ、イヌ、そして蚊は、温度変化から自分たちを守るために熱に関連する物理のトリックを利用する。彼らは冷たくなりすぎるのも熱くなりすぎるのもいやなのだ。ニホンミツバチの場合は、ニホンオオスズメバチの恐ろしい攻撃から身を守るために熱を利用する。だが、あなたの敵が熱物理を利用して、あなたを追い詰めようとしていたならどうだろう？　ここでは、あるつつましい齧歯目《げっしもく》の動物が古典的な軍事戦略を利用し、攻撃者をだまして混乱させ、わが身を守っている様子を紹介しよう。その齧歯目の動物とは、リスのことだ。1980年代にロナルド・レーガンがホワイトハウスの芝生でドングリをやっていた、ハイイロリス（*Sciurus carolinensis*）ではない。イギリスに生息し、子供向けの絵本作家、ベアトリクス・ポターの「リスのナトキン」として不滅の存在になったものの、自分の敷地内で「エキゾチック」な動物が見たいというビクトリア朝時代の裕福な地主たちが大西洋の向こうから船で送らせたハイイロリスに追い出されてしまった、アカリス（*Sciurus vulgaris*）でもない。

アカリスやハイイロリスは樹上生活をしているが、これからお話するリスは、地に足を付けて暮らしている。正確に言うと、カリフォルニアの地面になのだが。ここまでお話したので、このリスが何と通称されているか、みなさんが当てたとしても賞品はお出しできない。黄金の州とも呼ばれるカリフォルニア全域と、その北のオレゴン州からワシントン州の南部にわたって生息するカリフォルニアジリス（*Otospermophilus beecheyi*）は、自ら地下に穴を掘り、そのなかで家族一緒に過ごす。リス科の動物は300種を超えるが、そのひとつであるカリフォルニアジリスは、まだら模様の灰褐色の体毛で覆われ、腹側はベージュがかった灰色をしている。黒い目を白い毛が取り囲み、耳は黒い毛で縁取られている。ふさふさした尾は、体長の半分くらいの長さで、ここでお話することの核心にあたる。この哺乳動物は、熱に関連した巧妙なトリックをしっぽに隠しているのである。

カリフォルニアジリスは、根っからの出不精だ。餌にする種《たね》や小さな昆虫を探しに、あえて巣穴から出るときでも、巣から25メートル以上離れることはめったにない。ひどくのろまな奴だと思われるかもしれないが、カリフォルニアジリスはばかではない。彼らはワシ、アライグマ、キツネ、アナグマなどの標的になるので、安全第一で行動しているのだ。しかし、一番の天敵はガラガラヘビである。ガラガラヘビはリスの赤ん坊をむさぼり食うのが大好きだ。だが、ヘビとリスの戦いは、皆さんがご想像されるほど一方的なものではない。

ガラガラヘビの猛毒

唐突にエピソードを挿入せざるを得ない西部劇につきものの爬虫類、ガラガラヘビは、絶対にちょっかいを出してはならない相手だ。獲物を見つけたら、スルスルとすべって、牙を剥いて一撃で仕留められるところまで接近する。かみつきながら、頭の後ろ側近くにある毒腺につながる筋肉を引き締め、死をもたらす毒を出し、牙を通して獲物へと送り込む。毒は獲物を失神させ、獲物の組織を攻撃し、数分のうちに命を奪う。絶命した獲物を頭から呑み込むと、ガラガラヘビは静かな場所へとスルスル移動し、強力な胃液で獲物の体をまるごと消化する。

北米、南米全域に生息する36種のガラガラヘビは、われわれの尊敬に値する。カウボーイや、ガラガラヘビを捕まえてスマホで自撮りしようと思う人には悪い知らせだが、かまれれば命を失う危険もある。これは冗談ではない。２０１５年に、まさにそうしようとして、不運なガラガラヘビに襲われ、挙句の果てに病院から15万ドルの請求書を突き付けられた男がいる。たいていの場合、ガラガラヘビにかまれてから2時間以内に解毒剤を摂取すれば、持ちこたえられるはずだ。じつのところ、ガラガラヘビが人間にとって危険であるより、人間のほうがはるかにガラガラヘビにとって危険なのである。「ガラガラヘビ・ロデオ」なる慣習も、このヘビにとって脅威だ。アメリカの中西部や南部で行われる、「楽しい」はずのイベントなのだが、ガラガラヘビをごっそり捕まえ、見せびらかし、食べたり売ったりする。人間のほかにも、カラス、アライグマから、スカンク、イタチまで、いろいろな動物がガラガラヘビを、とりわけ、おいしい若い個体を、餌食にしたがっている。そして、コモンキングヘビ(*Lampropeltis getula*)という、ガラガラヘビの毒が利かない、締め付け攻撃が得意なヘビがいて、ガラガラヘビを頭からがぶりと呑み込んでしまう。

これらの敵から身を守るためのツールである、ガラガラヘビのしっぽは、10〜20個のケラチンタンパク質——人間の爪と同じ物質——からなる中空の輪でできている。しっぽは普通、体のほかの部分よりも色が薄いが、付け根にある筋肉を収縮させて振ると、しっぽの輪がぶつかり合い、特有の音がする。捕食者に、近づくな、さもないとかまれて毒が回るぞと脅す音である。この音は自衛のために極めて重要で、ガラガラヘビは、しっぽを上にあげた体勢で地面を移動する。

リスとガラガラヘビのすさまじい戦い

リスとのからみで今注目しようとしている種は、北太平洋ガラガラヘビ(*Crotalus oreganus*、オレゴンガラガラヘビ)で、カリフォルニア生まれの7つの種のひとつだ。体長約1メートル、茶色または灰色で、白い輪で縁取られた濃色の斑点が体に沿って並び、ダイヤ柄のタイツのようにも見える。いつでも毒が使える体勢なのだから、どんなリスが相手だろうが、絶対に優勢だと思われるだろう。ところが、カリフォルニアジリスにとっては幸運なことに、このリスは見かけによらず屈強なのだ。北太平洋ガラガラヘビとカリフォルニアジリスは、極めて長いあいだ対立してきた――化石の記録からも、数百万年にわたり近くで暮らしてきたことがわかる――結果、カリフォルニアジリスのなかに、ガラガラヘビの毒がもはや利かない個体が登場したのである。メスのリスが、ガラガラヘビが脱皮したあとに残された皮をかじり、その後自分や子どもをなめて、ガラガラヘビの匂いを体につけて、ガラガラヘビになりすますこともある。

カリフォルニアジリスは実際にガラガラヘビに遭遇すると、さまざまな防御手段を駆使して、敵を阻止しようとする。砂を蹴立ててヘビを挑発し、しっぽをガラガラ鳴らさせるかもしれない。(ビーチのごろつきのように振る舞うなんて向こう見ずだと思われるかもしれないが、リスはヘビをイラつかせて、敵がどのくらい大きくて機敏かを見積もっているのだ。リスは、ふさふさの灰褐色のしっぽを垂直に立てて、毎秒2、3回左右に振ることもある――ハンカチを振ってさよならしている人のようにも見えるが。やがてリスは動きを止め、捕食者を観察し、接近して、再びしっぽを旗のように振る。

インターネットで探せば、リスとガラガラヘビの戦いの、すごい動画がいくつも見つかる。ある動画では、リスがヘビに向かって突進し、ガブリとかみつく。ヘビが反撃し、リスは退却する。しかし、リスは再び飛びかかってかみつき、とうとうヘビは死んで置き去りにされる。リスの勝ちだ。別の動画では、ヘビが勝つ。リスを丸ごと食べてしまうのだ。3つ目の動画では、両者はがっぷりと取り組み合い、長いあいだ膠着状態が続くが、やがてヘビがスルスルと逃げて行ってしまう。引き分けではあるが、リスがヘビを見送っているのだから、リスの勝利ということにしたい。

研究者たちは、カリフォルニアジリスがしっぽを振るのは、他のリスや、ヘビに対して警告するためだと考えていた。またリスを擬人化してしまうことになるが、もしもリスにしゃべることができたとしたら、カリフォルニアジリスは、「こちとら、でかいんだぜ。お前さっきからここにいるな。いいか、とっとと消え失せて、食い物はどっかよそで探せ。さもないと、痛い目見せてやるぞ」と言っていそうだ。しかし、アメリカはペンシルベニア州のウエストチェスター大学に所属するアーロン・ランダスのおかげで、カリフォルニアジリスがしっぽを振るのには、隠された理由があることがわかった。カリフォルニアジリスには秘密があるのだ。そして、これには驚かれると思うが、ランダスは物理のツールをいろいろと活用して真実に迫るため、生きたリスを真似て作ったロボットのリス、すなわちバイオロボティック・リスでガラガラヘビを挑発する実験を行ったのだ。その結果、いったい何か起こっているかが明らかになったのである。

熱を見つける超能力

2007年、カリフォルニア大学デービス校に在籍していたランダスは、リスとガラガラヘビの究極の決戦となるはずのものをお膳立てした。レスリングの試合だったとすると、コメディアンのアナウンサーに、こんなふうに司会をしてもらうところだ。「砂灰色コーナー、サンフランシスコの100キロ北東、ウインターズからはるばるやってきた、カリフォルニアジリス。そして、茶色コーナー、カリフォルニアのセントラル・バレーから来た、太平洋ガラガラヘビに、歓声をお願いします。さあみなさん、いよいよガラガラしっぽを鳴らしますよ」。観客はやんやの大騒ぎ。

ランダスは、研究室の真ん中で、リスとヘビに、どちらかが倒れるまで殴り合いをさせるというような単純なことはしなかった。それでは科学実験にならない。彼はこうやったのである。まず、引き出しが2つあるキャビネットぐらいの大きさの、檻《おり》を作った。垂直な面のうち2つは金網で、残る2面は木の板でできている。これがリスの家である。続いて彼は、もっと大きな「テスト室」を作った。乳幼児用の柵で囲った遊び場くらいの大きさだ。ガラガラヘビ用の家は準備されなかった。「テスト室」の片隅に置かれた、ピラミッド型の金網カゴで間に合わせざるを得なかった。さあ、いざ勝負。

リスが新居に落ち着くと、ランダスはリスの家をテスト室の隣に置き、両者のあいだにある小さな扉を開いた。リスがテスト室に入ると何が起こるかを見ようというわけである。レスリングの試合でもときどきあることだが、この対決は本当の対決ではない。ヘビは終始、ピラミッド型のカゴのなかに入ったままで、安全だ。金網越しの対決というわけだが、誰も見たことのない対決だったのは間違いない。この状態でも、リスはヘビの姿を見、においを嗅ぎ、音を聞くことができた。ガラガラヘビに出会ったときの常《つね》で、リスはふさふさのしっぽを立てて振りながらヘビに慎重に近づき、床には砂などまったくないのに、砂を飛ばそうと時折試みた。ランダスはどの勝負も約10分続けさせ、その後リスを退場させた。

対決はあとで時間のあるときにじっくり見ようというわけで、ランダスはまず全対決を動画撮影した。録画には普通のビデオカメラではなく、赤外線放射を測定できるものを使った。奇妙に思われるかもしれないが、ガラガラヘビはマムシ属のヘビだ。マムシ属のヘビは、可視光が見える目以外にも目を持っている。人間をはじめ、たいていの動物には見えない赤外線を感知できる、感熱ピットを一対持っているのだ（赤外線を「聞く」昆虫については、あとで詳しく紹介する）。ヘビの頭部の両側、目と鼻孔の中間部、やや下側の皮膚に、1ミリほどの大きさの穴が開いていて、それらの穴は空洞につながっている。

だが、ピットは完全な空洞ではない。それぞれの空洞の中ほどに、薄膜が垂直に張られている。赤外線がこの薄膜に当たると、神経が刺激され、ヘビの脳へと信号が送られる。信号の大きさは、赤外線を発生している物の温度に依存する。温度が高ければ大きく、低ければ小さい。このピットのおかげでヘビは、周囲の温度マップを作ることができる。このデータと、普通の目から来る可視光の情報とを結びつけることで、付近で何が起こっているかについて、ヘビは極めて強力な感覚を持つことができる。普通の目のほかに、赤外線カメラを内蔵しているようなものだ。ガラガラヘビに世界がどう見えるのか、私たちにはわからないが、温かい物体を可視化できるというこの能力は、とても便利だ。とりわけ、普通の目しかない動物にはあまりよく見えない、夜の暗闇のなかでは大いに役に立つ。熱データで武装したガラガラヘビは、獲物に気づかれないよう、こっそり近づくことができる。すばらしいが、友好的な輩《やから》ではない。

強力な赤外線信号を出す

念のために申し上げておくと、このカリフォルニアジリスは、以前にこの「レスリングのリング」に入ったことがあり、ヘビには熱を見つける超能力があることは十分承知している。そこでリスは、巧妙な対抗手段を編み出したのである。それは、ランダスが次のようなことを発見したことで確認された。

リスが金網に入ったガラガラヘビに対面すると、ふさふさのしっぽは熱画像のカメラで、紫（摂氏23度）から赤（25度）に変化したのである。温度が変わったのだ。温度が上がると、リスのしっぽが発生する赤外線は波長が短くなり、また、しっぽの赤外線の量も増える。カメラにはこれらの変化がとらえられる。リスは血液を盛んに送りこむことで、しっぽを背景温度よりも2～3度高く温めているようだ。

リスは、ヘビが特別なピットを使って、何か異変が起きていると気づくだろうとは承知しているので、敵を混乱させようと、わざとしっぽから強力な赤外線信号を出すのである。これは素晴らしい対抗手段だ。ガラガラヘビは、しっぽを振りかざしているリスは厄介者だと知っている――誰もかみ殺されたくなどない――ので、熱いしっぽはヘビを守勢に追いやる。

しかし、リスがこのようにしっぽを温めるのはガラガラヘビのせいだと、どうしてわかるのだろう？リスは、気まぐれでしっぽを温めているだけなのでは？ ランダスは、念入りにチェックするために、別の網カゴ越しバトルを計画した。ここでは、カリフォルニアジリスはパシフィックゴーファーヘビ（*Pituophsis catenifer*）と対戦する。アメリカの南東部に分布するこのヘビは、砂色で、黒褐色の斑点があり、ガラガラヘビのように見えるが、毒は持っていない。また、頭部は丸みを帯びており、全身を見てもガラガラヘビより長い。ガラガラヘビと同様、リスの子どもを好んで食べる。大きな違いは、パシフィックゴーファーヘビには顔にピットがないことだ。赤外線を感知できないので、熱を見出す能力もない。さて、パシフィックゴーファーヘビを見つけると、リスはしっぽを上げて、自分を実際より大きく見せようとするが、しっぽは加熱しないことをランダスは発見した。要するに、リスがしっぽを加熱するのは、赤外線を感知できるガラガラヘビがそばにいるときだけである。

ヘビが混乱するわけ

このように、リスは出くわしたヘビの種類によって行動を変える。ガラガラヘビに対しては熱いしっぽを、パシフィックゴーファーヘビには冷たいしっぽを振る。だがここで、ガラガラヘビの観点から状況を見てみよう。リスのしっぽから普通より大量の赤外線が出ていることを「見て」、ガラガラヘビが攻撃をあきらめたなんて、どうしてわかるというのだろう？　リスが体のほかの部分と同じ温度のしっぽを振ったとしても、ガラガラヘビはスルスルと逃げていくのではないだろうか？　リスに、しっぽを冷たいままにしておいてもらえませんかと頼むことはできなかったので、ランダスは次善の策を取り、ロボティック・リスを製作した。ぬいぐるみのリスのしっぽに、その先端部まで、円筒状のカートリッジ型ヒーターを数本仕込んだものだ。この手のヒーターは、普通、金属パイプなどを温める業者らが使うもので、リスに使うことはまずない。おかげで、ランダスが購入を申し込むと、相手は驚き不審がった。「私が彼らのヒーターを何に使うつもりかを知ると、好奇の目を向けられ、かなり笑われました」と彼は回想する。

このバイオロボティック・リスをヘビの餌の隣に置いて、本物のリスが子どもたちを守っているように見せると、ランダスはガラガラヘビをカゴから出してやった。ヒーターを入れていないバイオロボティック・リスに気づくと、ヘビは鎌首をもたげ、頭を少し引いて、いつでも攻撃できる体勢を取った。しかし、ヒーターを入れて、生きたリスがしっぽに行く血流を増やしてしっぽを温めた状態を真似ると、ガラガラヘビはすっかり用心深い姿勢になった。「テスト室」に出ているよりも、自分のカゴのなかにいる時間のほうが長くなった。とぐろを巻きながら、さかんにガラガラと音を立て、攻撃できる体勢を取りながらも、ガラガラ鳴るしっぽを、巻き上げた自分の体の下側から上向きに突き出した。ガラガラヘビの典型的な防御行動だ。

強力な赤外線を放射しているリスのしっぽがゆらゆら揺れているのを見たとき、ガラガラヘビの頭のなかには、どんな思いがよぎるのだろう？「それは100万ドルの賞金に値する難問ですよ」とランダスは認める。彼は、高温のリスのしっぽがガラガラヘビの頭を混乱させる可能性には2通りあると考えるからだ。ひとつには、感熱ピットのなかに異常に大量の赤外線信号が押し寄せ、ガラガラヘビが混乱してしまう可能性がある。もうひとつ、先に述べたように、熱いしっぽを振るリスはとりわけ目立ち、夕暮れや夜間など、周囲の光が暗いときは特にそうで、ガラガラヘビに対して、痛い目に遭うかもしれないぞという警告になる可能性がある。後者のほうが正しそうだ。

バイオロボティック・リスの実験と、カゴ越し対決実験とを行い、ランダスは、ガラガラヘビがうろついているのを見かけたらどうすればいいか、カリフォルニアジリスはよく知っていることを証明した。しっぽに血を送り込むこと。これがその対処法だ。熱いしっぽは、放射線物理学でガラガラヘビを困惑させ、威勢のいい敵から退却するよう追い込む。ガラガラヘビは、確実な捕食者から臆病者へと変貌する。だが、ガラガラヘビだって、反撃のために、対・対抗手段を構築しつつあるかもしれないではないか。ランダスはその可能性はあると考える。「ガラガラヘビは、子リスを求めて、あるリスの巣穴を探るべきか否かを判断するとき、そのリスがどれだけ守りに入って振る舞うかを見計らっているという、事例証拠がある」と彼は言う。「子どものいる母親は、そうでないメスよりも守勢に入った振る舞いをします」。ガラガラヘビたちは、現時点ではしっぽを振るリスたちを警戒しているが、一部のガラガラヘビは、生まれて間もない子リスをもっとうまく見つけられるように、恐れを克服しつつあるのかもしれない。ヘビとリスの戦いは続く。

なぜフットボール会場を甲虫の群れが襲ったのか？

もうしばらくカリフォルニアに滞在しよう。カリフォルニア州には、ジリス対ガラガラヘビの対決があちこちで起こっている砂漠のほかにも見るべきものがある。カリフォルニア大学バークレー校にある、カリフォルニア記念スタジアムへ行こう。サンフランシスコの近くだ。時は１９４３年。フットボールの試合を見ながら過ごす、ごく普通の日だ。バークレー校のカリフォルニア・ゴールデンベアーズが本拠地でＵＳＦ（南カリフォルニア大学）のトロージャンズと対決している。トロージャンズが連勝中だ。今日は楽しむぞ、とやってきた群衆は、カリフォルニアの日差しを浴びて、笑い、たばこをくゆらせ、試合開始を待っている。あたりにはホットドッグの匂いが充満し、場内音響システムのアナウンサーが「みんな、盛り上がろうぜ」と張り上げる声はハウリングを起こし、チアリーダーたちの掛け声と張り合っている。スタジアムの真下を走り、いつ地震を起こしてもおかしくないヘイワード断層のことなど、誰も気にしていない。ベアーズには落とせない試合だ。スタジアムのベアーズ側は、チームカラーの青と金色の海である。

「おい、やめろよ」と、群衆のなかで声がする。

「何だよ？」と、後ろの男が叫ぶ。

「おれの首にたばこの灰をかけてるじゃないか。何なんだよ？」最初の男は、口の端にたばこをくわえたまま、首を後ろに伸ばしながら話す。

「なんだって？」上の列にいる男は肩幅が異様に広く、シャツの縫い目がパンパンで破れそうだ。彼の両隣の人たちは、できるだけ離れようとして、反対側の人にぶつかる。

「おお！」また別の男。「うわぁ、見ろよ」彼は親指と人差し指で何か小さな黒いものをつまんで持ち上げる。「ちっぽけな★★★がおれの手をかみやがった」

20世紀のフットボールの試合で飛び交っていた言葉はあまり上品ではなかった。だが、この男を弁護するために言っておくと、彼はストレスにさらされていたのだ。彼の周りは、どこもかしこも、昆虫を追い払う観客だらけ、彼らの2万本のたばこが、近くの人の顔の前にひっきりなしに飛んでいき、危険極まりなかったのである。

今のシーン、ほんの少ししか脚色していないのだが、いったい何が起こっていたのだろう？　悪さをしていたのは、2種類のナガヒラタタマムシ属〔英語圏ではファイヤービートルとも総称される〕の甲虫、メラノフィラ・コンスプタ（*Melanophila consputa*）とメラノフィラ・アクミナタ（*Melanophila acuminata*）だ。松に覆われた近くの丘から、スタジアムに群れになって飛んできたのである。甲虫は普通人間を襲ったりしない。とりわけ、集団で襲うなんてあり得なさそうだ。連中はスコアが気に入らなかったのだろうか？

その答えは、起こったことと同じくらい奇妙だ。それは木のせいなのである。木と、そしてもちろん物理に原因がある。物理はどこにでも顔を出す。甲虫たちは、ある意味、自衛のために行動していたのである。ただし、フットボールのファンたちに対する自衛ではない。餌を得るためや、押された仕返しに、かむことはあったかもしれないが。彼らは木に対して自衛しているのだ。ナガヒラタタマムシたちは、木という思いもよらない攻撃者から幼虫を守るために、独特の生活様式を身に着けた。木は普通、攻撃的な性質ではあまり知られていないが、じつは、これからナガヒラタタマムシに成長しようとしている幼虫に意地悪をするのである。木のほうも、これも自衛のためだったのだと主張するかもしれない。幼虫が木の幹をむしゃむしゃ食べて、穴を開けてしまうこともあるだろうから。じつのところ木は、これに対抗する手段をたくさん持っている。樹液や樹脂を分泌したり、ものすごいペースで細胞を複製したりする。「肉眼ではほとんど見えないこの小さな幼虫たちは、木の分裂する形成層細胞によって押し付けられ、ついには死んでしまうのです」と、ドイツのボン大学のナガヒラタタマムシ属の専門家ヘルムート・シュミッツは言う。木の皮は、幼虫がかみつく威力に完全に勝るのだ。

ナガヒラタタマムシにとって、いい木と呼べるのは枯れ木だけだ。生きている木は、自らを守る。一方、死んだ木は反撃できない。だが、体長1センチにも満たない小さな虫が、どうやって高さ数メートルにそびえる木を殺せるというのだろう？　これを明らかにするには、ナガヒラタタマムシに並外れた能力があるかどうかを調べなければならない。ナガヒラタタマムシ属の甲虫たちは、南極とオーストラリア大陸を除く、すべての大陸に生息している。オーストラリアでは、メリムナ・アトラタ（*Merimna atrata*）という学名の「オーストラリア・ファイヤービートル」が、同じ戦略を取って存続している。ナガヒラタタマムシもメリムナ・アトラタも、タマムシ科（*Buprestidae*）に属しているので、ファイヤービートルの体は、シャボン玉やセキュリティー用ホログラムのように、見る角度で色が変わる虹色の殻で覆われていると思われるかもしれない。だが、メラノフィラ属の11種のファイヤービートルは、進化の途中でこの虹色光沢を失ってしまった。現在彼らは炭黒の体をしている。魅力的ではないかもしれないが、おかげで少なくとも甲虫の収集家に捕まる危険はない。しかし、ファイヤービートルはそのために色を変えたのではない。収集家たちはまだ、甲虫の進化の方向を大きく変えるほど長くは存在していないのだ。ファイヤービートルのぱっとしない外見は、彼らをタマムシ科の平凡な虫にしているだけでなく、彼らをカムフラージュし、鳥やトカゲなどの捕食者から守ってもいるのである。

私のために火を付けて

というわけで、ファイヤービートルの武器は外見ではない。色は、隠れるためのものであって、攻撃するためのものではない。では、これらの黒い甲虫たちは、どうやって彼らの敵である木を苦しめるのだろう？　援軍を迎える、これがその方法なのだ。ファイヤービートルは、自然と物理に助けを求め、雷の力を利用するのだ。残念ながらファイヤービートルは、木に這《は》い上がって先端に金属製の針を立て、数歩下がって、ジェームズ・ボンド映画の悪役よろしく、高笑いしながら雷が落ちるのを待ったりはしない。そうではなく、ファイヤービートルは自然のなりゆきに任せる。彼らが何もしなくても、遅かれ早かれ雷は落ちる。その結果、森林火災が起こり、広い範囲で木が死んでしまう。火事になる原因はほかにもある。ここでもファイヤービートルは何も特別なことはしない。ただそれを利用するだけだ。原因が何であれ、木の皮が焼け焦げになれば、ファイヤービートルは、傷つき無防備になった木にやってきて、そのなかに卵を産む。卵から幼虫が孵《かえ》ると、幼虫たちは食べ物が焼け焦げだろうが気にしない。少なくとも、死んだ木は絶対に、彼らを液体でおぼれさせたり、押しつぶしたりしようとはしないのだから。

だが、これでファイヤービートルの問題が終わったわけではない。自分で火事を起こさないのなら、火事を見つけるのは難しいだろう。ひとつには、彼らが多く生息している北部の森林地帯では、火災が起こるのは50年から200年に一度ぐらいのものだ。だとすると、ファイヤービートルは、子どもたちのために安全な家を見つけるため、遠くまで旅しなければならないことになる。それに、たとえ火が上がっていたとしても、日中活動するファイヤービートルが、夜、地平線に炎がゆらめくのを見ることは決してない。また、遠くで上がっている煙が、本当に煙であって、灰色の雲が低く垂れこめているのではないことを、はっきり見極められなければならない。視覚だけでは不十分だし、においは信頼性が低い——風向きが悪ければ、煙はファイヤービートルから遠ざかる方向に吹き飛ばされ、絶対に彼らに届くことはないだろう。

たとえ目標——火事が自然に燃え尽きたばかりの場所——にたどり着いたとしても、ファイヤービートルにはまだ問題が残っている。彼らは、どこか熱すぎない場所に降り立たなければならないのだ。ファイヤービートルは熱に対して、一般的な昆虫以上に強いわけではなさそうだ。シュミッツは、ファイヤービートルの脚でとまれる面の温度は、せいぜい約摂氏50度か55度だと考える。だが、この温度では安全に降り立つには熱すぎる一方で、くすぶり続けている森と高温の灰が積もった地面から、ファイヤービートルの目で感知できるだけの輝きが発するには足りないのだ。

130キロ離れた火事でも見つける

繁殖するというミッションを成功させるために、ファイヤービートルは火を見つけ、どこか脚が焼け焦げない場所に降り立たなければならない。この2つの難題には共通点がある——熱だ。絶対零度より温度が高いものはすべて赤外線を放射しているので、ファイヤービートルは、赤外線を感知できさえすれば、問題をすっきり解決できる。「彼らにとっては、熱い場所がどこにあって、どこは熱くないかを感知できる赤外線センサーを持っていることが、非常に重要になってきます」とシュミッツは言う。赤外線センサーがあれば、うかつにも森林版ホットプレートの上に降りてしまうのを防いでくれるし、森林版ホットプレートを見分けるのも手伝ってくれる。ファイヤービートルが地平線上に煙が上がっているのを見つけたとき、赤外線センサーが、その煙は炎からきており、雲ではないことを確かめてくれるからだ。

つい今しがた、「赤外線を感知できさえすれば、問題をすっきりと解決できる」と述べた。しかし、火の間近にいるのでなければ、火からの熱を感知するのは難しい。寒い冬の夜、暖炉の前に敷いたムートンのラグマットの上で丸くなっているところを想像してほしい。温もりに包まれたあなたの目の前で、黄金の炎が揺らめき、眠りを誘う。だがこの至福の時は、飲み物をキッチンに忘れたことを思い出したとたんに終わってしまう。部屋のドアまで歩いていったときにはもう、暖炉の温もりを肌で感じることはほとんどできない。赤外線放射はまだ存在しているが、もう部屋全体に広がっているので、弱まってしまっているのだ。2、3メートル離れただけでこれだけ弱まるとすると、遠くの地平線に見える炎からの熱を少しでも感じられる確率がどれだけあるというのだろう?

ファイヤービートルの赤外線感知システムは、人間の皮膚より優れているに違いない。すべての昆虫は、触角の付け根に熱受容体を持っていて――人間の皮膚の温度受容器と同じように――強度が高い赤外線だけを感知できる。だが、ファイヤービートルには、これとは別に、もっと高度な受容体が一対、中間の左右の脚の付け根、羽のすぐ下側に備わっている。この2つの受容体は高性能だ。しかし、どれだけ遠くから火を発見できるのだろう? この疑問に答えるために、シュミッツと、彼の同僚でドイツのユーリッヒ研究センターのペーター・グリュンベルク研究所に所属する、ヘルベルト・ボウサックは、1920年代にカリフォルニア州のある給油施設で起こった火災に注目した。2012年に発表された彼らの研究は、ファイヤービートルの熱感知能力そのものとほとんど同じくらい驚異的なものだった。研究チームは、森林を管理する各役所、地方各紙、そしてセコイア国立公園の職員たちから取材し、この火災の経緯を調査した。

ドイツからは地球の反対側に当たる、アメリカで昔起こった給油施設の火災の、何がそんなに特別なのだろう? 最近の火災ではだめなのだろうか? それに、森林火災を調べたほうがいいのでは? また、ファイヤービートルがどれだけ遠くの火事を見つけられるかを調べる最も確実な方法は、ファイヤービートルの背中に送信機を付けて、飛んだ経路を追跡することではないのか? しかし、ファイヤービートルは体長が1センチしかなく、彼らが遠くまで運べるほど小さな送信機はまだ開発されていない。重い荷物をしょって疲れたファイヤービートルの航続距離は、彼らが見つけられる火災の距離よりもずっと短くなるだろう。だからこそシュミッツとボウサックは、違う角度から考えねばならなかったのだ。昔の記録を調べることにより彼らは、1925年8月、落雷のあと3日間燃え続け、現場ほどの森からもたいへん遠いにもかかわらず、「無数の」ファイヤービートルがやってきた火災について、詳しい情報を得た。

火災を起こした給油施設は、カリフォルニアのセントラル・バレーにあるコーリンガの町から東に数マイル〔8～10キロ〕のところにあり、極度の乾燥地帯で木はほとんど生えない。ファイヤービートルたちは、一番近い森林、すなわち、25キロ北西のサンベニート山付近の森、あるいは130キロ東のシエラネバダ山脈山麓の丘から来たに違いない。記録を遡って調べると、サンベニート山の森林は2、3年火災が起きておらず、若いファイヤービートルの大群のすみかとは考えにくいことがわかった。一方、シエラネバダ山脈の付近では、給油施設の大火災前の2年間、毎年大規模な火災が起こっていた。これらのことから、おそらくファイヤービートルたちは、シエラネバダの森から、彼らの体長の1300万倍の距離をはるばる給油施設の火災現場まで飛んできたのだろうと考えられる。

たった1個の光子でも

歴史を探るこの探偵活動から、ファイヤービートルはおそらく、130キロ離れた火事を見つけることができるのだろうとわかったが、これではまだ答えの半分でしかない。ここからは、何らかの物理を考慮しなければならない。ボウサックは、コーリンガ石油火災でどれだけの赤外線が放出されたかを計算するために、最新の火災解析手法を使ってみることにした。火災防止担当の役人たちが、ある火災が近隣の建物にどれだけの量の熱を及ぼすかを見積もるのに使うたぐいの解析手法だ。「この火災が出した光はあまりに大きく、9マイル（約14・4キロ）離れた町で、この火事の光で本などを読むことができたほどだ」と、『コーリンガ・デイリー・レコード』という当時の地元の週刊誌に報じられている。同誌はさらに、炎は数百フィート（150〜200メートルほど）上空にまで届いたとする。

シュミッツが摂氏1000度に届いたのではないかと考える炎に加え、その炎からの放射輝度——1秒間に1平方メートル当たりに放射されるエネルギーの量——は、14万8000W/㎡（ワット・パー・スクエアメートル）にのぼった。最大出力付近で稼働している床下暖房の放射輝度は、たったの100ワット・パー・スクエアメートルだ。しかし、130キロ離れたシエラネバダ山脈の森では、さっきの炉端の例のように、赤外線ははるかに弱まって、源に比べれば1億分の1ほどになっているだろう（正確には0・13ミリワット・パー・スクエアメートル）。周囲に温度揺らぎが少しでもあれば、これほどわずかな熱は隠されてしまい、感知するのは至難の業だろう。人間が作った赤外線感知器ですら、これほどの熱を検出できるだけの性能を出すためには、摂氏0度以下に保たれなければならない。ところがメラノフィラ属のファイヤービートルの熱感知器は、極めてよく微調整されており、シュミッツによれば、理論上ファイヤービートルは、赤外線をその取り得る最小のかたち——1個の光子——として感知できる可能性があるという。

「火事があったばかりの場所を調べていると、ときどき、焼け焦げた昆虫たちが見つかります。ほかの種類のビートル、クモ、ハエなどです。しかし、焼け死んだファイヤービートルを見つけたことは一度もありません」とシュミッツ。「ファイヤービートルは飛んでいる最中に熱い場所を見つけ、そして、そこに降りるのを避けることができるのです」。それはいいことだ。というのも、焼け焦げた場所に到着するや否や、彼らは交尾しなければならないからだ。黒焦げの切り株だらけになり、灰をかぶり、消え残りの煙がまだくすぶっている森の残骸など、ムードも何もなさそうだが、ファイヤービートルにとっては理想的な場所である。メスは、うろうろと、いい場所を探し回り、焼けたばかりの木の皮の下に受精卵を産みつける。卵が孵ったら、幼虫は死んだ木を好きなだけむさぼる。木が反撃する心配はまったくない。やがて夏が来ると、幼虫は成虫のファイヤービートルになる。この年に成虫になったファイヤービートルには、火事で焼け死んだほかの昆虫や小型哺乳類を食べることができるというボーナスがついている。シュミッツは、「黒焦げになったトカゲを、まるでバーベキューのように食べている」オーストラリア・ファイヤービートルを見たことがあるそうだ。

赤外線を「聞く」

これほど低レベルの熱を感知するために、ファイヤービートルは、液体が詰まった小さな球の内部にある、毛のような機械受容体を使って、いわば赤外線を「聞く」。「この機械受容体は、動物界で最高感度の受容体なのです」とシュミッツは説明する。「原子の大きさに当たる、ナノメートル、あるいは、ナノメートル以下の領域の（もう少し小さくなれば、原子内の領域に入る）動きを感知できます」。人間にも機械受容体がある。内耳のなか、液体で満たされた袋の内側を、有毛細胞が覆っているのだ。人間の鼓膜にぶつかった音波は、中耳にある3つの骨を通って、内耳の内部にある液体に到達し、ここで毛を曲げる。毛は、この曲がった動きという機械的運動を電気信号に変換して、人間の神経へと送る。

耳の話はそれぐらいでいいだろう。さて、ファイヤービートルの赤外線センサーはどのようにして働くのだろう？　個々の感知器は、長さ0・3ミリ、幅0・12ミリ、深さ0・1ミリのくぼみだ。どの感知器にも、直径約0・02ミリの半球が70〜90個入っており、昆虫の複眼のような塊になっている。半球は、昆虫の外骨格と同じ物質、クチクラでできている。その内側には、球形をした構造があるが、表面のクチクラが涙型になって、この球の内部に刺さっている。この球構造、おいしそうな高級ブランドチョコレートのコマーシャルではないが、外側は硬いが中はふわふわだ。スポンジの内部の小さな空間には、液体が満たされており、感覚細胞の圧力を感知する先端部が中心につながって固定されている。赤外線がこの感知器に入射すると、液体が温まり、その結果膨張した液体が先端部を押す。こうして神経細胞がファイヤービートルの脳に向かって、電気信号を発するのだ。

それは大変結構。しかし、ファイヤービートルは、火災を示す信号を覆い隠してしまう温度揺らぎやノイズにどう対処するのだろう？　実はこれがシュミッツが一番わくわくするテーマなのだ。

「能動増幅」か、「確率共鳴」か

ファイヤービートルの感知器がこれほど高感度になる理由について、彼は2つの説を考えている。ひとつは、ファイヤービートルは、既存のノイズのなかに隠れている信号と干渉するようなランダムなノイズを加え、それをわざと増幅して、信号を増強して感知できるようにする「能動増幅」を使っている、という説。もうひとつは「確率共鳴」を利用しているという、次のような説だ。飛行中、ファイヤービートルは毎秒100回羽を上下に振る。この運動を使って、熱感知半球内の球を振動させることができる。すると半球は、赤外線レベルのごく小さな変化を感知する作業に最適化されるのだ。感知器がファイヤービートルの羽の下にあるのは、このためなのかもしれない。

このような増幅が行われるなら、ファイヤービートルの左右どちらか片側にある1個の球に、赤外線の光子が1個か2個入射すれば、神経を反応させるには十分であり、おかげでファイヤービートルは、どちらの方向に飛べば熱のあるところに行けるかがわかるわけだ。これは、人間やその他の哺乳類が持っている、蝸牛と呼ばれる内耳の構造が使っているのと同じ手法だ。蝸牛は内耳の有毛細胞の毛を振動させ、小さな音を感知する。近年、科学者たちは昆虫も能動増幅を利用していることを発見した。キイロショウジョウバエ（*Drosophila melanogaster*）は、触角にある「耳」でこれを利用している。さて、ドイツの研究に戻ろう。シュミッツは、ファイヤービートルは能動増幅を使って赤外線を「聞いている」のだと証明しようとしている。

どちらかといえば、ドイツはシュミッツにとっていい場所とは言えない。ドイツのお国柄にたがわず、ドイツの消防士はとても効率的に作業をする。おかげでファイヤービートルはドイツでは絶滅してしまった。焼け残った森など、ほとんどドイツにはないのだ。そのため、ファイヤービートルは消防士が好きではない。逆に、ドイツ以外の国の消防士たちは、ファイヤービートルを毛嫌いしている。緊急事態に対処する消防士が、森林火災のあと、最後までくすぶり続けている2、3ヶ所にホースで放水しているとき、ファイヤービートルが制服のなかに入り込んで、かまれてしまうことがあるからだ。先ほど紹介した1943年のフットボールの試合でも、これと同じようなことが起こったわけである。ファイヤービートルに襲われたとき観客が何と言ったのかはわからないが、これが起こったのは間違いない。火が付いた約2万本のたばこに引き寄せられ、メラノフィラコンスプタとメラノフィラアクミナタの大群が試合会場に舞い降り、観客たちをかんだのだ。米国昆虫学会の機関誌『経済的昆虫学ジャーナル』が1943年に報じたとおりだ。もしも今日、ファイヤービートルが人間のそばで生活しなければならないとしたら、彼らの熱感知器は高感度すぎて彼ら自身のためにならないのではないだろうか？ファイヤービートルは、フットボールの試合にやってきただけでなく、セメント窯、製錬所、タール製造所、そして製糖所の熱い樽の周辺にまで、大挙して押し寄せている。タバコを吸う人が減っているので、1943年のような例はもうあまりないかもしれないが。

まとめ

さて、まとめておこう。ガーターヘビ、イヌ、そして蚊は、体が最もよく機能する体温を維持するために、身を寄せ合ったり、タプタプの皮膚を揺さぶったり、血を捨てたりして、物理を利用している。ニホンミツバチ、カリフォルニアジリス、そしてファイヤービートルは、これをさらに一歩進めて、スズメバチ、ガラガラヘビ、あるいは木から、自分や子どもを守るために熱を使っている。ガラガラヘビは熱を「見る」ことで、そしてファイヤービートルは熱を「聞く」ことで、周囲の状況をより詳しく知る。

熱はエネルギー移動の一形態であり、温度は、ある物体に含まれる原子や分子が、どれだけ激しく揺れているかを表す尺度で、また、熱を移動させる能力も示していることを私たちは学んだ。熱の移動には、伝導（ガーターヘビが身を寄せ合うときなど）、対流（風呂のお湯や、イヌの毛に捕らえられた空気の塊など）、そして放射（太陽が電磁波として宇宙空間にエネルギーを放出するときなど）があることも見た。ファイヤービートルは、温められた液体が膨張して毛のような受容体を押すときの力を感知して、このような放射をとらえる。次章では、驚くほど繊細な特徴を持つドラゴン、強化された肘のあるシャコ、雨のなかを飛ぶ蚊、濡れた面でもくっつくヤモリなどを紹介して、力をテーマにお話しする。

第2章 力

コモドオオトカゲからトッケイヤモリまで

・頭の軽いコモドオオトカゲ ・激しい雨でも飛べる蚊
・航空会社も注目するシャコ ・顎《あご》を地面に打ち付けるアギトアリ
・接着力をオン・オフできるヤモリ

コモドオオトカゲ、見かけによらず、かむ力は弱い

ネコ好きな人なら誰でも知っていることだが、ネコがゴロリと寝返りを打って、2本の前足をぱたぱた動かし、「ねえ、お腹くすぐってよ」と誘っているように見えるとき、ネコは必ずしもそうは思っていない。あなたがお腹の柔らかな毛をなでてやると、その持ち主が喉をゴロゴロ鳴らすこともある。だが、次にやったときは、あわてて手を引っ込めようとしても、時すでに遅しで、鋭い爪が肌に食い込んでいたりする。運が悪ければ、ネコは歯も使って攻撃してくる。長く鋭い牙でかみつき、あなたの肌に穴を開けかねない。

これが、体重6キロのネコではなく、80キロのコモドオオトカゲ（*Varanus komodoensis*：コモドドラゴ

ンとも呼ばれる）だったら、どんなに大変なことになるか想像してみてほしい。ジャングルのなか、木立が開けたところを、首を振り振り、辺《あた》りに漂うあなたのにおいを、二又に分かれた舌で「味わい」ながら、のっしのっしと向かってくるコモドオオトカゲ。たいていの人にとって、こんなことはあり得ないが、インドネシアのコモド島、リンチャ島、フローレス島、ギリモタン島、ギリダサミ島の人々には、これは現実の危険だ。絶滅が危ぶまれるコモドオオトカゲは、人間を警戒するとはいえ、狂暴になって攻撃してくることもある。同じ種の子どもでも、木の上に隠れていないやつを捕らえることができたら、同種だろうと容赦なく食べてしまう。そう、共食いもしかねない輩《やから》なのだ。

コモドオオトカゲは悪夢のような存在だ。生物学者たちはこのモンスターのようなトカゲを、英語でモニター・リザードと呼んでいる。コモドオオトカゲは、サバンナや低木の熱帯森林に生息する。体長約2・5メートルで、現存する世界最大のトカゲであり、ゴジラを倒して横にしたような体型だ。ずんぐりした胴体は鱗《うろこ》に覆われ、鎧《よろい》のよう。尾は長く、足は短い。その「肘」は、外側に突き出ており、腕立て伏せをするようにして歩く。ほんとうに、名前にふさわしい姿だ。２本足で立つこともできる。『銀河ヒッチハイク・ガイド』（新潮社）の著者ダグラス・アダムズが、博物学者のマーク・カーワディンとの共著で１９９０年に出版した『これが見納め』（みすず書房）のなかで述べているように、危険が潜んでいそうな怪しい土地を地図にマークするために昔の探検家たちが書き込んだ「危険：ドラゴン潜む」という警告が生まれた背景には、コモドオオトカゲのことがあったのかもしれない。黄色い舌をチロチロさせる姿に動揺した昔の探検家たちは、このトカゲは火を吐いていると考えたのかもしれない。確かにコモドオオトカゲは、口臭が猛烈なことは間違いない――このトカゲの口は、バクテリアの安息の場なのだ。コモドオオトカゲの口臭を嗅ぐのと、このトカゲにかまれるのと、どちらがダメージが大きいか考えてみよう。

オーストラリアのニューサウスウェールズ大学に所属していたスティーヴン・ローがコモドオオトカゲの顎《あご》の強さを調べたとき、彼と彼のチームは奇妙なことを発見した。それが何だったかをお話する前に、言い添えておかねばならないことがある。ローの真の目的は、コモドオオトカゲではなく、大きさがその倍もある爬虫類、メガラニア（*Varanus priscus*）だった。約10万年前までオーストラリアを歩き回っていた、体長5メートルのオオトカゲだ。コモドオオトカゲは、メガラニアに最も似ている現存するオオトカゲなのだ。現在はオーストラリアのニューイングランド大学に移転しているローは、生存するコモドオオトカゲを調べることによって、メガラニアがどんな食べ物を好んだのかを、もっと詳しく突き止めようとしたのである。

腕を失うことなしにコモドオオトカゲのかみつく力を調べるため、ロー、ドメニク・ダモーレ、そして同僚たちは、4つの動物園に飼育されている10匹のコモドオオトカゲで実験を行った。2本のアルミの棒に取り付けた肉で誘惑して、顎でガブリとかみつかせたのである。この棒、ただの金属棒ではない。かみついた動物の歯が傷まないようにゴムがコーティングされており、かまれた力（応力）で棒が曲がっていくあいだ、電圧の変化が記録できる歪みゲージが装備されている。歪み――ある物体がどれだけ変形したかを、その物体自体の大きさに対する比率で表したもの――は、その物体の剛性（外力に対する、物体の変形しにくい性質）と、それにかかった応力――物体にかかった力または負荷を、その力または負荷がかけられた面積で割ったもの――という2つの要因に依存する。実験後、チームは前もって測定した負荷値がわかっている場合のデータに照らし合わせて、オオトカゲでの実験で記録された電圧を、オオトカゲがかむ力に換算した。

最も顎が強いコモドオオトカゲは、149ニュートン（単位はNまたはkgm/s²。この単位については、後ほど詳しく解説する）の力でかむことができた。その他のコモドオオトカゲたちは、ここまでの力は出せなかった。だが、コモドオオトカゲの約20分の1しか体重がない飼いネコは58ニュートンの力でかむことができることからすると、この「興味深く、セクシーで、注目を集めている」コモドオオトカゲは、体重に見合うだけの力を発揮していないことになる。人間はコモドオオトカゲと同じぐらいの体重だが、かむ力は約294ニュートンだ。だとすると、コモドオオトカゲにかまれるのは、フットボールやラグビーの選手にかまれるのに比べれば大したことはない。コモドオオトカゲがかむときの武器が、かむ力だけだったなら、ジャングルでコモドオオトカゲと1対1で対決するのは、それほど恐ろしいことではなさそうだ。

缶切りのテクニックで

コモドオオトカゲは、顎がかむ力はそれほどでもないのに、オオトカゲ科のなかで自分より大きな動物を殺す、現存するたった2つの種のひとつだ。コモドオオトカゲは、死肉を好んで食べる。生きた獲物を襲うときは、シカ、ブタ、鳥、無脊椎動物、そしてまれに人間や、自分と同じ種の子どもを狙う。体重2、300キロの水牛を襲うこともある。

コモドオオトカゲは、かむ力そのものはネコと比べてそれほど大きくもないくせに、こんなに大きな動物をいったいどうやってかみ殺すのだろう？　あなたの飼いネコが、殺したばかりのブタをくわえてネコ用ドアに帰ってきたら、それはびっくり仰天するような事件だ。ローによれば、獲物をしとめるとき、コモドオオトカゲは「缶切り」の動きを利用するという。コモドオオトカゲは、頭を左右どちらか片側に傾け、獲物の喉または下腹をきつくかみしめ、それから頭をぐるっと回して中央に戻しながら、60本の歯を順々に使って獲物の皮膚を切り裂き、円弧状の傷を作る。かみながら、頭を下げつつ、足を自分の尾のほうに向かって、「自転車を逆向きに漕ぐ」ように動かして後ずさりする。この方法を使って、強靭な首と体を活かし、弱いかむ力を補うのである。コモドオオトカゲの歯は長さが2・5センチもあるので、この結果、獲物の体にできた深く長い傷から大量の血が流れだす。

「これは裂く動きになります」とローは言う。「コモドオオトカゲの歯は非常に鋭く、鋸歯《のこぎりば》状になっているので、大きなダメージを与えることができます。このため、顎の筋肉が特に大きい必要もないし、重く頑丈な頭蓋骨も必要ありません。これはコモドオオトカゲにとってたいへん都合がいい。欠点は、これ以外のことには、あまりよく適応できていないことです」

このように獲物を殺すことに関して、コモドオオトカゲがネコより勝っている理由は、「缶切り」のテクニックと強靭な体にある。かむ力の弱さを、強靭な体がどれだけ補えるかを明らかにするために、ローのチームは、コモドオオトカゲが頭と首の筋肉を使って豚肉を引っ張る力を、肉につなげたデジタル力測定器で測定した。豚肉が地面のすぐ上にあり、力測定器がその1・5メートル上に設置されているときに及ぼされた力は、最大337ニュートンで、かむ力よりもはるかに強かった――かむ力の最高記録は150ニュートン弱だったのだから。コモドオオトカゲは、折り、ねじり、切り裂くテクニックで、獲物の体をばらばらに切断するので、かむ力が545ニュートンもあるシマハイエナ（*Hyaena hyaena*）とは違い、骨をかみ砕くための強い顎は必要ないのである。

サーベルタイガーの戦略

コモドオオトカゲが獲物を殺す能力は飼いネコより優れていると確認したとしても、公平な比較をしたことにはならない――コモドオオトカゲの攻撃戦略は、体の大きさが同程度の動物と比べると、何位ぐらいになるのかをはっきりさせなければ。コモド島では、コモドオオトカゲをよく「陸ワニ」と呼ぶ。ローも、コモドオオトカゲとワニが似ていることには以前から気づいていた。コモドオオトカゲと比較するのに最もふさわしいのは、別の爬虫類、オーストラリアに棲息するイリエワニだと彼は考える。「ワニは頭蓋骨がはるかに頑丈で、顎を閉じる閉口筋もずっと大きい」と彼は言う。「比較的大きな獲物を攻撃するとき、ワニは獲物にかみつき、振り回し、ねじります。ワニは広範囲の角度に力を出し、また対抗することもできるので、その攻撃はやや行き当たりばったりなのです」。オーストラリアのワニは、不運な犠牲者を荒々しく振り回し、コモドオオトカゲより狂暴だ。コモドオオトカゲは頭蓋骨がそれほど強くないので、頭をひねり、引っ張るとき、その方向は常に一定である。後方、下向きに引くのだ。

コモドオオトカゲが取る戦略も、大型のネコ科の動物や、その他の肉食哺乳動物とは違っている。これらの動物は、強靭な顎と、強いかむ力を使って、獲物の気管をねじり、窒息させる。ライオンのかむ力は約1768ニュートンで、コモドオオトカゲより強い。だが、ライオンが使っている殺し方では、ひづめでたたいて反撃されると、ライオンのほうが劣勢になる。「アフリカスイギュウの首を絞めたければ、上下の顎が強靭であることに加え、相当な勇気が必要になります」とロー。「これは危険な賭けで、ライオンが傷つくことも珍しくありません」

コモドオオトカゲはむしろ、映画『オズの魔法使』の勇気をなくしたライオンに近い。コモドオオトカゲはとても注意深く、自分が傷つくリスクをなるべく減らそうとする。「必死に踏ん張って、大きな獲物を時間をかけて窒息させるよりも、突然襲いかかって素早く致命傷を負わせたあと、後ろに下がるでしょう」とローは言う。「アフリカスイギュウの場合、窒息死させるには優に10分か、それ以上かかるでしょう。そのあいだずっと、仲間の巨大なスイギュウがやってきて、頭に蹴りを入れられないかとひやひやしながら、かみついていないといけないわけです」

今では絶滅してしまったサーベルタイガー（*Smilodon fatalis*）も、コモドオオトカゲと似た戦略を使っていたとローは考える。サーベルタイガーも、閉口筋の弱さを、体のほかの部位で補っていた。彼らの場合は、頭を下に向かって押す強力な筋肉がその部位だ。「サーベルタイガーは、頭より後方の（すなわち、首と体の）筋肉を使い、比較的大きな動物を組み伏せ、動きを封じるのに適合していました。そのあと、首にある、頭を下向きに押し付ける筋肉を使って、大型草食動物の首に牙でかみついたのです」と彼は言う。「失血による深刻な外傷をもたらすことにより、獲物を殺すという点で、広い意味で同じ戦略だと言えるでしょう」

頭蓋骨が空洞なのは？

致命的な出血を起こすだけでは足りないかのように、コモドオオトカゲには、もうひとつ秘密の戦略がある。かみついたあと目立たない安全なところに引っ込む、というのがそれだ。２００６年になるまで生物学者たちは、コモドオオトカゲの口のなかにいるバクテリアが、獲物に敗血症を感染させるのだと考えていた。だが、もしもそれが正しければ、炎症で死ぬには数日かかり、かみついて傷を負わせた当のコモドオオトカゲがその苦労の成果を味わえる可能性は低くなる。ローの同僚、クイーンズランド大学のブライアン・フライは、コモドオオトカゲは自分が傷つけた獲物に毒を注入することを発見した。ショック症状を引き起こす神経毒と、かみついた傷跡から流れ出る血が凝血するのを防ぐ抗凝血剤とを含む毒を使うのだ。失血と毒というダブルパンチの助けがあって、コモドオオトカゲはスイギュウぐらいまでの大きさの動物を殺すことができる。自分より4倍ほど大きな動物に、素早く致命的な怪我を負わせ、その後は目立たないところに隠れて、自分が傷つけた獲物が死ぬのを待つ、という戦略である。つまり、コモドオオトカゲにかまれたら、絶体絶命と思えということだ。

コモドオオトカゲが、弱々しいかむ力を何かで補おうと、回して引くというユニークな戦略を見つけ、成功しているのは確かだが、その顎の弱さが、採用できる戦略を制約していることもやはり紛れもない事実だ。顎と頭蓋骨がもっと頑丈でワニ並みだったなら、獲物を組み伏せ、転げまわり、あらゆる方向に力を及ぼすことができるので、現状のコモドオオトカゲのように、横と後ろにしか引けないという制約はなかっただろう。いったいどうしてコモドオオトカゲは、かむ力がもっと強くならなかったのだろう？

その理由を明らかにするため、ロー、カレン・モレノ、そして彼らの同僚らは、コモドオオトカゲの頭蓋骨の構造を、有限要素モデリングの手法によって解析した。有限要素モデリングは、橋から自動車エンジンの部品まで、そして飛行機からビルまでの、荷重がかかるあらゆるものを設計するのに利用されている。対象物を、多数の三角形または四角形に分割し、応力がかかったときに図形要素のひとつひとつがどのように変形するかを記述する、複雑な微分方程式を解く。図形要素は隣接する他の図形要素とつながっているので、ある図形要素について明らかになったことが、隣の図形要素の計算に盛り込まれる。

こうして得られる結果は、厳密なものではないが、十分使える。多数の小さな図形に分けて方程式を解いて、あとでその結果をつなぎ合わせるほうが、すべてを一度に扱うよりも簡単だ。「間違い探し」クイズで、絵を格子に分割するのと似ている。小さな四角のなかをひとつひとつ調べたほうが、全体像を眺めて混乱し、絶望するよりずっといい。

ローとモレノがモデルにしたのは、ある博物館が所蔵する体長1・6メートルの若い大人のオスの頭蓋骨で、これを120万個の「れんが」に分割した。研究チームはこの頭蓋骨の3D画像を、ある病院のコンピューター断層撮影（CT）X線スキャナーで撮像し、各れんがの骨密度を4段階で評価した。骨密度が高いほど、骨は強く硬くなり、力が加わっても変形しにくい。ローはこのほか、顎の筋肉の構造も調べ、その面積と、力のかかり具合も計算した。有限要素モデリングから、コモドオオトカゲの頭蓋骨は、その役に立っている部分だけが大きく分厚いことがわかった。頭蓋骨の後ろ側の骨と、その他、支えとして使われる部分の骨には分厚い箇所がある。しかし、これらの箇所のほかは空洞だったのだ。「コモドオオトカゲの頭蓋骨は、非常に限られた機能に最適化されています」とローは言う。「そのためコモドオオトカゲは、骨と筋肉を大幅に節約することによって、体重を相当節約しています。その頭蓋骨は、要するに、私たちが立体骨格と呼ぶ、梁《はり》や筋交《すじか》いなどを使った中空構造に極めて近いのです」

このような構造になっているコモドオオトカゲの頭蓋骨は、横へ向かう力と、後ろへ向かう（コモドオオトカゲの尾に向かう）大きな力の両方に同時に抵抗できることをローは見出した。つまり、コモドオオトカゲが、ひ弱なかむ力を、ひねりながら切り裂き、強く引くという動きで補うのに、最適な構造になっているわけだ。すなわち、引っ張る力とかむ力が同時にかかっているときに、頭蓋骨が受けるストレス（応力）を小さくするという目的に、とてもよく適った形なのである。これは重さをなるべく節約し、軽くするような設計になっているため、顎を弱くし、獲物を組み伏せる体勢を取りにくくしているのだが、おかげでコモドオオトカゲは、大きなエネルギーを必要とすることなく、頭を支え動き回ることができる。さらにこれは、コモドオオトカゲはそれほどたくさん食べ物を発見しなくてもいいということも意味する。

失われた爬虫類

ローの本来の研究テーマ、大昔に死滅したメガラニアの場合はどうなのだろう？　ローの力解析探偵作業から、この絶滅した巨大爬虫類が、現代に残るその親戚コモドオオトカゲと同じ方法で獲物に襲いかかっていたとすると、メガラニアは大型のサイと同じぐらいの大きさがあったジャイアントウォンバットという有袋類などの動物を食べていたと考えられる。メガラニアはとっくの昔に絶滅してしまったが、その従兄弟、コモドオオトカゲにはどんな将来が待っているのだろう？　ときおり人間も殺すコモドオオトカゲは、少しも存続が危うそうには思えないが、実のところ、国際自然保護連合の公式な分類によれば、「危急種」に当たり、絶滅の恐れが高い。現存するコモドオオトカゲは、たった4000～5000匹であり、そのうち繁殖能力のあるメスはわずか350匹だと推測されている。しかも、彼らの生息地は失われる危険がますます高まっている。だが少なくとも、この「危急種」というランクにいるアイアイ、アマゾンカワイルカ、カカポ、その他の『これが見納め』の動物たちに、コモドオオトカゲは加えてもらえたわけだ。さらに、スティーヴン・フライ〔イギリスの俳優、コメディアン、司会者、映画監督で、テレビやラジオに頻繁に出ている〕が、アダムズの共著者マーク・カーワディンと共に、コモドオオトカゲ追跡のためマレーシアとインドネシアを訪れ、その様子が2009年、BBCのテレビドキュメンタリー番組として放送されている。破壊力に関しては、コモドオオトカゲの口中の細菌は、そのかみつき攻撃ほどのことはないが、人間こそその両者よりもはるかに破壊的だということがまもなく証明されるのかもしれない。

力と運動の法則

そろそろ、力と運動のさまざまな法則をまとめあげた人物に、コモドオオトカゲを結び付けていいだろう。アイザック・ニュートン（1642〜1727年）に口臭があったか、あるいは、彼が人に辛辣にかみついていたかなどのことは、われわれにはわからない。それでもグーグルで検索すると、SF作家のロバート・ハインラインが1951年の小説『栄光の星のもとに』（東京創元社）に登場するドラゴンにこのイギリスの天才物理学者の名前を付けていることが出てくる。このドラゴンは、コモド島ではなく金星の生まれだが、よその惑星の物語にニュートンが登場するのは実にふさわしいことだ。彼は多くの偉業を成し遂げたが、とりわけ、惑星が太陽を周回する軌道が円ではなく楕円である理由を初めて明らかにしたのだった。

ニュートンは変わり者だった。中学生のころ、回し車で走るネズミを動力源とする水車の模型を作って級友たちを驚かせた。ランタンを付けた凧《たこ》を飛ばし、17世紀にUFO騒ぎを起こした。のちに世界初のセレブ科学者になり、ウィリアム・ワーズワースによる1編をはじめ、いくつかの詩に謳《うた》われた。1978〜1988年まで、イングランド銀行の1ポンド紙幣には、望遠鏡の隣でクラバットと呼ばれるひらひらしたネクタイの両側に、肩の下まで巻き毛が垂れ下がるかつらをかぶって椅子に座り、膝の上に置いた本を見つめているニュートンが描かれていた。さらに、力の単位は、彼の栄誉をたたえてニュートンと名づけられている。1ニュートン（または1N）は、1キログラムの質量を、毎秒1メートルずつ加速するのに必要な力、すなわち1kgm/s²（キログラムメートル毎秒毎秒）を表す。

一説によると、1666年ごろ、彼がリンカンシャーの1本の木からリンゴが落ちるのを見たとき、彼の頭のなかにあったのは、凧やネズミの力を動力として使うことではなく、月だったという。ペストがロンドンを襲い、ケンブリッジ大学を離れねばならなくなった彼は、果樹園のある実家に帰らざるを得なかった。だが、その避難先の実家で重大なことが起こった。彼は、月とリンゴにはつながりがあることに気づいたのだ。リンゴを地面に落とす力は、月を地球を周る軌道に保ち、直線上を進んで宇宙の果てに飛んでいったりしないようにしている力と同じなのである。しかもその力は、地球の中心からの距離の2乗に逆比例して小さくなる。この逆2乗法則が、惑星が太陽を周回する軌道が楕円である原因のひとつである。

重力について考えたのは、ニュートンが最初ではなかった。イタリアの天文学者ガリレオ・ガリレイ（1564〜1642年）がすでに、異なる材料でできたボールをピサの斜塔から落とし、それらのボールが、速度ゼロから徐々に加速してやがて地面に落下するまでに、同じだけの時間がかかる（空気抵抗が低いかぎり）ことを証明していたらしいからだ。だが、これはニュートンが木の下で居眠りしていたときに頭にリンゴが落ちてきたという話と同じく、おそらく伝説にすぎないだろう。歴史家たちは、彼はのんびりしていたときではなく、考えごとをしながら果樹園を歩いていたときに、リンゴが落ちるのを見たのであり、リンゴがじかにぶつかったのではないと考えている。だがこの説にしても、あまりまともな話ではない。イギリスにある古代遺跡、ストーンヘンジの研究を他に先駆けて行ったウイリアム・スチュークリー（1687〜1765年）は、イギリス国教会の聖職者ながら古代ケルトのドルイド僧にも関心を抱いていたが、自著の『サー・アイザック・ニュートンの生涯の思い出（*Memories of Sir Isaac Newton's Life*）』（1752年）のなかで、1728年ロンドンにおいて数本のリンゴの木のもとで、この偉大な物理学者と雑談したときのことを自らの言葉で綴っている。

どうしてリンゴは常に垂直に地面へと落ちなければならないのだろうと、彼は自問した。どうして横に外れたり、上に昇っていったりせずに、必ず地球の中心に向かわねばならないのだろう？おそらくその理由は、地球がリンゴを引っぱっているからだ。物質には引っぱる力があるに違いない。だからこそこのリンゴは、垂直に、すなわち、中心に向かって落ちるのだ。このように物質が物質を引き付けるのなら、その力は物質の量に比例しているに違いない。したがって、地球がリンゴを引くのみならず、リンゴも地球を引っぱっているのだ。

リンゴと地球は互いに力を及ぼしあっている。私たちがリンゴの力に気づかないのは、地球があまりに大きいために、リンゴは地球をほんのわずかしか動かさず、人間がそれに気づくのは無理だからだ。このあと、ヤモリがどうやって天井を歩くかを紹介する際に、微小な力がどんな働きをするかを解説する。ニュートンは、物体がどのように力を及ぼし合うかを、運動の第3法則としてまとめた。そしてこれを、残る2つの運動法則、そして万有引力の法則と共に、1687年に出版された大著『プリンシピア：自然哲学の数学的諸原理』（講談社など）に記載した。

熱意のある方ならば、ニュートンが書いたラテン語版を、ケンブリッジ大学デジタル・ライブラリーのウェブサイトで読むことができる。しかし、ニュートンがこれを出版したときにも、ある貴族が、『プリンシピア』が何を意味するかを説明できる人なら誰にでも500ポンドを進呈すると言っている。それほど難しいなら、現代語による要約版のほうがいいと思う方も多いだろう。現代の言葉では、ニュートンの運動の第3法則は、「あらゆる作用に対し、大きさが等しく、向きが反対の反作用が必ず存在する」、である。言い換えれば、ある物体に作用しているあらゆる力に対して、その反対の向きにかかる「押し返し」の力が働く、というのが第3法則なのである。

ニュートンは、物理を解する知性のみならず、数学の天才でも有名だったのだから、私たちは彼の法則を非論理的な順序で紹介すべきではない。第3法則から始めたので、番号が若くなっていく順に紹介していこう。現代の言葉では、運動の第2法則は、「ある物体の運動量（英語でmomentum）の変化は、その物体に加えられた力積に比例し、その力積が加えられた向きに沿う直線の向きに生じる」となる。テレビでスポーツ解説者が、あるチームに「勢い（英語でやはりmomentum）がある」と言うときそれは、そのチームは「活発だ」、「止めるのは至難の業だ」という意味だ。この定義は、正式な物理版の定義にかなり近い。運動量とは、ある物体の質量にその速度をかけたものである（物理で「速度」とは、運動する物体の「速さ」とその運動の向きを合わせたもの）。一方の力積とは、力と、その力がかけられた時間との積である。以上のことから、運動の第2法則は、「ある物体に加えられた力は、その物体の運動量が時間と共に変化する割合に等しい」とも言い表すことができる。このあとシャコとアギトアリが教えてくれるように、運動の第2法則には、また別の言い表し方もある。だが、まず、第1法則へと進む前に、蚊が雨の日に運動の第2法則をどんなふうに守っているかを見てみよう。

激しい雨でも蚊が飛べるわけ

蚊は雨のなかを飛べるだろうか？　これは、聞くに値しないように思える質問のひとつだ。たとえば、「アルベルト・アインシュタインは天才でしょうか？」という質問と同じく、無意味に感じる。蚊は熱帯での生活に適合しているが、熱帯では雨がよく降る。それに、蚊には、そこから水を飲んだり、そのなかに卵を産み付けたりする水たまりが必要だ。ならば、もちろん蚊は雨のなかを飛ぶことができるでしょう？　嵐を避けようと、避難所を求めて猛スピードで飛んで逃げている蚊を見た人なんていないのでは？

だが、ちょっと待って。雨粒は、秒速10メートル近く、つまり、時速35キロメートル以上のスピードで空から落ちてくる。最も重い雨粒は100ミリグラムもあり、蚊の体重の約50倍だ。雨粒1個は1匹の蚊と同じくらいの大きさだが、重さについて考えれば、静止している蚊に雨粒1個がぶつかるのは、体重100キロの人間に5トントラックが激突するようなものである。土砂降りのなかでは、蚊はほぼ25秒に1度雨粒にぶつかることになる。雨のなかを蚊が飛ぶのは、ぶつかってきそうな大型車両を次々とよけながら道を渡っていくオンラインゲームをやっているようなものだ。いったい蚊はどうやってこれを切り抜けるのだろう？

アンドリュー・ディッカーソンは、この問題に興味をそそられた。彼は、第1章で登場した、イヌは濡れた体を自力でどう乾かすかを調べていた人物である。ジョージア工科大学を拠点とするディッカーソンは、近くにある疾病対策センターから、研究に必要な蚊をいくらでも手に入れることができた。「猛スピードで落ちて襲いかかってくる雨粒に、このか弱そうな昆虫が、いったいどう対処するというのだろう？」と彼は問いかけた。これは単なる好奇心ではなかった。蚊はマラリアを引き起こす病原体をまき散らすのだから、蚊の飛行について詳しく理解できれば、マラリア予防に役立てられるかもしれないのだ。

それを研究するのは容易なことではなかった。ディッカーソンが初期に行った実験はどれも、「とてもやり遂げられない」か「完全な失敗」だった。びしょびしょになった床と「ひどい苛立ち」以外、何も残らなかった（あれだけイヌをびしょびしょにする実験をやった人なので、床が濡れるのは慣れっこだろうと思われるかもしれないが……）。しかし、ディッカーソンはついに目標に到達し、その努力が報われて、博士号を取得できた。ディッカーソンの研究は、雨粒がぶつかってもほぼ毎回耐え抜く蚊に関する新たな敬意を私たちに持たせてくれたのみならず、ニュートンの運動の第2法則と、運動量という概念とが現実にどう働いているかをわかりやすく見せてくれる。

まず、先ほど持ち出した5トントラックについて考えてみよう。そのトラックが轟音《ごうおん》を立てながら、あなたに向かって秒速10メートルで接近しているとしよう。トラックが持っている運動量は5万キログラムメートル毎秒（kgm/s）である。これはすごい運動量だ。のんびり歩いているあなたが持っている運動量は、これよりもずっと少ない。というのも、あなたはトラックよりはるかに軽いし、スピードも遅いからだ。このトラックがあなたに正面からぶつかるとすると――ぞっとするような話で申し訳ないが――、あなたはものすごいスピードで、元来た向きに振り飛ばされる。あなたの運動量が大きく変化するのは、スピードが突然上がり、また、トラックに向かって歩いていたとすると、運動する向きが反転してしまったからだ。このときあなたが感じる力は、あなたの運動量の変化を、あなたがトラックと接している時間の長さで割ったものになる。なぜなら、運動の第2法則のもとでは、物体に加えられた力は、その物体の運動量が時間と共に変化する割合に等しいからだ。衝突は一瞬で終わってしまったので、あなたは大きな力を感じるわけだ。あいたた！　空中を飛ばされたあと、あなたは地面に叩きつけられ、あなたのスピードは低下してゼロになる。このとき、あなたはふたたび、運動量の突然の変化と大きな力とを感じるだろう。交通事故が凄惨《せいさん》なのはこのためである。

パンチに乗る

体の大きさからすれば、25秒ごとにトラックと衝突しそうになるのと同じ目に遭うはずの、雨のなかを飛ぶ蚊にとって、これは何を意味するだろう？　これをはっきりさせようと、ディッカーソンは、アノフェレス・ガンビエ（*Anopheles gambiae*）とアノフェレス・フレボルニ（*Anopheles freeborni*）というハマダラカ属の2種の蚊のために、幅約5センチ、高さ約20センチの、小さなプラスチックのケージを作った。ケージの上面には、蚊が逃げないように、目が蚊よりも細かい網を張った。このケージを研究室のアトリウムの床にしばらく置いたあと、ディッカーソンは2メートルの高さから蚊をめがけて水滴を浴びせかけた。水滴が網にぶつかると、別の水滴がケージの内側に落ちるはずだと考えたわけだ。この実験はうまくいったが、蚊にぶつかるときのスピードは、雨粒に及ばなかった。そこでディッカーソンは、網でできた上蓋をやめて、代わりに1ペニー硬貨ほどの大きさの穴が開いた板を蓋にした。そして、高さ10メートルのベランダまで登って、水をかけた。前より高いところから落ちる水滴は、雨並のスピードに達するはずだ。毎秒４０００コマ撮影できるビデオカメラを用意し、ディッカーソンは衝突を録画する準備を整えた。

　ところが、水滴をケージのなかに落とすのは不可能だとわかった——蚊のほうは、数匹がまんまとケージの外に抜け出したのだが。床が水浸しになっただけで、ディッカーソンは何の成果も得られなかった。そこで彼が考え付いた解決策は、引力ではなくて、圧力を使って水滴を加速することだった。囲いの上部に取り付けた噴射ノズルから水を噴出させたのである。今度は実験は成功し、ディッカーソンは水滴を秒速10メートルの速さで、蚊のそばに飛ばすことができた。自然に降る雨の水滴と同じ速さだ。録画した映像をスローモーションで解析したディッカーソンは、蚊が水滴がぶつかるのをまったく避けようとしないことを見出した。映像にとらえられた蚊と雨粒の衝突は6例だけだった。そして、雨粒が蚊に当たるとき、通常は中心から少しずれたところ——脚や羽——にぶつかっていることがわかった。雨粒にぶつかった蚊は飛んでいたコースからずれてしまうが、すぐに元に戻り、早い場合は100分の1秒以内に回復することもあった。

　最悪の衝突は、空中に浮かんでいる蚊の、左右の羽のあいだに直接水滴がぶつかる場合だ。水滴と蚊は、恋人どうしのようにからみあって転げ落ち、その衝撃で蚊は、たった1・5ミリ秒のあいだに、スピードがゼロから一気に約2・1メートル毎秒まで上がる。これは、約1400メートル毎秒毎秒の加速度にあたる（2・1メートル毎秒を、1・5ミリ秒で割った値）。重力によって生じる加速度（重力加速度）の140倍以上の加速度だ。ローラーコースター、F1レースに出場するレースカー、あるいは、宇宙ロケットに乗ったとしたら体験する加速度は、重力加速度の約5倍である。それ以上の加速度がかかると、あなたは失神し、目玉が飛び出るのを感じ、場合によっては命を失うだろう。とはいえ、ディッカーソンによれば、冷戦期、軍の飛行テスト中に、重力の25倍の加速度に耐えた医者がひとりいたという。ところが、驚異的な跳躍力を誇るノミは、重力加速度の約135倍の加速度に達する。「昆虫たちが耐えられる加速度レベルは驚異的です」とディッカーソンは言う。

蚊は極めて軽いので、蚊の運動量の変化は比較的小さい。運動の第2法則によれば、蚊の体重を2ミリグラムと仮定すると、蚊が1個の雨粒から受ける力は0・003ニュートン（すなわち、蚊の運動量の変化率で、2ミリグラム×2・1メートル毎秒÷1・5ミリ秒）である。こんな力、蚊にとっては大したことではない。これとは別に、「圧縮試験」という、聞いただけではあまりいい連想は浮かばない名前の試験を実施したディッカーソンは、蚊は鎧《よろい》のような外皮、すなわち外骨格のおかげで、雨粒の10倍以上の力がかかっても、それを耐え抜くことができることを見出した。

名案とは正反対のやり方に思えるが、衝突で感じる力を小さくする別の方法が、できるだけ衝撃を長続きさせることだ。蚊は、水滴にしがみつき、一緒に落ちることでこれを達成する。ボクサーは、敵の一撃が入るとわかると、この「衝撃をできるだけ持続させる」という鉄則を使う。首の筋肉をゆるめ、頭が後方に動くに任せ、「パンチに乗る」のだ。敵のグローブが頭に接する時間が長くなるわけだが、それで衝撃力が弱まる。あなたの車のダッシュボードについているエアバッグが膨らむとき、同じ考え方が使われている。エアバッグが、ダッシュボード自体の硬い表面よりも、あなたの動きをよりゆっくり減速させ、衝撃がかかる時間を長くするのである。

蚊も雨粒も無傷だった

このように、蚊は雨粒がぶつかった最初の衝撃を耐えることができる。では、その次はどうなるのだろう？　いったん一緒になると、雨粒と蚊はしばらく結びつきを保つ。ディッカーソンは、約39ミリ――蚊の体長の約13倍――一緒に移動した例を見ている。蚊を覆っている体毛は水をはじくので、水滴が蚊にくっつくことはない。むしろそれは、優しい抱擁に似ている。だがついには、蚊は水滴からするりと離れ、ケージの壁にとまる。短い休憩のあと、蚊は無傷で飛び去る。飛んでいる最中に水滴がぶつかった蚊はどれも生き続けた。水滴もダメージは受けなかった。蚊がヒッチハイクしているあいだ、水滴も無傷のままだったのだ。落下速度が低い水滴で行った初期のテストでは、ディッカーソンは、より解像度の高いビデオで録画していた。それによると、水滴は変形して曲がり、特に小さい水滴でその傾向が強い。だが、表面張力（この現象については、第3章で改めて論じる）が、水滴がばらばらになるのを防いでいるのだ。

大豆油スプレーの威力

しかし、蚊は雨のなかでのんびりするわけにはいかない。これまでは、蚊には飛べる空間が好きなだけあると仮定してきた。だが、水滴がぶつかるときに、蚊がいる場所があまりに低かったとすると、蚊は地面に叩きつけられる恐れがある。もしそうなったら、蚊の運動量はそこでものすごく大きく変化してしまう。あるいは、蚊が木の枝にとまっているときに水滴がぶつかった場合も、厄介ごとが待ち受けている。空中にいる蚊にぶつかった水滴は、蚊としばらく付き合うが、地面や木の枝にいる蚊にぶつかると、水滴は割れてしまう。水滴の運動量がすべて蚊に移動するとしたら、蚊は、雨粒の運動量――雨粒の質量（0・1グラム）にその速度（10メートル毎秒）をかけたもの――を、雨粒が割れるのにかかる時間（約2ミリ秒）で割った値に等しい力で激しく打たれることになる。これは約0・5ニュートンの力に相当し、蚊の体重の約5万倍にあたる。これだけの力がかかれば蚊はひとたまりもないだろう。バイバイ。

飛んでいる蚊が雨粒との衝突に耐えるための鍵は、体重が軽いことと、「パンチに乗る」ことができる能力にある。これは、蚊には朗報だが、あなたが蚊なんて大嫌いなら、あまりいい知らせではない。第1章で述べたように、蚊は命にかかわる病気を人間にうつすので、この害虫を寄せ付けないことが、世界の多くの地域で重要になっている。われわれは武器として殺虫剤スプレーをよく使う。この手の、毒が混ぜられた液体を空中に噴霧すると、蚊をやっつける水滴が細かい霧になってあたりを覆う。この水滴の大きさは、雨粒の約1000分の1だ。しかし、殺虫剤は環境にはよくない。有毒化学物質なんて、誰も扱いたくないだろう。最近ディッカーソンは、アノフェレス・フレボルニ（*Anopheles freeborni*）というハマダラカの一種が、付近に毒はまったく存在しない状況で、水滴からなる濃い霧や、さまざまな気体のなかでどのように飛ぶかを調べた。空気の2倍の濃度がある気体のなかでは、蚊の飛行は乱れ、縦横に揺れ、ついには地面に落ちてしまうことを彼は発見した。高濃度の気体のなかでは、蚊に対して異常な引っぱる力が働き、昆虫が持つ、平均棍という位置を感じる器官を乱してしまうのだと、ディッカーソンは考えた。ここから彼は、有毒スプレーに代わるものを思いついたのである。水滴は、べとべとした撥水性の毛で覆われた蚊の体にはくっつかないので、ディッカーソンは大豆油だけでできたスプレーを提案する。大豆油のほうが蚊によくくっつくからだ。大豆油は天然材料として、すでに合成殺虫剤の基材として使われているが、大豆油だけのスプレーでも、平均棍に付着して蚊の飛行を混乱させ、このスプレーを持っている人間に近づかないようにしてくれるはずだ。だが、これが実現するのはまだまだ先のことだろう。当面は、マラリアの危険がある地域で安全に過ごしたければ、従来からのクリームや軟膏を使うようにとディッカーソンは勧める。「たとえ雨のなかでも、虫よけをお使いなさい」と彼は言う。

モンハナシャコは物理オタク

蚊は、「ある物体の運動量の変化は、その物体に加えられた力積に比例する」という運動の第2法則を利用して、雨粒にぶつかって死んだりしないようにしている。この法則は、「ある物体に加えられた力は、その物体の運動量の時間変化の割合と等しい」とも言い換えられる。その物体が運動しながら重くなったり軽くなったりしない限り、運動の第2法則は、「加えられた力は、その物体の質量に、その物体の速度の変化率（加速度）をかけたものに等しい」という意味でもある。この法則を記号で表現すると、F=maとなるが、この式は、2004年、『フィジックス・ワールド』誌の読者たちに、物理学史上最も好きな式の第3位に選ばれた。モンハナシャコにとってもお気に入りの式かもしれない。そのわけは、このあとまた食べ物についてお話したあとに説明する。今回は、スイギュウやリンゴではなく、カニである。うーん、おいしそうだ。

レストランでカニを食べるのは、かなりめんどうだ。金属のへらを使い、ビニールのエプロンをかけて、店じゅうに細かいカニ肉を飛び散らしながら食べるはめになる。カニ肉が好きなのは、モンハナシャコ（*Odontodactylus scyllarus*）も同じだが、東南アジアや南太平洋の熱帯の海に住んでいる彼らには、そんな道具はない。英語ではハーレクイン・マンティス・シュリンプ（*harlequin mantis shrimp*、道化師シャコ）と呼ばれているが、この華やかな色をした体長10センチの甲殻類は、なかにあるおいしい肉を食べるためにカニを砕くことにかけては、道化どころか完全に本気だ。クジャクシャコとも呼ばれるこのシャコは、カニ、カタツムリ、そしてイガイなどの2枚貝の殻を割るため、独自のツールを身に着けた。前から2番目の一対の足が、特別に強い「捕脚」と呼ばれる構造になっており、これをこん棒のように使うのだ。英語では捕脚を「dactyl」というが、これはギリシア語で指を意味する「dactylus」から来ている。とはいえ、モンハナシャコの捕脚は、指というより膨れた肘のようなもので、上腕に当たる部分から前に向かって突き出す。

殻を持つ動物たちに、俺たちは危険だぜと知らせでもしているかのように、モンハナシャコの捕脚は明るいオレンジ色だ。モンハナシャコは、それ以外の部分も、ほぼすべてが明るい色彩に彩られている——ターコイズブルーの顔の上には、丸い紫の眼がギョロリと突き出しており、体の前面は白と赤のまだら模様、背中は緑色で、10本の足は赤だ。ディズニーのマンガ映画にうってつけの姿である（『ファインディング・ニモ』で有名になった、ここまで派手ではないジャックは、アカシマシラヒゲエビだ）。背中がぐるりとよく曲がり、巨大なダンゴムシのようにも見えるモンハナシャコは、外見が驚異的なだけではない。サンゴ礁の近くの海底にあるU字型のトンネルから這い出してきたモンハナシャコは、驚異的なパンチで攻撃できるのだ。

「モンハナシャコは数億年前に進化しました」と、カリフォルニア大学リバーサイド校のディヴィッド・キサイラスは言う。彼にかかれば、モンハナシャコは、重装備したイモムシみたいなものらしい。「最初モンハナシャコは、銛で魚を取っていました。捕脚にはトゲがあり、それを魚に突き刺していたのです。ほかのものが変化していく過程でモンハナシャコは、カニなどの殻に覆われた動物を食べることに『決めた』のですよ」

しかし、カニの殻は丈夫で硬い。体長10センチのシャコに、カニの防御に打ち勝つだけの力が出せるだろうか？「モンハナシャコは捕脚の『肘』の部分を使って、これらの硬いものを、探って、割るのです」と、キサイラス。「やがて、とりわけ大きな肘を持つ個体たちが、分かれて別の種になりました。ですから、銛で魚を取る種と、肘鉄を食らわす種とがあるわけです」

モンハナシャコの肘がとりわけ大きかったとしても、カニの殻を割るには、大きいだけではだめだ。さいわい、モンハナシャコは臆病者ではない。ディナーに選んだカニに、最大時には７００Ｎを超える力を及ぼすことができる。自分の体重の１０００倍以上の力だ（体重も含め、「重さ」は、重力によってある物体にかかる力である――地球上にいる質量60グラムのシャコの重さは、０・６ニュートンだ。すなわち、０・０６キログラム×９・８１メートル毎秒毎秒である。なお、９・８１メートル毎秒毎秒は重力による加速度）。これを検証するために科学者たちは、力を測定する装置にペースト状の餌を塗り付けたものを準備した。モンハナシャコは、「ロードセル」（力を検出するセンサー）を、まるでカニかカタツムリであるかのように何度も繰り返し叩いた。「獲物と定めた生き物の殻にひびを入れるのに十分なエネルギーを供給するために、このような力を生み出さねばならないのです」とキサイラスは言う。

モンハナシャコは物理オタクだ。自分のパンチを、ニュートンの運動の第2法則（F=ma）を使ってパワーアップする。大きな力を生み出すためには、捕脚が重たいこん棒になっているか、あるいは、それを急激に加速しなければならない。捕脚の大きさには限度がある――海底を動き回る際に、口周りが重くてスピードが出ないのは困るので。それに、何か食べ物を見つけたら、その瞬間に捕脚を重くする、なんてことも不可能だ。だが、捕脚を加速することはできる。そしてこの加速は、大きければ大きいほどいい。モンハナシャコは、最高10万メートル毎秒毎秒（m/s^2）の割合で捕脚を加速することができる。これは重力加速度の1万倍に当たり、自然界で起こる最高の加速のひとつである。捕脚は、獲物にぶつかる前に、時速80キロを超えるスピードに達する。モンハナシャコが二枚貝を強打している様子を撮影した動画では、捕脚があまりに猛スピードで叩いているので、目では見えないほどだ。だが、獲物の殻が受けたダメージは見まがいようがない。数回強烈な打撃が加えられたあと、ぽっかりと穴が開いている。捕脚の先端があまりに猛スピードで動いているために起こる、もうひとつの物理現象も同時に作用することで、モンハナシャコは自分の体重の約2500倍の力を及ぼすことができる。この、もうひとつの現象については、あとで詳しく解説する。このシナリオでカニは割れてしまうと言っておけば、ここでは十分だ。

力増幅という技

モンハナシャコは、いったいどうやって捕脚をそこまで加速できるのだろう？　彼らは一瞬のうちに、自分の捕脚のスピードを、ゼロから時速80キロまで急激に加速することができる。別の言い方をすれば、人間が瞬きをするには0・3秒かかり、モンハナシャコが攻撃するにはたった3ミリ秒（0・003秒）しかかからないことからすると、彼らのパンチは瞬きの100倍も速いことになる。この離れ業のすごさは、動物の筋肉がそれほど素早く動き出さないことを考えれば、なおさら印象的だ。チータやハヤブサなどのスピードで名高い動物たちは、モンハナシャコに比べればゆるやかに加速する。ゆっくりスタートし、かなりの距離にわたって進むあいだ、時間をかけて加速する。最速の陸上動物と謳《うた》われるチータは、約9メートル毎秒毎秒で加速し（3秒間で、0から時速96キロに加速）、時速100キロ以上に達する。すべての動物のなかで最も速いハヤブサは、地面に向かって急降下するときに重力を利用して時速300キロ以上で降りてくる。だとするとモンハナシャコは、いったいどうやって、筋肉に可能な速さを超えるスピードまで捕脚を加速するのだろう？　この賢明なシャコは、力増幅《パワー・アンプリフィケーション》という手法を使う、というのがアメリカのデューク大学のシーラ・パテクの説明だ。ロックのライブの必需品、パワーアンプとは関係ない。むしろ、大昔に開発された武器に近い技なのである。

「腕で矢を投げてシカを殺そうとしても、あまりうまくいかないでしょう」とパテク。「ですが、その同じ腕の筋肉を使って弓を引き、前もって弾性エネルギーを蓄え、留め具を外してそのエネルギーを解放することができます。弓は力を増幅します。すなわち、エネルギーが解放されるペースを速めるのです」。この増幅によって矢は、腕で投げるよりもはるかに速いスピードまで加速される。「筋肉がたどってきた進化の結果、このような妙なトレードオフ関係が生じました」とパテクは言う。「筋肉は素早く収縮できるが大した力は出せないか、あるいは、筋肉はゆっくりしか収縮しないが大きな力が出せるかどちらかです。これを両立させることはできません。ですから、弓のようなものの助けがなければ、人間の腕の筋肉から素早く大きな力を生み出すことはできないのです」

弓では、あなたの腕が弦を後ろに引いているあいだ、弓が弦を緊張した状態に保つおかげで、弦にかかっている張力が徐々に高まってエネルギーが蓄えられる。モンハナシャコは、自分の筋肉が生み出すエネルギーを、自分の硬い外骨格の内部に蓄える。このとき外骨格は、圧迫された状態になる。

「あなたの腕にある拮抗筋のことは、きっとよくご存知でしょう」とパテク。「肘のところで前腕を曲げる筋肉がひと組、そして反対に前腕を伸ばす筋肉がもうひと組あります」。モンハナシャコは、非常によく発達した「閉筋」と呼ばれる拮抗筋をひと組持っている。モンハナシャコは、強力な筋肉が付いた捕脚を打ち出そうとする際に、閉筋を収縮させる。捕脚の筋肉に比べればひ弱に見えるかもしれないが、この閉筋には、特殊な形に変形した、掛け金のように働く腱がある。「この捕脚を打ち出す非常に大きな筋肉がバネ（モンハナシャコの外骨格の一部）を圧縮しているあいだ、腱が掛け金のように働いて、捕脚を閉じた状態に保っています」とパテクは説明する。「閉筋は、急速に弛緩するタイプの筋肉です。閉筋が緊張するのをやめた瞬間、掛け金がはずされ、捕脚は極めて短い時間のうちに打ち出されるのです」

外骨格は、モンハナシャコが捕脚を打ち出そうとする際に、閉筋が、強制的かつゆっくり働きながら生み出すエネルギーを蓄える。やがて閉筋が急激にゆるんで掛け金が開くと、ゆっくり蓄えたエネルギーがすべて、瞬時にぶちまけられる。力増幅されない筋肉だけで可能なよりも、すべてのことをずっと素早く起こすことによって、モンハナシャコは自然界の記録を塗り替えるほどのレベルまで、捕脚を一気に加速するのだ。

爆発する泡の破壊力

スピードの競争では（加速度の競争ではなくて）、モンハナシャコは、チータやハヤブサに間違いなく勝っているとは言えないが、自分が攻撃しているカニや軟体動物に対して負けている様子はまったくない。強力な捕脚をものすごい速さで叩きつけられるだけでも大変なことなのに、なお悪いことが続いて起こる。それもたった0・5ミリ秒後に。モンハナシャコは、別の種類の物理を使って、捕脚による打撃を補強するのだ。

パテクによれば、捕脚が水中を猛スピードで動くので、水に2つの領域ができる――猛スピードで流れる領域と、捕脚のすぐ隣の、ごくゆっくりと流れる領域だ。このような状況では、ベルヌーイ効果が効いてくる。スイスの数学者兼物理学者、ダニエル・ベルヌーイ（1700～82年）にちなんで名づけられた効果だ。速い流れと遅い流れの境界には、ところどころに圧力が低い場所ができ、そのような場所では、水の分子が離れ離れになり、水蒸気の泡になって、短時間に泡の発生と消滅が起きる。キャビテーションと呼ばれる現象である。

泡がぶつかるぐらい、大したことではないようだが、これは、優しくパンッと割れるシャボン玉ではない。巻貝の殻にキャビテーションの泡が1個ぶつかると、泡は殻の内側で爆発し、熱、光、そして音が一気に四方八方に放出され、球状に見える。「莫大な量のエネルギーを放出し、太陽の表面温度、約

6000度に達します」とパテク。これがどんな光かという例は、パテクのウェブサイト〔Patek Lab Video〕で見ることができる——まるで、貝が魔法の杖の先から出る何本もの閃光ビームで撃たれているようだ。おそろしい偶然だが、力増幅は、モンハナシャコが捕脚を猛烈な勢いで加速できる理由であるのみならず、その結果生じるキャビテーションの泡が非常に大きなダメージを与えられる理由でもあるわけだ。「水の分子を離れ離れにするには、大量のエネルギーが必要です」とパテクは言う。「そして、水の分子たちが再び近づくためにかかる時間を短くしてやれば、ごく短時間のうちに大量のエネルギーを解放することができます」

最初の打撃と続くキャビテーションの泡の攻撃から巻貝が立ち直ったそのとき、モンハナシャコのもう一方の捕脚が飛んできて、またキャビテーションが続く。巻貝は四重の攻撃を受ける——岩削ドリルだか、ボクサーだかが、打撃を加えたらその直後に、必ず顔の前で花火に火を付け、追い打ちをかけるようなものだ。パンチ、ボン、パンチ、ボン。このプロセスは0・8ミリ秒以内に終わると聞いて、慰めになるかどうか。このときの力は、最高1500ニュートンにもなる。モンハナシャコの体重の2500倍以上だ——キャビテーションの泡は、捕脚の最初の打撃よりも破壊的だ。本書の共著者のひとりと同じぐらいの体重の人間に換算すると、これは150万ニュートンの力で叩かれるのと同じである。一方、ボクサーのパンチは、最高でもせいぜい5000ニュートンの力でぶち込まれるに過ぎない。だが、人間のボクサーのパンチは、モンハナシャコのパンチよりも長い時間影響を及ぼすので、力積はその分大きくなることからすると、これらの数値だけで単純に比較することはできない。とはいえ、著者らは自分たち用にメモしておこう。「モンハナシャコにはちょっかいを出すな」

キャビテーションはこのように強力な武器なので、また別種の甲殻類、テッポウエビもキャビテーション気泡を発生させて獲物を気絶させる。「洗練されたとも言えるモンハナシャコに比べれば、テッポウエビはじつにやかましいんです」とパテクは言う。「彼らはしょっちゅう『パチン！　パチン！』と音を立てている。テッポウエビどうしでも、また、獲物に対しても、キャビテーション気泡を使うんですよ。水槽の外でも聞こえるし、離れた廊下でも聞こえます。テッポウエビの音は、世界の海に鳴り響いているのです」

キャビテーション気泡は、船を高速化するのが難しい理由のひとつにもなっている。スクリューが回転すると、キャビテーション気泡がらせん状に並んで何列もでき、このせいでスクリュープロペラの表面が劣化するのだ。「ある程度以上のスピードでは、キャビテーションを防ぐのは不可能になります」とパテク。また、ステルス潜水艦を造ろうと考えている潜水艦設計者も、キャビテーションに悩まされる。「水中をある程度高速で進んでいると、キャビテーション気泡が発生し、気泡が破裂するたびに耳をつんざくような音がします」とパテクは語る。「それは大きな騒音源で、水中戦争や水中で機能する装置に関する仕事をしている人たちには大きな頭痛の種なのです」

衝突に強い「ブーリガン構造」

モンハナシャコは、獲物のカニを打ち砕く。だが、このことでモンハナシャコ自身にも問題が生じる。モンハナシャコがカニを７００ニュートンの力で叩き、続いて１５００ニュートンのキャビテーション気泡の一撃を浴びせるとき、「どの作用にも、大きさは同じで向きが反対の反作用が存在する」というニュートンの運動の第3法則の効果が表れる。つまり、モンハナシャコがカニを叩いているとき、カニのほうも実際に、まったく同じ大きさの力で、モンハナシャコを叩き返しているのである。次の脱皮の時期が来る前に、数万回の食事が必要だが、そのあいだに捕脚が壊れるのを防ぐために、モンハナシャコには何ができるのだろう? モンハナシャコは、3、4か月に一度、外骨格を新しいものに交換するが、その頃までには、捕脚の「肘」の殻はボコボコに傷んでいるはずなので、これは大変都合がいい。

モンハナシャコを紹介してくれた研究者、デイヴッド・キサイラスに解説してもらおう。彼が発見したことには、モンハナシャコは、今パテクから聞いた2種類の物理のほか、材料科学も利用しているという。モンハナシャコの捕脚は、あえて少しひびが入るようにして、完全にばらばらになるのを遅らせる特殊な構造をしている。キサイラスによれば、人間は物が壊れないようにするために、物を非常に強くしようとするが、生物の世界では少し違うことが行われている。「生物の世界では、物は単に強いだけでなく、しなやかでもある、すなわち、強靭に作られるのです」と彼は言う。「モンハナシャコの捕脚は、ナノスケールのひびをたくさん作ることによって、度重なる衝突に耐えることができるのです。これらのひびは、比較的柔らかい境界面に来るたびに進行方向を変え、ものすごい距離を進まねばなりません」。この旅のあいだに、ひびはエネルギーを失う。「陶磁器でできた板を床に落とすと、その板は完全に砕けてばらばらになるでしょう。しかし、その陶磁器の板を発泡ゴムの膜で覆ったら、落としても割れないでしょう。というのも、発泡ゴムという柔らかい要素にエネルギーが吸収されるからです」

捕脚の殻の秘密を明かすため、外側から始めよう。捕脚の獲物を叩く面には、ヒドロキシアパタイトの粒子からなる硬い外縁がある。ヒドロキシアパタイトは、人間の骨にも含まれる鉱物に近いリン酸カルシウムだ。外縁層の厚さは、たった60ミクロン（0・06ミリ）で、毛が細い人の毛の直径ほどである。そこは獲物のカニや巻貝の殻を叩き割れるように、硬くなければならない。外縁層自体は、殻に繰り返し打ち付けられたらひびが入るので、その裏側には、ひびが伸びていくのを止めると同時に、捕脚を支え、しなやかさを出すための物質が重なっている。

この物質こそ、たいへん珍しい構造をしているのである。ブーリガン構造というのがその名称だ。フランスの数学者、ジョルジュ・ルイ・ブーリガン（1889〜1979年）にちなんで名づけられもので、α《アルファ》キチンという複雑な糖の層が何重も重なってできている。αキチンの分子は、まるで繊維のような長い鎖の形をしており、互いに平行に並んでいる。各層は表面と平行になっているが、層内の糖分子の軸の向きは、上の層に対して回転しており、厚さ方向に分子がらせん構造をなして並んでいる。モンハナシャコの場合、糖分子の繊維は、上から下まで75ミクロン（0・075ミリ）の深さで、ちょうど180度回転している。柔らかい糖分子の繊維の周りを、はるかに硬いヒドロキシアパタイト——叩く面と同じ物質——が埋めている。

硬い外層の下にあるこの層は、ラムレーズンチョコレートのように、柔らかな要素（レーズン、繊維）が、硬い母材（チョコ、鉱物）のなかに埋め込まれた複合体になっている。柔軟なものと硬いものとが混じり合っているおかげで、この材料は強靭である。衝撃によって生じたナノスケールのひびはすべて、ブーリガン構造のらせんに沿って進行方向をそらされてしまうからだ。「（柔らかい領域と硬い領域のあいだの）境界領域は、とても広い面積があり、ひびはこの曲がりくねった長い経路を進まねばならなくなります」とキサイラス。「そのため、ひびは捕脚を横断するずっと前に、エネルギーを完全に失ってしまうのです」

このブーリガン構造の層は、衝突域を通ってずっと下まで続いている。捕脚のそれより内側の部分では、構成が変化する。そこでは、αキチン繊維が、結晶質のヒドロキシアパタイトではなく、非晶質のリン酸カルシウムのなかでブーリガン構造を取る。さらに、これらの層の周期性（要するに厚さ）も変化する。捕脚の硬い外層から離れるにつれ、どんどん薄くなるのだ。キサイラスは、このグラデーション構造が、獲物にぶつかっているあいだ有害な音波を遮断し、ショックから捕脚の表面を守る、もうひとつの重要な役割を果たしているのかもしれないという。

航空会社も大いに注目

ブーリガン構造をした外殻を持っているのは、モンハナシャコだけではない。ほかの節足動物（昆虫、クモ、甲殻類を含む無脊椎動物のグループ）も同様の殻を持っている。しかし、モンハナシャコは特別だ。というのも、その外殻には結晶質ヒドロキシアパタイトと非晶質のリン酸カルシウム、炭酸カルシウムが含まれているのに加え、その硬いもの（鉱物）と柔らかいもの（繊維）の複合構造の周期性が、徐々に変化するからだ。

モンハナシャコは、私たちにひとつか2つ、役立つことを教えてもくれるようだ。キサイラスは、モンハナシャコの捕脚の表面の、エネルギー吸収層の構造の複製を作成した。「多糖類やリン酸カルシウムといった生体物質ではなく、カーボンファイバーやエポキシ樹脂などのエンジニアリング材料を使い、基本的な構造を真似たのです」。彼のチームがそうやって作ったパネルは、衝撃に対して、ボーイング787に使われているパネルの半分の損傷しか受けなかった。キサイラスがあちこちの航空会社から引っぱりだこなのも当然だ。

キサイラスの研究は、研究室内で行われているが、彼は自分自身でモンハナシャコを捕まえることを夢見ている。モンハナシャコは、「ベトナムや南太平洋など、本当に素晴らしい場所にいるんですよ」。現状では、収集家たちがモンハナシャコをキサイラスに送ってきてくれるので、彼はそれを2000リットル近い容量のある水槽のなかで、別々のタンクに入れて飼っている。モンハナシャコはその強力な捕脚でガラスを割り、外に出てきてしまいかねないので、タンクは強化プラスチックでできている。モンハナシャコは、まさに動物界のハリー・フーディーニ〔ハンガリー生まれのアメリカのマジシャンで、「脱出芸」の名人として有名だった〕だ。実際、特に威勢のいいモンハナシャコが1匹いるのだが、そのプラスチックタンクに小さなひびがいくつもできているのにキサイラスはすでに気づいているそうで、もっと丈夫なタンクを見つけなければならないとのことだ。研究者たちにとってはありがたいことに、モンハナシャコには、体のパーツを再生するパワーもある。「捕脚のひとつを抜いてしまっても、彼らは新しい捕脚を再び生やすことができます。これは素晴らしいことです」とキサイラス。「しばらく付き合っているうちに、彼らに愛着を感じるようになりますよ。素敵な動物です」

最も高い加速度を記録した動物は？

クールな存在だと公認されているモンハナシャコは、自分がばらばらに砕けないようにすることではピカいちだ。物理を使って獲物を襲い――強力なパンチを加速させるために、運動の第2法則と力増幅を利用し、ダメ押しで別のパンチを見舞わすために、キャビテーション気泡を使う――、運動の第3法則が効いてくるときには、材料科学を使って自分自身の体が割れないように守っている。では、動きの速さに関しては、モンハナシャコは動物全体のなかのどれくらいの順位にあるのだろう？　私たちが聞いた情報によると、モンハナシャコは、10万メートル毎秒毎秒もの直線加速度を出すことができる。動物界で最優秀選手というわけではないが、かなり上位に食い込んでいる。「動物トップトランプ」（トップトランプは、イギリスで人気のカードゲーム。映画俳優トップトランプ、クリケット選手トップトランプなど、ジャンル別のカードがある）で遊んでいたとすると、モンハナシャコのカードは圧倒的な勝ち札になるだろう。とりわけ、モンハナシャコは目も驚異的で、円偏光を感知できるのだから（偏光については、第6章を参照のこと）。私たちが知るかぎり、これが可能なのはほかに、シャコ類に属するもうひとつの種だけである。しかし、トップトランプで完全な勝者になるには、いくつかの動物を除外してからゲームをしなければならない。

「動物のものとしてこれまでに記録されている最も高い加速度は、１００万メートル毎秒毎秒でクラゲの刺胞《しほう》と呼ばれる毒針が飛び出すときのものです」とパテクは言う。「これは筋肉に基づくシステムではありませんが、原理はまったく同じです。刺胞は、弾性繊維で巻き上げられていて、この繊維が風船のように膨らみます。そして、小さな『感覚毛』があって、これが膨らんだ繊維のエネルギーを解放する。ここでもまた、ゆっくりゆっくりエネルギーを蓄えていき、最後にそれを一気に解放するわけです」

動物界では、「速い」という定義にもいろいろある。あなたがどう定義するかでかなり違ってくる。定義したとしても、議論が収束するわけではない。速い動きとは、極めて素早く、1秒に満たない、ごく短い時間で起こるもの、とも言える。しかしまた、スピードが速い動き、とも言えれば、加速度が大きい動きとも言える。パテクによれば、持続時間の短さで定義するのが、「速さ」の最善の定義だそうだ。だが、この定義でもやはりクラゲの刺胞が勝利する。クラゲは、高圧カプセルを使って、約0・7ミリ秒のうちに、毒を持った針を放つ。モンハナシャコが捕脚を出すときは、数ミリ秒もかかる。だが、クラゲの皮肉な事実は、この動きがごく短時間しか続かないので、刺胞は加速度が大きいにもかかわらず、到達するスピードはそれほど高くないことだ。いいペースに達する時間がない、というわけだ。さすがに完璧にすべての点で優勝というわけにはいかないだろう。

「速い動物ランキング表」を、もっと細かく定義するなら、チータはおそらく、最高持続速度で1位にランキングされ、急降下するハヤブサは、最高無動力速度で金メダルを獲得するだろう――ハヤブサは翼をたたんで、重力を使って急降下する。刺胞と、キノコやカビが飛ばす真菌胞子は、最短持続時間で優勝するだろう。だが、本書ではキノコやカビなどの真菌は無視している――これらのものは動物ではないし、筋肉すら持っていない。真菌は、胞子を茎から飛ばすとき、表面張力を使っている（表面張力のより詳しい説明と、表面張力が起こすことのできる驚くべき現象は次章に譲る）。

アギトアリの跳ね返り

モンハナシャコが競争に参加するカテゴリーを厳密に定義したとしても、気の毒なモンハナシャコは加速度カテゴリーで優勝することはできない。それでも「力増幅を使った、本体に対する付属器官の加速」という新設カテゴリーでは、モンハナシャコと優勝者の地位を争うのがアギトアリとシロアリだ。これらのアリは、100万メートル毎秒毎秒に近い加速度で、顎をパチンと閉じる。名前から察しがつくように、アギトアリは巨大な顎を持っている〔アギトは顎の意〕。彼らは肉食動物であり、大顎を使って獲物を気絶させるのだ。体長が最大で1センチほどのアギトアリは、コスタリカ、南米、オーストラリア、そしてアメリカ南東部など、熱帯に近い気候の地域に生息している。近年、南米原産のオドントマクス・ヘエマトダス（*Odontomachus haematodus*）というアギトアリの仲間が、アメリカのメキシコ湾岸と南東部の各州に侵入しはじめた。気候変動が続いているので、いったいどこまで北上するのか誰にもわからない。

アギトアリは、襲われたときに逃げずに有害化学物質をまき散らして応戦する生き物を食べ物としている。自衛のためアギトアリは、大顎で素早く一撃を見舞わせ、獲物を気絶させる。モンハナシャコのほかにアリとイセエビ（第4章で紹介する）も研究しているパテクは、研究室のなかで、オドントマクス・バウリ（*Odontomachus bauri*）という種類のアギトアリ（アギトアリには70種ほどが含まれる）にコオロギの幼虫を餌として与えている。だが、アギトアリはみな威勢がよく、与えたものは何でも食べる。「たとえ大きなものでも、食べようと試みます」とパテク。「ゴミムシダマシの幼虫をやることもあるんですが、アギトアリは近づき、幼虫をたたき、相手が動かなくなるまでやめません。人間が指をタンクのなかに入れると、やはり近づいてきて、たたきます。そうなると、何をやってもやめそうにありません」。アギトアリたちは真剣なようだ。頭、胸、腹はすべて丸く、クモのような長い脚をしており、まるでメカノ（アメリカでは「エレクター」）ブランドの組立玩具だ（欧米で人気の、板材を中心に棒材、ギア、車輪などを組み合わせて、鉄道模型や飛行船、建造物などを組み立てて遊ぶ玩具）。長さ2、3ミリの大顎を持ち、その先端には、外に開いたハサミがあり、カイゼルヒゲを思わせる。

パチンと閉じるとき、オドントマクス・バウリの顎は、0・13ミリ秒のあいだに、時速230キロにまで達する。オドントマクス・バウリの場合と同様、これほど高速な操作には、力増幅が使われている。「それ以外に実現する手段はありません」とパテクは言う。だが、捕脚をまず閉じておいて、その後パチンと開くモンハナシャコとは違い、アギトアリは、まず巨大な大顎閉筋の力に対抗して顎を少しずつ開き、その後顎をパチンと閉じる。頭全体を曲げて弾性エネルギーを蓄える。「攻撃できる状態になると、ある小さな筋肉が掛け金を外して、顎を閉じます」とパテク。「素晴らしい特徴のひとつが、顎の内側に感覚毛があることです。感覚毛には神経細胞があって、それが直接トリガー筋肉につながっていいます。そのため、脳で処理する必要がないので、並外れて速いトリガー反応になっているのです」

この高加速顎閉じ動作で、アギトアリの体重の数百倍に当たる力が生じる。あまりに大きな力なので、コントロールするのは難しいだろう。アギトアリの一部の種は、顎を閉じながら地面に打ち付けることで、自分の体を側転のようにして宙に浮かせる。おそらく、危険を逃れるためか、捕食者を脅して逃げ去らせるためか、あるいは、獲物が自衛のために何か仕掛けてきたときに飛びのくためだろう。だがもしかするとこれは、単なる反動かもしれない。この悪ふざけにも見える行動に対して、アギトアリがどれだけコントロールを行っているのか、まだよくわかっていないのだ。ときどき、「野球のいわゆる『ポテンヒット』のように、ただ地面にぶつかって、ポーンと跳ね返っているだけ」のように見えることもあるとパテクは言う。

思い違いでやっているのだとしても、アギトアリの跳ね返り行為は、ニュートンの運動の第1法則を導入する絶好の機会を提供してくれる（この第1法則が、私たちが扱う最後のニュートンの法則になる。熱力学の法則とは違って、ニュートンの法則には後付けの前編はない）。慣性の法則とも呼ばれる運動の第1法則は、ある物体にかかっている外力の合計がゼロのとき、その物体の速度は一定で変わらないというものである。かかっている力の合計がゼロなら、静止しているものは静止したままだ。そのため、アギトアリは、顎を閉じて地面にぶつかって跳ね返り、そのとき地球をものすごい力で押すという行動を起こすまでは、地球にじっと座っている。地球はニュートンの運動の第3法則に従って、アギトアリに対して、加えられたのと同じ大きさの力で逆向きに押し返す。この地球が押し返す力は、運動の第1法則に従って働き、アギトアリを飛ばす――アギトアリに働く正味の外力となって、アギトアリの速さを変えるのだ。

やはりニュートンの運動の第1法則によって、運動している物体は、力が作用してくるまでは、同じスピードで同じ向きに進み続ける。私たちが親しんでいる月は、地球の重力場が引力を及ぼして、地球を周る軌道の上を進ませていなければ、まっすぐな直線を描いて宇宙のなかを遠くのほうに進んでいってしまうだろう。運動の第1法則はまた、力について、新しい定義を与えてくれる。それは、「ある物体の、運動の方向もしくは形を変えるような、任意の外からの作用」という定義だ。古代ギリシアの哲学者、アリストテレスとアルキメデスも、力とは何かということについて、肝心なことはかなりよく理解していた。何ら固定されていない物体に力を加えると、その物体は動くということを彼らは知っていた。ところが、彼らは、摩擦——2つの表面、あるいは、2つの流体の層が互いにこすれ合うときに生じる力（第1章の、大砲の筒をうがつ際に、金属が高温になる場面で、摩擦についてはお話している）——のことは知らなかったので、深い理解には至らなかった。そのため、この傑出した思想家たちは、何かを動かし続けるには、力を加え続けねばならないと考えていた——荷車を馬が引くように。荷車の車輪に、その動きに逆らうような力がかかっているとは、ギリシアの哲学者たちには思いもよらなかった。実際には、車輪の外周と地面のあいだの摩擦力、そして、車輪の内周と車軸のあいだの摩擦力が働いているのだ。一方、理想的な条件のもと、たとえば現実には存在しないが、完全になめらかで、摩擦のない広大な氷の面では、アイスホッケーのパックは外力など一切必要なしに、リンクの端の壁にぶつかるまで、一定のスピードで同じ向きにすべっていくだろう。そんな理想に極めて近い状態は、宇宙で見られる。たとえば映画『ゼロ・グラビティ』で、女優のサンドラ・ブロックがタンクトップとショーツで、宇宙ステーション内をくるくる回転しているシーンがある。現実にはありえないのだが。「外力が一切存在しないので、彼女の回転速度は一定」という点にはこだわった映像にはなっている。だが、映画撮影班は、美的観点から、宇宙飛行士はオムツを着用しているという事実を敢えて無視している。

現実の話に戻ろう。ニュートンの運動の第1、第2、第3法則が、共に働いて、アギトアリの強力なかむ力とユニークな運動とを可能にしているが、アギトアリは、常にそれらを思いどおりにコントロールできるわけではない。しかし、天井をさかさまになって歩き回っているヤモリが、自分の動きをコントロールしていないと示唆するものは何もない。たとえ落ちそうになっても、ヤモリはたった1本の足で天井にしがみつき、自分の体重を支えることができる。次にご紹介する研究は、ひとつひとつは小さな力でも、集まって協力すれば、強い力になり得ることを教えてくれる。

ヤモリはなぜ濡れた面でもくっつく？

夕食を済ませ、ホテルの廊下をのんびり歩いて自室に向かっているあなたの肌に、モーリシャスの熱気がまだまとわりついている。丸い目をした、まだら模様のヤモリが天井をちょろちょろ走りまわっている。ランプ1個に1匹ずついる。彼らはコモドオオトカゲよりずっと小さく、あなたには何の危険もない。ヤモリたちは、人工照明具に引き寄せられた虫を獲物にしようとしているのだ。だが、彼らはどうやって重力に逆らい、映画のスパイダーマンよろしく、天井を走り回れるのだろう？

それに、雨のなかで、どうやって木の幹や葉の裏にとまっていられるのだろう？　ヤモリは雨の多い熱帯地域に生息しているので、その点も気になる。現在アメリカのルイビル大学に所属するアリッサ・スタークが、アクロン大学在学中、博士論文のための研究で取り組んでいたのが、まさにこの問題だった。彼女ははじめ、「赤潮」のあいだに発生した有毒藻類を食べると、アシカの記憶力が低下するのはなぜかを研究していたので、テーマは大きく変化していた。物忘れがひどいアシカは、たとえば別のアシカに前に会ったことすら覚えていなかったりする。すると、攻撃的に振る舞ってしまい、2頭がどちらが優位かについて合意に達し、上下関係を再構築してようやく落ち着く。「ヤモリに取り組みはじめたとき、最大の違いは、ヤモリは片手でつかめることでした」とスタークは言う。「以前はいつも、自分の全体重を使って、アシカに馬乗りになっていましたから」

トッケイヤモリ（*Gekko gecko*）も、攻撃性はなかなかのものだ。実際、最も攻撃的な種のひとつである。「臆病ですぐに逃げてしまうものより、研究しやすいですよ」とスターク。「彼らはただそこにじっと座り、あなたに向かって吠えかかるような声を出し、かみつこうとします。それでも、走って逃げてしまうものたちよりは扱いやすいです」。逃げるヤモリには、人間よりも多くの選択肢がある。壁をよじ登り、天井を走り回ることができるのだから。研究チームは、輪になったひもが先端についた棒を1本常備している。逃げたヤモリを傷つけないように回収するために使うのだが、研究室のなかには、この棒でも届かない場所がたくさんある。

ふつうヤモリは、研究室内には生息していない。スタークは野生の環境にいるヤモリを観察するため、バリ島まで出かけた。「彼らは、『トッケイ』のように聞こえる鳴き声を出します。だからトッケイヤモリと名づけられたのです」とスターク。「彼らの声はよく聞こえましたし、何匹か、どこにいるか見つけることもできました。ですが、どうしても見つけられないヤモリもいました。彼らはいつも、どこか高いところの近くにいて、人間がやってくると、すぐに隠れてしまうのです」

小さな力が合わさって

ヤモリが濡れた面にどう対処するかを論じる前に、ヤモリが乾いた面にどうやってくっつくかを明らかにしよう。そう、ここでもやはり要《かなめ》には物理がある。アメリカのルイス・アンド・クラーク大学に在籍するケラー・オータムが行った一連の実験によって2002年に示されたように、ヤモリはファンデルワールス力という、分子間に働く小さな引力を利用する。オランダの物理学者、ヨハネス・ディーデリク・ファンデルワールス（1837〜1923年）にちなんで名づけられたこの力は、「ミニ重力」のようなものだ。ちょっと難しい話になるが、要するにこの力は、個々の分子のなかで、多数の電子がランダムな軌道でヒュンヒュン飛び回っているために生じる。これらの電荷によってある電場が形成され、おかげで、一時的に別の分子を近くまで引き寄せられるわけだ。

電子1個が持っている電荷は小さいので、電子に由来するこの力も弱い。これで普通、1平方メートル当たり50〜60ミリジュール（mj）の付着力――分子どうしが一緒にいたいと、どれだけ熱心に考えているかという尺度――が生じる。だとすると、ヤモリの100グラムの体重にどうやって対抗するのだろう？　それにもうひとつ、ファンデルワールス力は10ナノメートル以下の距離でないと働かない。これは、ウイルス1個よりも小さい。そのためヤモリは、くっつこうとしている面の間近に足を持っていって、ドスンと置かなければならない。ヤモリの皮膚の分子と、天井の分子が、ファンデルワース力で引き付け合うのに十分近くなることが不可欠なわけだ。これを実現するため、トッケイヤモリなどの種は、「ラメラ」と呼ばれる、肉が皺《しわ》になったような構造で足の裏全面が覆われている。このため、どの足の裏を見ても、ゴムタイヤの溝構造のようなパターンが端から端まで埋め尽くしている。足はそんな構造だが、トッケイヤモリは美しい。大きな目玉には、瞳孔が縦一直線のスリット状に走っており、淡い青、もしくは灰色の体には、黄色、オレンジ、あるいは明るい赤の斑点が散らばって、まるで画家が点描画の技法で装飾を施したようだ。

ラメラの表面はすべて、「剛毛」と呼ばれる細い毛で覆われている。剛毛は太さ約5ミクロン（0・005ミリ）、長さ100ミクロン強だ。「一本の剛毛が、何本にも枝分かれしています」とスターク。「枝分かれしたそれぞれの先端は、平らなスパチュラ〔へら〕のようになっています。これらの先端のおかげで、ヤモリはくっついている面に対してほんとうに密接に接触できるだけではなく、たくさんの接触点で接触することができるのです」。各スパチュラは普通、幅約0・2ミクロン、長さ0・2ミクロンの三角形をしている。1本の剛毛には、このようなスパチュラ状の先端部が100～1000個存在しているらしい。

一匹のトッケイヤモリは、総計約650万本もの剛毛を持っている。剛毛1本につき、2～20ミクロン平方のスパチュラ面があると言われている。このようなスパチュラ構造を持った剛毛の接着力は、理論的には、剛毛を面に対して垂直に動かすときには約40マイクロニュートン（μN：1マイクロニュートンは100万分の1ニュートン）、剛毛を面に平行に動かすときには約200マイクロニュートンとなる。それぞれは小さな力が、みんなで助けてくれるわけだ。おびただしい数の剛毛があり、剛毛の1本1本が多数のスパチュラを持っているので、ヤモリとそれがくっついている面とのあいだの密接な接触面は、トータルで膨大な面積になる。そして、ヤモリの剛毛の分子と、それがくっついている面の分子とがすぐ隣どうしになっているところで働く小さなファンデルワールス力も、どんどん加算される。実験によれば、ヤモリは20～40ニュートンの横方向の力を支えることができる。体重100グラムのヤモリをその重力に換算すると1ニュートンなので、ヤモリは自分の体重を、たった1本の足の先で十分支えることができるわけだ。だが、理論上ヤモリは1300ニュートンを支えられるはずで、20〜40ニュートンというのははるかに小さい値だ。「これはおそらく、すべての剛毛で完全な接触が起こることはあり得ないからでしょう」とスタークは言う。「1匹が4つの足すべて合わせてどれだけの剛毛を使ってくっついているかに注目したとき、ヤモリは自分の剛毛の3パーセントしか使っていません……でも、まったく問題ありません。ヤモリが体重を支えるには、0・04パーセントも必要ないのですから!」

このすべてが、接着剤なしに行われている。「化学に関することは一切起こっていません」とスターク。「2つの面が極めて密接に接触し、その接触の力がものすごく強くなっているということです」。ヤモリの専門家であるスタークはこれを、分厚い電話帳2冊を、開く側でくっつけて、ページを交互に重ねたあと、2冊を引き離そうとする様子にたとえる。「接着剤でくっつけたわけでもなく、ホチキスで止めたのでもなく、接着させるために特別なことは何もしていないのに、そんなふうに重ねると引き離すことはできません。なぜなら、密接な接触が膨大な数で起こっているからです」と彼女は説明する。

何本にも分岐し、各先端がスパチュラ状になった剛毛で覆われている足を持っているということは、くっつく面が荒れていようがツルツルだろうがトッケイヤモリには関係ないということでもある。剛毛は、突起の周りで曲がり、穴や亀裂のなかにも入り込む。ファンデルワールス力はどんな分子どうしでも働くので、面が何でできているかも問題にならない。スタークが言うように、「普通、ヤモリはどんな面の上でも走らせることができます」。だが、注目すべき例外がひとつある。トッケイヤモリは、ほとんどすべての素材にくっつくことができるが、テフロンだけはだめなのだ。テフロンは、焦げが付かないだけでなく、ヤモリも付かないのである。

接着力をオン・オフできる

天井を歩くのはパーティーの余興としては素晴らしいが、餌となる昆虫は床の高さにもいる。いったいどうしてトッケイヤモリやほかの数種類のヤモリたちは、こんな複雑な足を進化させたのだろう？答えは簡単だ。木の幹や壁のように垂直な面を駆け上がり、枝、葉、天井からさかさまにぶら下がれるということは、ほかのトカゲたちには行けないようなところで暮らせるということで、おかげでトッケイヤモリたちは、新しい獲物に近づくことができるし、また捕食者を避けることもできるわけだ。「彼らは高いところに上がれますし、そうすることで安全を保てます」とスターク。「彼らはほんとうにめったに落ちませんし、たとえ落ちたとしても、片手で何かにつかまり、下まで落ちないよう踏ん張ることができると言われています。トッケイヤモリは、自分の体重よりもはるかに重いものを支えられるので、安全率は極めて高いわけです」。ヤモリのいくつかの種は、長年のあいだに、くっつきやすい足の構造を進化させては放棄することを数回繰り返してきた。それはおそらく、生息条件の変化に伴い、そのような足がどの程度有益なのかが変化したからだろう。

そんなに接着力が強いトッケイヤモリは、いったん足をどこかの面にくっつけたあと、それをどうやって外すのだろう？「強くくっつきすぎて離れられなくなり、捕食者に食われてしまうなんていやですよね」とスターク。「ですから彼らには、足を離せることも重要なのです」。じつはトッケイヤモリの足指は特別曲がりやすくできていて、先端から徐々に、くっついている面から逆向きにはがれる。人間にたとえると、手のひらが上を向くように、ある面の上にのせ、その後、拳を握るようにして指を曲げる動きである。これによって、スパチュラが1本ずつはがれ、接着力も徐々に消える。1本分の力は極めて小さいので、足全体がとても簡単にはがれるわけだ。「トッケイヤモリが、面にくっつくことのできる他の2、3種類のトカゲよりも〔獲物獲得や捕食者の回避に役立つ機動力で〕優れているのは、おそらく、足指を上向きに反らせていく能力のおかげでしょう」とスタークは言う。「この方法だと、つま先が上を向くまで、あるいは、もっと進んで、つま先が自分のほうを向くまで、足の裏全体をはがしていくわけです」

ヤモリの足指は、はがれていくときに、毛にちょっと助けてもらっている。「毛の大部分は、約30度の角度に伸びています」とスターク。「このためヤモリは、ひとつの方向だけでくっつくのです」。毛が、これ以上角度が大きくなるとファンデルワールス力が働かなくなり、はがれてしまうという境目の角度を超えて曲がると、スパチュラはごく簡単にはがれてしまい、面から完全に離れ、やがて足指そのものが自由になる。「ほんの少し指先を上げれば、接触は完全に切れてしまいます」とスターク。「そんなわけで、ヤモリの接着力は、とても素早く、繰り返しオン・オフできるのです」

超撥水性の足指と泡

そろそろスタークの博士論文のための研究テーマに戻ろう。「雨のなかではどうなるのか？」という難問だった。ヤモリの足は特殊な方法で面にくっつくので、面が液体で覆われている場合には、やっかいな問題が生じる——くっつかなくなってしまうかもしれないのだ。「密接な接触を必要とするファンデルワールス力を利用しているのですが、ごく薄くても、水の層がつま先と面のあいだにあれば、この力はまったく働かなくなってしまいます」とスタークは言う。

これまで科学者たちは、研究室内で乾燥した条件のもとでヤモリを観察するのが普通だったが、スタークは、すべてが水滴で覆われているときに、ヤモリの接着力はどうなるかに注目した。彼女が行った初期の実験で、ヤモリは濡れたガラスにくっつくのに苦労することが明らかになった。だがこれは奇妙に思えた。というのも、ヤモリは日常生活で、しょっちゅう水に直面しているからだ。「私たちは1歩下がって、ヤモリをどんな面に対して実験するかについて検討してみたのです」と彼女は言う。スタークは、ヤモリを、水になじみやすい親水性のガラスで実験するのではなく、水を弾く、撥水性のガラスで実験することにした。「ほとんどみんな、親水性のガラスを使うのですが、それはただ親水性のもののほうが簡単に手に入るから、というだけなのです」。撥水性のガラスに対しては、「ヤモリは、濡れた状態でも、乾燥状態と同じく、よくくっつきました」とスターク。「濡れた環境では、界面化学が極めて重要になりました。一方、乾燥した環境では、界面化学などまったく関係ありませんでした——ファンデルワールス力は、基本的に界面には依存しないようです」

では、ヤモリはどうやって濡れた撥水性の面にくっつくのだろう? 答えは、ヤモリをずぶ濡れにしようとすると起こることのなかにある。「ヤモリに水を浴びせると、水はただ飛んで行ってしまいます」とスターク。「ヤモリをずぶ濡れにするのは、ほんとうに大変なことです。足指が超撥水性なので、水が指先に水滴になってつくのが見えるほどです」。極端に水の多い状況では、この水滴を形成するのと同じ性質が、ヤモリの足の周りに空気の泡を形成するのだとスタークは説明する。「撥水性が非常に高い足を、むりやり水中に押し込むと、撥水性の材料の周囲に空気の泡ができます。そのため、足を水底の面に押し付けると、足と面が接触する部分は、水のない乾燥した状況になり、水中であっても密接な接触が実現するわけです」

スタークは、トッケイヤモリが、まるで雨に濡れたように水滴で覆われた、撥水性の樹脂板の上を、うまく走れることを発見した。トッケイヤモリは乾燥した面とまったく同じ速さで、垂直な濡れた面を真上に2メートル進めることも確認された。足がずぶ濡れになって、接着力がなくなってしまったときでも、足の汚れを落とすときと同じように、足を何かの面に押し付けたりはがしたりを何度も繰り返して乾かすことができる。「はがしたりくっつけたりを繰り返せるなら、じっとして、自然に乾燥するのをただ待っているときよりも、早く足を乾かすことができます」とスタークは語る。

しかし、親水性のガラスでは、この気泡システムはうまくいかない。そして奇妙なのだが、ヤモリは、テフロンが濡れているときだけテフロンにくっつくことができることをスタークは発見した。「私は、そんな実験したくもなかったんです」と彼女は言う。「私が指導していたある学部学生が、興味本位で私にそれをやってみるようけしかけたのです。そして、それがうまくいき、しかも、乾燥しているときよりもヤモリがうまくテフロンにくっつくことがわかって、私は衝撃を受けました。このことにうまく説明がつくのかどうか、私たちはまだわかっていません」

スパイダーマンの手を作れるか

驚異的な粘着力があるヤモリの足に、再利用可能な強力粘着テープを開発している科学者たちが注目したのも不思議はない。だが、ヤモリの足を作ることにかけては、人間よりもヤモリのほうが得意だ。「私が博士論文のための研究を始める前に指導を受けていたアクロン大学のアリ・ディノジュワラは、それまでに、カーボンナノチューブを材料に合成ヤモリテープを製作していました」とスタークは言う。「それは、ヤモリの足より粘着性が強く、自浄作用があり、撥水性で、再利用可能でしたが、いくつか問題がありました──ある方法で切断すると、カーボンナノチューブがねじれ、修復しなくなるのです。一方、ヤモリのつま先の細かい毛は、復元力があり、倒しても跳ね返るように元に戻ります」

人間はさまざまなポリマーから毛のような構造を作ることはできるが、ヤモリのすべての性質をとらえることは未だにできていない。「おかげで、人間の体重を支えることができる『スパイダーマンの手』の実現に近づくのが難しい状況になっています」とスターク。「材料側からのアプローチで行き詰まってしまっているので、今私たちは、動物としてのヤモリを対象に、多くの研究を行っています」

とはいえ、2014年、米国国防総省国防高等研究事業局(DARPA)は、同局のZ-マンプロジェクトにおいて、体重100キロの男性が、「ゲックスキン〔ヤモリ皮膚〕」でコーティングされた2本の手持ちパドルの助けを借りて、高さ8メートルのガラスの壁を上ったと発表した。「ゲックスキン」は、2012年に発表されたある化学論文に記述されているが、その材料は毛ではなく、硬い布に、対象の面との接触面積をかせぐための柔らかい樹脂をコーティングしたものをベースにしている。開発したのはマサチューセッツ大学アマースト校、製作したのは米国マサチューセッツ州のチャールズ・スタークドレイパー研究所だ。「『ゲックスキン』が素晴らしいのは、それがヤモリをそっくりそのまま真似た合成粘着素材を目指していないからです」とスタークは語る。「ヤモリにインスピレーションを受けた粘着素材のほとんどは、基材の上に毛のような構造を形成しています。しかし、『ゲックスキン』のチームは、基材に焦点を当て、毛のようなケバケバした面ではなく、なめらかな接触面ができるようにしました。彼らが真似たのは、ヤモリの足の毛ではなく、足指を覆うラメラ構造をつないでいる腱だったのです。このような独創的な思考こそが、この分野を新しい方向へと動かすのです」

未解決の問題

ヤモリの足にはまだまだ私たちが知らない秘密がある。だがスタークは、ひとつ手がかりを見つけた。ある日、彼女と同僚たちは、それまで知られていなかった奇妙なことに気づいた。だがそれで、問題は一段と厄介になった。「たまたま研究室が暗かったんです」とスターク。「直前の実験で、ヤモリがその上を歩いたガラス板を洗浄しようとして、照明を付けました。そのとき、足跡が薄っすら残っているのに気づいたんです。よく見ると、ヤモリの足跡でした」

その足跡は、脂質でできていた。脂質はヤモリの皮膚にも見られる天然油で、ほかのさまざまな動物の体にも存在している。スタークの発見はとても奇妙だった。というのも、それまで研究者たちは、ヤモリの足は、糊のようなものの作用は一切なしに、純粋にファンデルワールス力だけでくっついていると考えていたからだ。「ヤモリは、乾燥した可逆的な（粘着物質は使わず、くっついたあとでまたはがせる）接着システムを使っており、まったく痕跡を残さないと、もてはやされています」とスターク。「理屈からすると、それはもはや正しくはありません。ヤモリの足に触れた人がそのあとで、自分の手に脂質が残っているとは感じなかったとしても、おそらく残っているんですよ」

脂質がヤモリの足の粘着性に何か貢献するような役割を果たしているのかどうか、まだ明らかにはなっていないが、いくつかの説がある。脂質は、たとえばくっつくのを助けるのかもしれないし、あるいはヤモリの足を清潔に保ったり、撥水性を高めたりするのかもしれない。「ヤモリは、くっついたあとに何かを残しているわけですが、もしその物質がなかったとしたら、ヤモリにとってもっと都合よくなるのか、逆に都合が悪くなるのか、どちらなんでしょうね」とスターク。「よくわかりません」。ヤモリの足の脂質に何が起こっているのかが理解できれば、科学者たちが独自の粘着材料を作り出す手がかりになるかもしれない。「ヤモリの粘着システムには、私たちがまだ複製できない素晴らしい特性がたくさんあります」とスタークは言う。「この脂質は、これらの特性のどれかを理解する手がかりなのかもしれません。そこにはきっと何か面白いことがあるはずだと、私たちは考えています」。では著者たちも、ここは余韻を残して話を終え、読者の皆さんにはこの先の展開に期待していただこう。

まとめ

ここまで見てきたように、コモドオオトカゲはかむ力の弱さを首と体の強さで補い、蚊は雨粒との闘いで痛い目に遭わないように運動量と力積を利用する。モンハナシャコはニュートンが定式化した不朽の運動の第2法則（F=ma）に従って、高い加速度を使って大きな力を出し、カニを強打するが、運動の第3法則により、カニの殻から反作用を受ける。だが、巧妙な「外骨格」の構造で自分を守る。アギトアリも、力増幅による同じ加速度テクニックを用い、筋肉だけでは不可能な速さで、化学物質を吹きかけてくる敵を気絶させる。一方、ヤモリは小さなファンデルワールス力をたくさん足し合わせ、天井にくっつく。天井が濡れていたってくっつく。さてわれわれは、ここからすんなりと、次章のテーマ、流体へと進もう。

第3章 流体

アメンボから翼竜まで

・水上を歩くアメンボ　・重力に逆らうネコ
・乱流を抑えるタツノオトシゴ　・空気力学に反するミツバチ
・瀬戸際のプテロサウルス（翼竜）

アメンボ、歩く奇跡

あなたがカナヅチで泳げないとしよう。あなたは、本を読んで泳ぎ方を学ぼうとするだろうか？たいていの人は、そんな危険なことはしないだろう。資格のある指導員がいてビート板がある室内プールに行き、レッスンを受けるだろう。だが、ドイツの理論物理学者テオドール・カルツァ（1885～1954年）は、レッスンのために水泳教室に通うなどという退屈なことに時間を無駄に費やす人間ではなかった。凡人にはなかなかついていけない5次元空間の物理理論で最もよく知られているカルツァは、理論的な知識の力をとことん信じていたので、水泳に関する本を読めば、泳ぎに必要なすべてが身につくと考えたのである。そんなわけで、30代だったある日、水泳に関する背景知識を猛勉強して頭に詰め込んだあと、カルツァはプールに飛び込んだ。そして、一発で、見事に泳いでみせた。

彼の偉業の詳細はあやふやだ。カルツァの息子の説明ぐらいしか情報源がないからだ。それでもアメリカの人気テレビドラマ『ビッグバン★セオリー：ギークなボクらの恋愛法則』の脚本家たちは、この話をちょっとアレンジして挿入せずにはいられなかった。シーズン2の第13話を見れば、オタクな物理学者のシェルドン（演ずるのはジム・パーソンズ）が、自分はインターネットの情報を読んで水泳を学んだんだと話す。だが、実は床の上で何とか泳げただけなんだと彼が告白すると、ルームメイトのレナード（演ずるのはジョニー・ガレッキ）はばかにする。だがシェルドンは、ちゃんと役に立ったんだと言い張る。「このスキルはいろいろなところで使えるからな」というわけだ。「ぼくはただ水に入りたいと思わないだけだよ」

シェルドンが用心深いのは間違っていない。水には危険が潜んでいる。もしもカルツァがカナヅチのままだったら、水中で彼の体を下向きに引っ張る重力が、水の浮力による上向きの力に打ち勝っていただろう――ちなみに浮力の大きさは、紀元前3世紀のギリシアの科学者アルキメデスが気づいたように、体が押しのけた水の重さに等しい。その結果、理論物理学者カルツァは水底に沈み、後世に彼の5次元理論を残すことはなかっただろう。泳ぐことのできたカルツァは、自分の筋肉を使って水を後方下向きに押し、ニュートンの運動の第3法則（第2章を参照）によって、それとは逆向きの力を生み出した。この前方上向きの力が、彼が沈むのを防ぎ、前進させたのだ。

しかし、水辺で暮らしながら、泳ぐ必要がない動物たちもいる。湖水面に近寄ってしゃがむと、十分注意すればの話だが、昆虫が水上を歩いているのが見えるかもしれない。それがアメンボで、１７００

以上の種がある。長さ約1センチの黒か茶色の細い胴体に、6本の棒のような細い脚が左右に3本ずつ伸びている。アメンボは水面を、秒速1メートルを軽く超えるスピードでヒュンヒュン進むことができる。

じっとしゃがんで1匹のアメンボを観察していると、やがてあなたは、アメンボの脚の先が水面に平行に寝ていることに気づくだろう。脚先では、水面が小さなくぼみになっている。マットレスの上にボーリングの玉を置いたときのように。水中に沈まずに水面に浮かぶという能力は、近くの水面に降りてきたクモなどを狙うとき、大いに役立つ。クモは体重が重すぎ、脚の形も水上には適合していないので、水上を歩くことなどできない。そこでアメンボはいそいそと近づき、クモをつかみ、前脚の爪でその体に穴を開け、おいしい中身をありがたく吸い取ってしまう。

こんな残忍な行為もするが、アメンボは事実に即した、さまざまな名前で呼ばれている。英語では、pond skater（池のスケーター）のほか、water strider（水上を闊歩する者）、water skimmer（水上をかすめるように飛ぶ者）、water skater（水上スケーター）、water scooter（水上スクーター）、そしてwater skipper（水上をスキップする者）などだ。彼らはエリート集団である。昆虫のうち、水上を歩くことができるのはたったの0・1パーセントなのだから。そのため、アメンボを「イエスの虫(Jesus bug)」と呼ぶ人もいる。とはいえ、アメンボがなぜ沈まないかを説明するのに奇跡は必要ない。単純な物理と、本章のテーマ、流体に関するちょっとしたノウハウがわかればそれでいいのだ。

ニュートン流体、表面張力

科学者が流体というとき、それは液体と気体の両方を含んでいる。液体と気体は、区別が難しいこともある。どちらも流れる。どちらも容器の形に変形する。どちらも、押したときにあまり抵抗がない。液体と気体の違いはあやふやだと言っていいだろう。だが、2、3はっきりした違いがある。気体は圧縮できる(自動車のタイヤに空気を入れて膨らませるときのことを思い出してほしい)が、液体は圧縮できない。それに、液体は気体よりもはるかに密度が高い。1リットルのオレンジジュースは約1キログラムだが、1リットルの空気は1グラムにも満たない。さらに、液体には表面があるが、気体にはそのようなものはない。

気体については、後ほどハチや翼竜がどのように飛ぶかを論じるときに再び触れるが、まずは――アメンボのように――液体と真剣に向き合おう。厳密には、ここでは水を液体の代表として取り上げる。地球の表面の70パーセント以上を覆っている水は、地球で最も豊富な液体である。しかもそれは、酸素原子1個と水素原子2個からなり、化学式H_2Oで表される、V字型の水の分子の集合という単純な構造ながら、驚異的な物質である。物理学者に関する限り、水はほとんど「理想的」な流体だ――それは、物理学者たちがほかの何よりも水を飲むのが好きだからではなく、水はこれ以上ないというほど単純な流れ方をするからだ。水をどれだけゆっくり、あるいはどれだけ速くかき混ぜようが、水の粘性は変わらない。このような性質の流体の研究に初めて真剣に取り組んだのは、本書でもすでに取り上げているニュートンで、彼を称え、これらの理想的な流体を「ニュートン流体」と呼んでいる。

すべての流体がニュートン流体というわけではない。たとえばトマトケチャップは、強く押せば押すほど粘性が低くなって流れやすくなる。だからこそトマトケチャップは、手で絞ることのできるプラスチックの容器からは簡単に出せるのに、硬いガラス容器の口から出すにはとんでもなく苦労するのだ（あなたは、ガラス瓶のお尻を手のひらで何度も思い切りたたいて、手が痛くなってしまう）。非ニュートンン流体のもう一つの例が、整髪用ジェルだ。整髪用ジェルは99パーセントが水にもかかわらず、水のように注ぐことはできない。しかし、飛行機に乗り遅れたくなければ、空港の警備員相手に、この点について議論してはならない。念のために申し上げておくと、手荷物に入れてジェルを機内に持ち込むことは禁じられている。整髪用、ハンドケア用、リップ用、その他何でもジェルは禁止だ。練り歯磨きや髭剃り用ジェルも、やはり非ニュートン流体で、機内持ち込み厳禁である。

動物はケチャップや整髪用ジェルで悩む必要はないので、水に話を戻そう。水は理想的な流体だと先ほど言ったが、それはその流れ方に関してのみだ。ほかの点では、水は奇妙だ。たとえば密度について考えてみよう。普通固体は、融けると密度が低くなる。というのも、固体のなかの原子や分子たちが、それらの位置を固定していた固い格子から逃れて自由になり、離ればなれになるからだ。ところが液体の水は、固体の氷よりも密度が高い。だからこそ氷山は海に浮かぶのだ。タイタニック号の乗客たちがつらい目に遭って気づいたとおりだ。水にはまた、ほかの一般的な液体よりも速く熱を伝導する。冷たい水泳用プールに飛び込むとすぐに体が冷えるのはこのためだ（第1章を参照のこと）。さらに水は、「比熱」が大きい。つまり水は、あまり温度が上がらずに大量の熱を吸収することができる。鍋に水を入れて、コンロの火にかけ、沸騰するまでいかに時間がかかるかを思い出していただければ納得してもらえるだろう。鍋を見守っているときはとりわけ、長くかかる。

だが、これらの性質のどれひとつ取っても、アメンボを助けてはいないのだ。アメンボの能力を理解する手がかりは、トランポリンのように弾む水の表面にある。液体の奥のほうでは、どの分子も、その四方をほかの分子で囲まれている。これらの分子はどれも同じ強さで、中心にある分子を引っ張っているので、中心の分子はあらゆる方向に同じ力で引かれていることになる。ところが、液体の表面の分子の場合は、仲間の分子は下側にしかいない。表面より上は空気だけだ。そのため、表面の分子が受ける力をすべて総合すると、それは下向きの力になる。つまり、表面にあるすべての分子が下向きに引かれ、表面全体が、まるでゴムのシートで覆われたように張りつめた状態になる。この表面の張り、すなわち「表面張力」は、あらゆる液体に見られるが、水の表面張力は他のどの液体よりも大きい。数値で示せば、温度が摂氏20度のとき、73ミリニュートン（mN）で、これを超えるのは液体の水銀だけだ――しかも水銀がこの表面張力を示す状態は自然には起こらない。アメンボは、水が持つ、張って弾む表面をうまい具合に利用し、自分が沈まないようにするのみならず、最も特別な流体、水の表面を自在に高速移動するのである。

3つの事柄

21世紀に入ってまだ間もなかったころ、アメリカのマサチューセッツ工科大学（MIT）の流体力学研究者ジョン・ブッシュは、デイヴィッド・フー――第1章で紹介した、体を揺さぶって乾かすイヌの実験を行う人物――、ブライアン・チャンと共に、水上に静止しているアメンボの体に働いているさまざまな力を計算した。物理の基本から、アメンボが液体の表面に静止していられるのは、その体重（重力が下向きに引く力）が、液体がアメンボを上向きに押している力よりも小さいときだけだということは明らかだった。上向きの力よりもアメンボが重たかったなら、アメンボは沈む。つまり、アメンボが「池のスケーター」という英語名に恥じないように生きるには、この上向きの力をできる限り大きくしなければならないのだ。

では、アメンボにはどんな選択肢があるのだろう？　アルキメデスが指摘したように、液体中にある物体にかかる上向きの力は、その物体が押しのけた液体の重さに等しい。だが、液体の表面上にある物体には、これとは違う法則が当てはまる。この場合、上向きの力は3つの事柄に依存する。その液体の表面張力、その物体の長さ、そして、その物体が液体の表面を水平面に対してへこませる最大角度、この3つである。支えてくれる力を最大にするためには、アメンボはこれら3つのすべてをできる限り大きくしなければならない。アメンボが水の表面張力を変えることはできない。表面張力は液体の種類によって決まっている。しかし、水の表面張力が非常に高いことはアメンボにとって都合がいい。アメンボが水面を歩くことができる理由は、細長くて中ほどで曲げられる6本の脚にある。脚の先端は、水面に対して水平に乗っている。まるでどの脚も水上スキーの板を1枚ずつ履いているようだ。たいていのアメンボで、脚のうち、水平になって水に乗る部分の長さは1センチで、アメンボにかかる上向き力の合計を、アメンボの全体重よりも余裕で大きくしている。その結果、アメンボは沈まない。しかし、安全には余裕を持たせたほうがいい。最大のアメンボ、ギガントメトラ・ギガス（*Gigantometra gigas*）は、限界に近い。体重約3グラム――最小の種の約1000倍重い――のこのアメンボは脚の長さが20センチ以上で、これらの脚が水上に浮かぶのに十分な上向きの力を生み出している。脚の長さに関しては、ギガントメトラ・ギガスがアメンボで一番だ。

ロボット・アメンボの実験

このように、表面張力のおかげでアメンボは水に溺れないでいられる。だが、アメンボはどうやって水面をスイスイと進むのだろう？　前に進むためには、何かを後ろ向きに押さなければならない。ここでもまた、ニュートンの運動の第３法則が働いている。すなわち、あなたがある物体に力を及ぼすと、その物体は大きさが同じで逆向きの力をあなたに及ぼす。人間や、その他の陸上に生息する大型の動物たちには、硬い地面があるので、自分の体を前に押し進めるのは難しくない。泳いだりボートを漕いだりするのがそれよりずっと難しいのは、前向きの推進力を得るためには、あなたの足やオールが大量の水を後ろ向きに動かさねばならないからだ。おまけに、水は空気よりもはるかにねっとりしているので、そのなかを動くのはとても大変だ。ところがアメンボが押せるのは、水の表面だけである。なのにアメンボが動くための推進力を得られるのはどうしてだろう？　さらに、上向きではなくて、ちゃんと前向きに進むのはなぜなのか？

これをはっきりさせるため、水面をスイスイ進んでいるアメンボを見てみてほしい。アメンボが進んでいったあとには、水面に細かい波が立っているのが見えるはずだ。科学者たちはこの波について、アメンボの脚が形成した「表面張力波」で、これがアメンボを前に進めているのだと考えていた。ところが１９９３年、カリフォルニア大学スタンフォード校の生物学者マーク・デニーは、ある奇妙なことに気づいた。このような波を形成するには、アメンボは秒速25センチメートル――波が液体の表面を進むための最低スピード――以上で進まねばならない。大きくて脚の長いアメンボにはこれは可能だが、体が小さいアメンボの幼虫ははるかにゆっくりとしか進まない。だとすると、これらの小さなアメンボたちは、どうやって水上を進んでいるのだろう？

「私はデニーのパラドックスを彼の本で読んで、この謎は自分が解決できるかもしれないと思ったのです」とブッシュは、奇妙な動きをするアメンボの幼虫の謎について語る。そんなわけで２００３年、ブッシュ、フー、そしてチャンは、近くの池からアメンボを何匹か捕まえてきた。アメンボは数週間で繁殖するので、３人の研究者たちは、水面をシュシュッと動き回る幼虫の様子を存分に録画することができた。幼虫たちを小さな水槽に入れ、高速ビデオカメラを使い、幼虫の滑稽にも見える奇妙な動きを録画した。食用色素を水にたらし、水の動きも見えるようにした。

３人の研究者らが驚いたことに、色素のおかげで、孵化して1日後のアメンボは、成虫と同じように、３対の脚の第2対、真ん中の左右の脚を、ボートを漕ぐオールのように使って移動することがわかった。だが、幼虫たちの動きは、表面張力波を立てるには遅すぎた。実は幼虫たちは、脚で漕ぎながら、渦を発生させていた。幼虫の進んでいく後ろに、小さな水の渦が次々と、水面の下を後ろ向きに進んでいたのである。渦は流体のなかで、圧力が低い部分にできる。風呂の水を排水口から流すときや、クリームを入れたコーヒーを、ナイフを使って刃の先端部で、液体を巻き上げ、回転するようにかき混ぜるときなどに渦が生じる。球形の渦を作りながら泳ぐ魚とは違い、アメンボは半球の渦を作って進む。半球の平らな部分は、直径約8ミリの円で、水面のすぐ下で水面に平行に並んでいる。このとき、半球の丸く出っ張っている側が下向きになっている。これらの渦が後ろに動くとき、その運動量は、アメンボを前に進めるのに十分な大きさである。高温ガスを排出して上昇するロケットと同じ理屈だ。アメンボは極めて効率的で、1回漕ぐだけで体長の10～15倍の距離を進むことができる。長さ20メートルの競技用8人乗りボートの漕ぎ手たちが、オールを動かすたびに最長300メートル進むようなものだ。デニーの計算とは一致しなかったが、ブッシュの実験は、表面張力波は実際に成虫も幼虫も同様に、アメンボを前進させることに多少は貢献していることを示した。だがその貢献度は、渦に比べればはるかに小さい。この点も実は、手漕ぎボートと同じなのだ。漕ぎ手は波も立てるが、ボートを前進させる最大の要因は、水を後ろに押すことで得られる推進力なのである。

自分たちで観察して新たにわかったこれらのことに興味をそそられ、ブッシュと2人の仲間たちは、実物よりも大きなロボット・アメンボを作って、アメンボの動きを真似てみることにした。ロボ・ストライダーと名づけられたこのロボット昆虫は、名前の響きほどには怖くはない。長さ9センチのボディは炭酸飲料のアルミ缶を切ったもので、脚はステンレス・ワイヤー製だ。ブッシュらのチームは、スポーツ用の靴下から取った伸縮性のある繊維をボディの長手方向に沿わせ、滑車を介してすべての脚に接続したものをロボ・ストライダーの動力とした。重さたったの0・3グラムのロボ・ストライダーは、本物のアメンボのように振る舞った。この人工アメンボは、体重のすべてを表面張力だけで支えられ、本物のアメンボそっくりに、脚をオールのようにして水をかき、半球型の渦を形成しながら前進した。1回かくたびに、体長の約半分ずつ前進した――秒速18センチほどである（本物のアメンボの約5分の1のスピードだ）。「ちょっとぎこちない動きでしたね。鎖かたびらを着たアメンボのような」とブッシュは言う。しかし、靴下と炭酸飲料の缶でできた昆虫にしては上出来ではないか。

イタリアの偉大な科学者にして、エンジニアでもあり、また芸術家でもあったレオナルド・ダ・ヴィンチ（1452〜1519年）は、足に細長い浮きを付け、2本の棒でバランスを取れば、人間は水上を歩行できるのではないかと考えたことがあった。表面張力というものを知らなかった彼にとって、このアイデアが数枚のスケッチ以上のものになることはなかった。実際に計算をしてみると、水の表面張力を利用して、このような履物で水上歩行するには、直径約1キロメートルの履物が必要になることがわかる。これではとても使い物にはならない。あの勇敢なカルツァでさえ、どんなに必死に本を読んで勉強しても、水上歩行は不可能だったろう。

ウィンクより速く

アメンボは水の表面張力がこんなに大きいことを喜ぶべきだろう。沈むのを防いでくれるし、池や湖の上をスイスイ移動させてくれるのだから。しかし、アメンボと水の付き合いは表面だけのものだ。たいていの動物は、水とのかかわりがアメンボよりずっと深い。魚は水のなかを泳ぐし、水のなかに溶けた酸素を吸収する。カバは夜間は陸上で草を食べ、日中は川の水中で過ごし、数分ごとに水面に顔を出して呼吸するという二重生活を送っている。そしてこれは重要なことだが、哺乳類と鳥類は、体に水分を取り込むことができないと生きていけない。濡れることが大嫌いなネコでさえ、水を飲まないわけにはいかないのだ。

だが、あなたはどうやって飲み物を飲んでいるか、じっくり考えてみたことはおありだろうか？　私たちにとって、飲むのはたやすいことだ。水道の蛇口をひねってコップに水を注ぐ、冷蔵庫のなかから缶コーヒーを取り出す、あるいは、紙パックからオレンジジュースをつぐ。口までコップを持ち上げ、中身の飲み物を口のなかへと注ぐ。もちろん、あのいや〜なズーズー、ピチャピチャといった音など立てない。そんなことあなたはしませんよね。さらに、こんなふうに容易に上手く飲むことを確実にしてくれる、支援テクニックが2つもあるのだ。ひとつめ。私たちには左右のほっぺたがあり、これを使って、物を吸い込むときに口のなかの気圧を外より低くできる。カクテルをストローで飲むとき、私たちはこれを利用しているのだ。口のなかの気圧が外より低いと、この気圧差が重力に対抗して働き、飲み物を口のなかに引き上げてくれる。自分専用のバキュームクリーナーを持っているようなものだ。ふたつめのテクニックはちょっといやな方法だ。あなたの口にチューブを入れ、チューブの一番上にじょうごを付け、友だちに頼んで、飲み物をじょうごに注いでもらう。あなたが首を後ろにそらせると、柱状になった飲み物の圧力で、飲み物はあなたの食道を強制的に流れ落ちる——酔っぱらった後になおも敢行する飲み比べで大量のビールをできる限り速く飲みたい学生たちには理想的な方法だ（と、聞いている）。

人間以外の動物は、ビールではなく真水で我慢しなければならない。水は普通、水たまり、池、湖、川などにあるのだが、動物は水を吸うためにさまざまな方法を編み出した。カエルは皮膚から水を吸収し、砂漠に暮らすメリアム・カンガルーネズミ（*Dipodomys merriami*）は、たとえすぐそばに雨上がりの水たまりがあるときでも、自分が食べた食物から抽出した水だけで必要な水分を賄う。ハチドリの場合、花蜜に舌を浸けると、ベトベトして流れにくい花蜜が、舌にある無数の溝に沿って口まで上ってくる。吸い取り紙にインクが染み込むようなものだ。地球で最も乾燥した場所のひとつに生息しているナミブ砂漠のフォッグスタンド・ビートル（*Stenocara gracilipes*）は、毎朝、大西洋から漂ってくる霧のなかの水を集める。フォッグスタンド・ビートルは、体を約45度に傾け、お尻を空中に突き立て、背中に小さな水滴が結露するのを待ち、それらの露を合体させて大きくし、転げ落ちて口に入るようにする。

だが、ネコの場合はどうなのだろう？ネコがどのように水を飲むかという問題は、ヒッグス粒子の探究や宇宙でも書けるペンの開発など、もっと意義深いとされる研究に取り組む科学者たちから、長年なおざりにされてきた。ネコの飲み方を研究する際の困難のひとつが、ネコが舌をあまりに素早く上下に動かすので、肉眼では何が起こっているのか見るのは不可能なことだ。この仕事が務まるのは高速撮影のみで、水を飲んでいるネコを撮影する初の試みが行われたのは、１９４０年のこと。ハリウッドで撮影されたドキュメンタリー映像、『ウィンクより速く（*Quicker'a Wink*）』がそれだ。自らが開発した「ストロボスコープ」による撮影の威力を実演して見せるアメリカの電気技術者ハロルド・エジャートン（１９０３〜９０年）を主役とする9分間のこの映画は、翌年、アカデミー賞の短編映画部門賞を受賞した。エジャートンの手法は、短時間のあいだにストロボを繰り返し発光させ、高速現象をカメラで撮影するもので、ストロボの発光を好みの回数に設定できる。たとえば、１秒間に２０００回発光させるなら、カメラがその速さで撮影できさえすれば、毎秒２０００コマの映像が撮影できるわけだ。そしてエジャートンのカメラにはそれが可能だったのである。

『ウィンクより速く』は、シャボン玉が割れる瞬間や、電話による指示で飛ばされるゴルフボールなど、さまざまな高速現象を世界初のスローモーションでとらえ、観客たちをあっと言わせた。この映画はまた、扇風機が働いているとき、フラッシュの発光のタイミングを羽の回転速度に正確に合わせれば、扇風機はまるで止まっているかのように見えることも示した。回転する扇風機の羽に、卵を落とす映像もあった。驚くべきことに、卵は数回羽から跳ね返り、その後ついに割れてばらばらになる。このように、『ウィンクより速く』は楽しい映像だったが、水を飲むネコの映像はたった20秒しかなく、それに、科学的な研究ではまったくなかった。

ネコがいかにして舌で水を飲むかについて、最初の本格的な研究が行われたのは、その後70年近く経ってからのことだった。すべては、２００８年のある朝、当時ＭＩＴで環境工学を研究していたロマン・ストッカーが、灰色の愛猫、カタカタが朝ごはんを食べているのを見守っていたときに始まった。カタカタが水を飲んでいる様子に興味を覚えたストッカーは、研究室に戻って、21世紀の最新型高速度カメラを取ってきて、カタカタがボウルから水を飲む様子を撮影することにした。それは、動物が使う物理の研究の歴史における素晴らしい瞬間だった。

ネコが舌を素早く動かして水を飲むわけ

ネコにも人間のようにほっぺたがあるが、ネコの頬は未発達で、ネコは物体の周囲で口を閉じて液体を吸い上げることはできない。「ネコは肉食動物で、獲物を捕らえ食べるために、顎を大きく開かねばなりません」とストッカーは説明する。陸上生活する多くの脊椎動物と同様、ネコは口を閉じて水を吸い上げるのではなく、舌を使って水を口のなかに運ぶ。カタカタのビデオを撮影後に見直していたストッカーは、ネコがどのようなテクニックを使うのかを発見した。ネコはまず舌を突き出し、先端をきつく後ろ向きにカールさせる。次にネコは、舌をおろして水に近づける。だがこのとき、舌を勢いよく水のなかに入れるのではなく、カールさせた舌の先端を水面の上でしばらく静止させる。水の分子と舌の表面とのあいだに働く引力のおかげで、水は舌にくっつく。続いてネコは、舌を持ち上げ、水も一緒に引き上げる。このとき、水の柱が垂直に立つ。舌がどんどん上がるにつれ、水の柱はどんどん長く、細くなる。舌が口のなかに戻ると、ネコは顎を閉じるが、このとき水の柱の一部がネコの口のなかに捕らえられる。重力で水の柱が崩れ、水が水滴となってボウルのなかに戻ってしまう前に、この一連の動きは終わっていなければならない。

このように、これは3段階のプロセスだ。舌の先で水面に触れる。舌を持ち上げて水の柱を作る。顎をパチンと閉じて、水の柱の一部を捕らえる。水の柱はあなたにも作れる。ボウルに入れた水の表面にスプーンの底で触れて、素早くスプーンを持ち上げるのだ。ほんの一瞬、水の垂直な柱が見えるはずだ。とはいえ、柱の高さが2、3ミリを超えることはなく、柱は重力に引かれて崩れ、しぶきとなってボウルへと戻るだろう。ネコは、舌の表面が親水性で水を引き付けるので、スプーンより上手に水柱を作ることができる。それでも、重力に完全に対抗することはできない。だからネコはあんなに速く舌を動かして水を飲むのだ。成猫10匹を撮影したストッカーは、水を飲んでいるあいだネコは毎秒約3・5回舌を出し入れし、一度の出し入れで約0・14ミリリットルの水を取り込む（ティースプーン1杯の30分の1にしかならないが）ことを確認した。最終的には、3〜17回ほどこうやって水をすくったあと、ネコは口のなかでまとめたすべての水を一気に飲み込む。

そんなわけで、喉が渇いたネコは大変なわけだが、ストッカーもこのあと大変な目に遭う。ちょっとした争いに巻き込まれてしまうのである。

舌の最適ペロペロ頻度とは？

カタカタがやっていることをもっと詳しく調べるため、ストッカーは同僚のジェフリー・アリストフ、サニー・ヤン、ペドロ・ライスを誘って、ネコが水を飲むメカニズムを真似る作業に取りかかった。まずチームは、ネコの舌先を真似て、親水性の物質でコーティングしたガラスの円盤を水を張った容器の上にセットした。次に彼らはこの円盤をモーターにつなげ、円盤が、ネコの舌とおなじように、水面をかすめるところまで下がり、その後スッと元の位置まで上がるようにモーターのプログラムを設定した。このキットのおかげで、チームは舌の上下運動をそっくり真似ることができた。しかも、スピードと高さも、彼らが思いついたままに変えることができた。実験は、ストッカーが言うように、「口で言うほど簡単ではなかった」にしろ、ネコを使うよりキットのほうがやりやすかった。高速カメラで実験を撮影し、チームで見直してみると、ガラスの円盤は上がるたびに水の柱を持ち上げていた。ネコの舌とまったく同じである。そして、約20分の1秒ののち、柱の頂上が崩れて円盤から離れ、下に落ちた。

この円盤を使った実験で得られたデータを使い、ストッカーは、ネコが舌をどれくらい速くペロペロ動かして水を飲むかを、舌の長さと幅で記述する方程式を導き出した。その式によれば、ペロペロの頻度は、水面から測った舌の高さの平方根に比例し、ネコの舌の幅が2倍になるごとに半分になる。ネコがペロペロする回数がこの頻度よりも少なければ、ネコが舌を口に戻すたびに、水の柱はとっくに崩れてしまっており、ネコは水をほとんど飲めないことになる。これより頻繁にペロペロするなら、そもそも水をあまり引き上げられないことになり、喉の渇きを癒すには、やはり役立たない。そんなわけでネコは、毎秒3・5回という、行きすぎず足りなくもない「ちょうどいい」頻度でペロペロする。この回数なら、水をちょうどいい高さの柱に持ち上げられ、しかも水が崩れる前に口のなかに捕らえることができる。

だが、ネコはそう簡単に秘密を明かす動物ではない。カリフォルニア大学サンタクルーズ校の物理学者マイケル・ノーエンバーグは、2010年に科学誌『サイエンス』に発表されたストッカーの方程式を知り、この発見が正しいかどうか確かめるために、実際の数値をこの方程式に入れて計算してみた。ノーエンバーグ自身驚いたことに、もしもこの方程式が正しければ、幅1センチの舌を水面から3センチのところまで上げたネコは、実際にネコが行っているよりも30倍以上速く舌をペロペロできることになるはずだった。このことからノーエンバーグは、ストッカーの方程式は間違っていると主張した。ストッカーの、ネコが立てる水の柱は表面張力のおかげで存在し続け、動くことはないという仮定が間違っているというのだ。「彼らの議論は、水の柱は何らかの理由で拘束されているという、物理的でない仮定に基づいていていました」とノーエンバーグは言う。「それは明らかに間違っています」。ノーエンバーグが指摘したように、重力に引かれて、水は終始流れ落ち、水の柱は細くなり続ける。ノーエンバーグがやったように、この事実を考慮に入れると、違う方程式が得られる。その方程式によれば、理想的なネコのペロペロ頻度は、舌の水面からの高さの平方根で1を割ったものに比例し、舌の幅にはまったく依存しない。

ノーエンバーグは、彼が導き出した新しいほうの式が、ストッカーが発見した「ちょうどいい」ネコのペロペロ頻度、毎秒3・5回に見事に一致していることを確認した。ノーエンバーグが行った解析をまとめた論文は、それに対するストッカーとその同僚らの反論と共に、2011年、『サイエンス』誌の同じ号に掲載された。こうして事態は険悪になっていった。ネコのペロペロの頻度は重力（水の柱の重さ）と慣性（水を引き上げる難しさ）とのバランスで決まるというストッカーの知見についてはノーエンバーグも合意したものの、ストッカーは自分が導出した方程式にノーエンバーグが数値を代入したのはナンセンスだと非難した。なぜなら、ストッカーの式は数学的に厳密な式ではなく、「スケーリング則」だから、というわけだ。スケーリング則とは、ある範囲の大きさで正しいとわかっている関係式を、その範囲を逸脱した大きさのものにも当てはまるとして概算に使うおおまかなやり方である。つまりストッカーの式は、数学的一般化であって、どれか特定のネコに対して、ペロペロの頻度はいくらになるべきかについて何も言ってはいないというのだ。「ノーエンバーグは、スケーリング則を厳密な方程式のように解釈しましたが、そんなことはできません」とストッカー。

それにひるむことなくノーエンバーグは、自分自身のスケーリング則を計算した。ストッカーは、「それがどうした」と言わんばかりで、自説を曲げる気配はない。「彼のスケーリング則は実際、われわれの式に勝《まさ》っているわけではありません。われわれの反論で示したとおりです」とストッカーは論じる。しかしノーエンバーグのほうは、ストッカーらのコメントは、「彼らが私の異議を理解していないことを示していた」と考えている。これに対して、ストッカーの共著者で現在バージニア工科大学に在籍するサニー・ユングは、「そんなことはない、われわれのほうが正しかったのだ」と主張する。

先にお断りしていたように、ちょっと醜悪な事態になってしまった。この手のディベートが科学の活力源だというのは確かなのだが。どちらが勝者だったのか、本書で結論を出すことはしない。ひとつだけ言っておきたいのだが、どちらの側も、ネコがいかにして水を飲むかについては合意している。舌を水面に触れさせ、その舌を持ち上げ、できた水の柱の一部を捕らえるために顎をパチンと閉じる。論争になったのは、特定の大きさの舌の最適ペロペロ頻度の背景にある数学的詳細であった。念のため申し上げるが、みなさんがネコは面倒で難しいなあと思われても、本書ではイヌが水をいかに飲むかは詳しく論じない。イヌは舌を水のなかに直接入れて、水をすくって飲む。イヌは基本的に舌で水をすくって飲むのであり、舌をペロペロさせてなめるのではない。イヌの飲み方は雑で、ネコの飲み方のような美しさと気品はない。多くの物理学者にとって美と気品は重要であり、彼らは自然現象の説明でも、あまりに複雑になりすぎたものは鼻であしらう。そのような次第で、ネコは物理学者の最良の友だと、私たちはここに宣言する。

排尿時間はどんな哺乳動物も同じ

入ったものは出なければならないので、「水の飲み方」というテーマを終える前に、最後に触れておかねばならないことがある。哺乳動物は、排尿するのにどれくらい時間がかかるだろうか?という問題だ。これは、人生や、宇宙と万物に関する究極の問いではないが、ダグラス・アダムズの小説『銀河ヒッチハイク・ガイド』(新潮社、河出書房新社)に登場するコンピューター、ディープ・ソートが計算した答えは42秒だった。しかし、実際に哺乳動物が膀胱を空にするのにかかる時間は常に、秒数にしてその半分なのだ。この発見は、ディープ・ソートとは何の関係もなく行われた。体を揺さぶって乾かすイヌとアメンボの研究で名声を得たデイヴィッド・フーの功績である。フーは現在アメリカのジョージア工科大学に在籍する。16種の計32頭の動物について、その排尿の様子を、ユーチューブの動画と、最寄りの動物園で自分の目で見た結果、フーは体重が3キロから8トンの範囲の哺乳動物は、膀胱を空にするのに21秒かかることを見出した(誤差はプラスマイナス13秒だ。これは大きな誤差と思われるかもしれないが、彼が研究した動物の多様性を考えればそれほど大きな誤差ではない)。

フーが調べた最大の動物、ゾウは膀胱の容量が18リットルもあるが、尿が排出されるに必要な時間は、容量がその3600分の1の膀胱しかないネコと同じだ(ラット、マウスなどの小さな動物は、尿を水滴としてばらばらに排泄するので、この「法則」には当てはまらない)。排尿がなぜ同じ時間になるのかという理由は、哺乳動物の膀胱と外界をつなぐパイプ、尿道の長さに関係がある。大きな動物は、尿道が長い。ゾウの場合、尿道は約1メートルだが、ネコではたったの5〜10センチだ。パイプ内の液体にかかる、重力に由来する下向きの圧力(静水圧)は、パイプの長さに比例するので、ゾウ(尿道が長い)のほうがネコ(尿道が短い)よりも速いスピードで尿が流れ出るわけだ。膀胱が大きいことの不利さを、排尿スピードの速さがちょうど埋め合わせているのである(尿道の直径が問題になるのは、水滴で排尿する小型動物の場合だけだ)。

この努力が認められて、フーと彼の学生たちは2015年、「人々を笑わせたあと、彼らを考えさせてくれる」研究に贈られるイグノーベル賞を受賞した。しかし、尿を即刻排出することは、野生の動物たちには笑いごとではない。排尿中は無防備になってしまうからだ。さいわい、大型哺乳動物のほとんど――人間も含め――は、1日に5、6回排尿すればそれで済むので、私たちがその行為に費やす時間は、生きている時間のたった0・2パーセントにすぎない。これは効率的であるばかりか、偉大なことを考える空き時間がたっぷりできることにもなる。それは都合がいい。というのも、あなたが十分長い時間頭を悩ませれば、百万長者になれるかもしれない問題がひとつあるのだ。

そう、それほどの大金だ。詐欺ではないからご安心を。請け合いますよ。貯金を使って株式市場で賭けをしたり、あなたの銀行口座の情報を、弁護士や、もうこの世にはいないナイジェリアの石油王にメールしたりする必要はない。だが、ひとつだけ必要なことがある。あなたはお得意の数学を使って、科学で最も難しい問題を解決しなければならないのだ。ということで、話を始めよう。

ミレニアム懸賞問題

ここまでの話で、流体に関してはすべてがもう整理されているという印象をみなさんに与えてしまったかもしれない。表面張力は？　済み✓。熱容量は？　済み✓。粘性は？　済み✓。わたしたちが流体をよく理解しているのは間違いない。しかし、最も頭のいい科学者でも、今なお頭をかきむしってしまうことがひとつ残っている。もしもあなたが、この性質を本当に、とことん深く理解していることを示せるなら、100万ドルを手にできる。なぜなら、ボストンの実業家、ランドン・T・クレイとその妻ラヴィニア・D・クレイが設立したクレイ数学研究所が、2000年、7つの「ミレニアム懸賞問題」を発表したからだ。長年にわたる努力にもかかわらず、未解決なままの根本的な疑問にまつわる問いだ。人々を励ますため、研究所のお偉い方は、目玉が飛び出るような700万ドル（約7億円）をかき集め、1問解決できるごとに、100万ドルを与えると発表した。本書執筆時点で、7問のうち6問がまだ解決されていない。そんなわけで、頭に「考え中」と書かれた被りものを付け、賞金を手にできるチャンスを狙おう。

残った問題は、ひとつを除いてすべて抽象的な数の問題なので、それらは無視しよう。それらの問題は、純粋な数学であり、物理ではないのだから。私たちは、残った物理の問題である——2人の19世紀の天才たち、フランスの技師クロード・ルイ・ナビエ（1785～1836年）と、アイルランド生まれの物理学者ジョージ・ガブリエル・ストークス（1819～1903年）にちなんで名づけられた——方程式に注目しよう。この方程式は、タツノオトシゴにも関係がある。頭がとがり、しっぽがカールしている、海のなかで体を縦にして泳ぐあの生き物だ。このあとすぐお目にかかる。ナビエとストークスが共に研究したことはなかったが、2人とも水のように単純で圧縮できない流体がどのように流れるかに興味を持っていた。彼らの研究から生まれた数学的な方程式は、今日ナビエ‐ストークス方程式と呼ばれ、ある流体が平均してのみならず、各点において、どんなスピードで、どちら向きに流れているかを記述する。この方程式を解けば、テレビの天気予報の風力マップのようなものが得られる。つまり、流体がさまざまな点において持つ、スピードと方向に関する情報がわかるのだ。

ナビエ-ストークス方程式は、お湯の蛇口を少し開いて浴槽にお湯を張るときなど、流体の動きがなめらかな場合は、簡単に解ける。この場合、水は円筒形の優しい流れとして出てくる。だが、蛇口を最大に開くと、水は不規則な奔流となり、ところどころで回転して渦になる。ナビエ-ストークス方程式は、このような奔流を正しく説明することはできない。確かに、膨大な長さになるソフトウェアを書き、スーパーコンピューターを使って、奔流の渦の詳細を計算することはできる。明日雨が降るかどうかを予測するために、大気中で気流がどのように循環するかというモデルを考えるとき、気象予報士たちが使う手法だ。だが、高性能コンピューターを使って、奔流に対するナビエ-ストークス方程式の答えを機械的に計算するのでは、問題を第1原理〔根本となる基本法則〕によって解決することにはならない。それは数学を使ったごまかしで、ミレニアム懸賞問題の賞金をもらうことはできない。残念でした。

だが、気を落とすことはない。乱流については、世界最高の頭脳の持ち主の多くが、行き詰まりを打開することができなかった。イギリスの数学者、サー・ホレイス・ラム（1849～1934年）が1932年に英国科学振興協会の会合で次のように述べたとおりだ。「私はもう老人ですので、死んで天国に行くときにはっきり理解できるよう願っていることが2つあります。ひとつめは、量子電気力学、もうひとつは流体の乱流の動きです。そして前者については、私は楽観的です」。当時、量子電気力学——光と物質の相互作用を記述する理論——は新しい理論で、あり得ないほど前衛的で難しいとみなされていた。その80年後の今、私たちにとって量子電気力学はもう解決しているが、乱流のほうは依然として謎のままである。

乱流と「最もゆっくり動く魚」

乱流は、それを科学的に理解できないから気に障るだけではない。飛行機で乱気流に遭うのもありがたくない体験だ。予期せぬときに乱気流に襲われると、飛行機が激しく揺れ、チーズソースのパスタを膝の上にこぼしてしまいそうなほど、すさまじいことになりかねない。シートベルトを外していたなら、天井にぶつかってしまうかもしれない。飛行機で乱気流の影響を抑えるための知恵を伝授しておこう。常にシートベルトを締めておき、機体の動きが大きくなる後方の座席は選ばないこと。

ディナーの最中に乱流には絶対遭いたくないのは、タツノオトシゴの一種、ドワーフ・シーホース（*Hippocampus zosterae*）にしても同じだ。タツノオトシゴは、日本語でも英語でも「海馬」と呼ばれてはいるものの、馬ではなく、馬のように見える魚である。ドワーフ・シーホースは体長2・5センチと小柄だが、54種類のタツノオトシゴのなかで最小の種ではない。最小のタツノオトシゴの栄冠は、体長1・4センチの「サトミのピグミー・シーホース（*Hippocampus satomiae*）」のものだ。だが、ドワーフ・シーホースにも優れた点がひとつある。海中を時速1・5メートルという極めてゆっくりしたペースで進むこのタツノオトシゴは、「最もゆっくり動く魚」としてギネスブックに認定されている。ドワーフ・シーホースたちが水中で100メートルの短距離走をやったとすると、選手たちは3日近くかけてゴールにたどり着くだろう。しかし、彼らの超スローなスタイルの背後には、科学があるのだ。

カリブ海、メキシコ湾、そしてアメリカ南東岸の沖に生息するドワーフ・シーホースは、白っぽい黄色で、チェスのナイトの駒に似た、とがった長い頭をしている。スリムなボディは、下側で可愛らしくカールしており、サンゴ礁、岩礁など、身を隠せるものがある場所で主に暮らしている。とりわけ、海床を緑の海草が覆っている藻場を好む。ドワーフ・シーホースの好物はカイアシという小型の甲殻類だ。透明な体長数ミリのカイアシの間近まで泳いでくると、ドワーフ・シーホースは口を上に向けて、素早く頭を回転させる。そして、口から獲物を吸い上げる。しかし、この「くるっと回して吸い上げる」行動は、カイアシが1ミリ以内のごく近傍にいるときだけしかできない。なぜなら、吸い上げられるのを防ぐため、カイアシには特別な触角が備わっているからだ。この触角、水の流れが感知できる毛で覆われているのである。水中で何か怪しいことが起こっていると気づいた2ミリ秒以内に、カイアシは危険地帯から急いで遠ざかる。そのスピード、毎秒体長の500倍以上だとのこと。人間の尺度に換算すると、陸上選手が1秒で1キロメートル走るようなものだ。そのようなわけで、カイアシを食べるために、ドワーフ・シーホースは、相手の触覚が感じるほど水を乱さずに、カイアシに忍び寄らねばならない。乱流はご法度なのだ。

だが、ドワーフ・シーホースはどうやって自分が起こす乱流を最小限に抑えるのだろう？　彼らは人間よりもみっちりと流体物理学を学んだというのだろうか？　これを明らかにするため、テキサス大学オースティン校の動物学者ブラッド・ゲンメルは、同大学の同僚エドワード・バスキーと、ミネソタ大学のチアン・シェンと共に、ドワーフ・シーホースに赤いレーザー光を当てた。残酷に聞こえるかもしれないが、実はそうではない。ほとんどの海洋生物は赤いレーザー光を感じない。だからチームはこれを使ったのだ。彼らは海ではなく、1辺4センチの立方体のガラスの水槽に海水を満たしたもので実験した。そのなかに、メキシコ湾で採集したカイアシを入れ、さらにカイアシが海で食べているのと同じものが食べられるように、顕微鏡でなければ見えないほど細かい「珪藻」という単細胞生物も入れた。そして最後に、テキサス大学の漁業および水産資源研究所で養殖したドワーフ・シーホースを1匹入れた。

照明を消したあと、勇敢な3人の研究チームはいよいよ、ドワーフ・シーホースがカイアシに忍び寄ったときに何が起こるのかを観察する実験を開始した。そのため彼らは、2・5センチのレーザービームを水槽に当て、水槽内の物体（ドワーフ・シーホースとカイアシ）に当たって跳ね返った光が、跳ね返らずに通過した、変化していない光と重ね合わされたときに生じるパターンを記録した。「デジタル・ホログラフィ」と呼ばれる技法だが、それで得られるパターンは、目で見ただけでは少しも面白くない。光の点がごちゃごちゃに混ざっているだけだ。しかしコンピューターは、このパターンを解読し、ドワーフ・シーホースはどこにいたのか、カイアシを食べるときどんな様子だったかを抽出できる。デジタル・ホログラフィの長所は、どんな距離からでもドワーフ・シーホースの画像をとらえられることだ。普通のビデオカメラでは、ドワーフ・シーホースが泳ぎ回るにつれて、焦点が合ったりずれたりを繰り返してしまうだろう。

水の静かなときが何よりも危険

この実験で、ドワーフ・シーホースは、カイアシを食べることにかけては一流だということがレーザー光によって明かされた。ドワーフ・シーホースは、獲物に対して実にこっそりと接近するので、84パーセントの場合、カイアシはまったく気づかず、ドワーフ・シーホースはまんまと射程距離（1ミリ）

内に入る。だが、うまく接近したからと言って、必ずしも食べるところまで行くとは限らない。ゲンメルの印象に残っているある場面では、ドワーフ・シーホースはいつもどおりカイアシを捕らえるのだが、シーホースが頭を下げたとき、カイアシはひらりと身をかわして、無傷で逃げてしまった。「文字どおり死神の顎から逃れたわけです」とゲンメル。しかし、ほとんどの場合、ドワーフ・シーホースは効率のいい殺し屋だ。攻撃の準備が整うと、彼らは素早く行動し、1ミリ秒以内でカイアシを吸い上げてしまう。まんまと忍び寄ったカイアシの94パーセントを捕らえ、食べる成功率は79パーセントだ。「海で最高の脱出の達人たちを、ドワーフ・シーホースがいかにうまく捕らえるかには驚かされました」とゲンメルは言う。ドワーフ・シーホースにむしゃむしゃ食われてしまったカイアシの隣にいるカイアシはどれも、最善を尽くして逃げようとし、最高秒速36センチものスピードを出して泳ぎ去るだろう。

チームはまた、ドワーフ・シーホースにとって極めて重要な、口のすぐ上にある1ミリの攻撃ゾーンには、乱流がほとんどないことを示した。ドワーフ・シーホースから離れるにつれ、水の乱れはどんどん大きくなる。水が静かなゾーンをドワーフ・シーホースが作れるのは、その長く尖った頭の形のおかげだ。ゲンメルはほかの実験で、イトヨ（*Gasterosteus aculeatus*）という魚——頭は、シーホースのように細長く尖ってはおらず、ただ平たい——には、水が静かな特別なエリアはないことを発見した。ドワーフ・シーホースは、頭の向きをうまく調整して、攻撃に最適な姿勢を作る。獲物に向かって泳ぐとき、頭の角度が鋭角すぎたり鈍角すぎたりすると、攻撃ゾーンの水は乱れてしまう。しかし、頭を垂直から25度下向きにすると、ドワーフ・シーホースの口の上の攻撃ゾーンの水はそれ以上ないほど静かになる。ドワーフ・シーホースに関する限り、水の静かなときが何よりも危険なのだ。

乱流の問題を解決するという課題については、天国にいるホレイス・ラムがいまだに気にかけているだろうから、誰かがこれを成し遂げて、ラムを数学の苦悩から解放してくれることを祈ろう。気配を殺して海を泳ぎまわっているドワーフ・シーホースが、自然界の最大の謎のひとつを解く鍵を握っていて、ドワーフ・シーホースの研究で誰かが100万ドルをかせげるかもしれないと想像するのは楽しい。

ハチの秘密

オレンジだけが果物ではないように、水だけが流体ではない。いろいろなジュース、ホットチョコレート、ストロベリー・ミルクシェークも流体だ。そして、地球全体を包んでいる空気も流体だ。この目には見えない流体は、その20パーセントが酸素で（残りは、ほとんどが窒素で、二酸化炭素が多少含まれている）、生き物には欠かせない。人間は近年になってようやく、空に行く方法を学んだが、動物のなかには、とうの昔に進化によって空を飛べるようになったものも多い。鳥、コウモリ、多くの昆虫、さらに大昔の爬虫類たちにも何種類か飛べるものがいた。

飛ぶ動物は、2つのことを行わねばならない。空気のなかを前進するために必要な推進力を作り出すことと、重力に対抗できるだけの揚力を生み出すことだ。この2つができれば、動物は一定の高さで飛んだり、思いどおりに高度を上げたり、地面に立った状態から空中に飛び上がることが可能だ。この最後の、地面から飛び立つというのは、それほど重要ではない。それだけの揚力が作れなくても、ほかにやり方がある。この件は後ほど説明する。しかし、空気は薄い。水とは違って、私たちの体重を支えてはくれない。プールの水のなかで手を振ると、水が押し返しているのを感じる。試着室のなかで手を振るとき、あなたが感じているのは、試着した服がしっくりこないということだけで、空気が押しているとは感じない。手の動きに抵抗する空気の分子の力は、あまりに小さくて感じられないのだから、空気のなかで揚力を生み出すのは容易ではない。ありがたいことに、動物たちが人間に、空気力学——気流についての学問で、航空力学とも呼ぶ——について、いくつか大事なことを教えてくれる。今日、航空宇宙技術者のなかには、小型ドローンや超小型飛行機にハチの飛行を真似た技術を取り入れようとしている人もいる。少なくともそれを目指す努力が続けられている。この分野では人間の進歩は遅々としている。私たちはまだ、ハチの秘密を完全には解明していない。

ハチがどのようにして飛ぶかを明らかにし、ハチがいかにして飛ぶのかわからないと、多くの「専門家」が言うのはなぜかをはっきりさせる前に、ムササビ〔英語では flying squirrel で、「飛ぶリス」の意〕、ヘレントビガエル、トビトカゲ、トビヘビ、そしてトビウオについて説明しておこう。名前に反して、これらの動物は飛ぶことはできない。なぜなら、空中を前進する推進力を生み出すことができないからだ。彼らはジャンプし、続いて滑空するのである。リス科に属するムササビは、揚力を生み出し、ゆっくり落下できるようにするために、手首と足首のあいだに膜がある。このため、木から木へとヒュッと飛び移るムササビは、マントを身にまとったドラキュラのように見える。ヘレントビガエルは、足にある大きな水かきを利用する。トビトカゲは、左右の肋骨が非常に長く、肋骨どうしが膜でつながっており、広げると翼のようになる。トビウオの場合は、大きな胸びれを広げて滑空する。トビヘビはというと、肋骨を突き出し、胃をへこませ、体の断面をフリスビーのような形にして、木の上からジャンプし、空中でS字型に身をくねらす——陸上で前進するときと同様に。さて、そろそろハチに戻ろう。

ミツバチが飛ぶのは大変なこと

傍目にはのどかに見える。ブンブン羽音を立てながら、花咲く牧草地を飛び回ったり、ヤドリギがあちこちに見える果樹園を横切ったりする暮らし。体を覆う黒と金色の毛皮を日差しが背後から幾筋も照らしているなか、巣にいる姉妹たちのために花粉と花蜜を集める。姉妹たちも協力して、みんなの母バチが産んだ幼虫の世話をする。人間から見れば、驚くほど調和した、理想の大規模共同生活だ。巣に戻ってきたミツバチは、ちょっとしたダンスをする。お尻を振って、巣にいる仲間たちに、食べ物が豊富な花畑がどこにあったかを教えるダンスだ（ミツバチのコミュニケーションについては、第6章でさらに詳しく論じる）。だが、実はそれほど理想的でもないのである。ミツバチは、性別と染色体の数に基づく階層構造のなかで厳格に分担された役割を与えられており、自分の仕事を変えられる望みは一切ない。最も幸運なものが女王バチとなるが、たいていのメスは働きバチで、奴隷のように食料を集め、幼虫の世話をし、巣を守っている。女王バチが夏の終わりに産んだ卵から孵った少数のオスにしても、精子提供者として使われるだけだ。

今日のミツバチは、現代生活のありがたからぬ事情にもいろいろと対処しなければならない。ミツバチは、蜂群崩壊症候群に脅かされている。蜂群崩壊症候群は、ヨーロッパと北米の全土でハチの巣に打撃を与えている謎の症候群だ。どこで食べ物を発見したかというミツバチの記憶に影響を及ぼす、ミツバチへギイタダニというダニやネオニコチノイド系殺虫剤の関与が疑われている。そして、果樹園を破壊し、花の咲く「雑草」を除草剤で汚染し、花の咲く牧草地を掘り起こし、化学肥料をまき散らして芝生ばかりを育て花をないがしろにする人間の行為で、ほとんどすべてのミツバチが生息地を失っている。巣のなかでも、ミツバチはネズミ、スズメバチ、そして内臓に巣食う寄生虫に脅かされている。さらに、成虫のミツバチの体内に卵を産み付けるカリバチやハエの危険もある。卵から孵ると、これらの幼虫は内側から外に向かってミツバチを食べ尽くす。

ミツバチはこれだけいろいろなことに対処しなければならない——そして彼らの羽は小さい。マルハナバチ(*Bombus* 属)の働きバチの羽は長さが、体長とほぼ同じ11〜17ミリしかない。羽の材質は、体の外側、すなわち外骨格と同じくキチンである〔マルハナバチもミツバチ科に属する〕。これら透明シート状の羽で、マルハナバチは0・7グラム(働きバチの場合)を超える自分の体重を空中に持ち上げねばならない。0・7グラムとは小さじ6分の1の砂糖の重さにすぎず、私たちには大したこととは思えないが、たった1平方センチの羽で自分の体を空中に浮かせ続けねばならないハチにとっては大変な重さだ。なお悪いことに、ハチが毛で覆われた脚に花粉をくっつけたり、胃のなかに花蜜をためたりして、食べ物を体で運んでいるときは、さらにその重さもかかってくるわけだ。それなら、ハチはどうやってそんな重さをかかえて飛んでいるのだろう?

長年にわたる論争

ハチの飛行は、ハチにとって不可欠であるのみならず、人間にも長年にわたる論争を呼んできた。一説によれば、20世紀前半の科学者たちは、ハチの羽は小さすぎ、動きも遅すぎて、十分な揚力が生み出せないので、ハチは飛べるはずなどないと考えていたという。ハチは飛べるはずがないと言った科学者は誰かを巡っても議論が続いている。フランスの昆虫学者アントワーヌ・マニャン（1881〜1938年）が、数学者アンドレ・サン＝ラグの助けを借りて書いた昆虫の飛行に関する名著のなかで述べたという説。ドイツのゲッチンゲン大学の物理学者ルートヴィヒ・プラントル（1875〜1953年）が、1930年代に述べたという説。スイスの気体動力学の研究者ヤーコプ・アッカレット（1898〜1981年）だという説。W・ホッフという技師が第一次世界大戦のころに昆虫学者R・デモルのデータを元に主張したという説。それに、ハンナ・バーベラ・カートゥーン社のアニメ『ホンコンプーイ』（1974年）の、温厚な用務員ペンリーだったという説まである。それとも、当時ちょっと図に乗ってるんじゃないかと一部の人々から反感を買っていた科学者たちをカッコ悪く見せるためにそんな主張がでっちあげられたのだろうか？

そもそも人間がどれだけわかっているというのだろう？　「彼の家では、コンピューターを持つ理由のある者など誰もいない」、「アメリカ人には電話が必要だ。だが、イギリス人には必要ない。メッセンジャー・ボーイがいくらでもいるからね」、「テレビは、最初の6ヶ月に獲得した市場を維持することはまったくできないだろう。毎晩ベニヤ板の箱を見つめるなんて、すぐにみんな飽きるよ」などと、私たちは言ってきた。ありがたいことに、イギリスのケンブリッジ大学に所属する動物学者チャーリー・エリントンは、ハチに当惑して「ハチは飛べるはずがない」と言った人物が誰だったとしても、その人がどうしてそんなことを思ったのかをたどって、ハチの飛行の謎を解くことにした。そして彼はこう確認した。ハチは飛行に関しては、人間よりもはるかに先を行っている、と。ハチは私たちが考えてもみなかった方法で揚力を生み出していたのであり、私たちは今ようやくハチの飛び方を真似しだしたばかりなのである。高性能コンピューター、ジェット機、ヘリコプター、それにスペースシャトルまで作りながら、私たちは未だにハチがどうやって飛ぶのか、完全には理解していない。ハチは運よく、とっくの昔にその飛び方のこつをつかみ、人間が知っている従来からの飛行の法則から導き出される揚力の2、3倍の揚力を生み出している。そして彼らは空中に体を持ち上げ、陽気にブンブン飛び回っている。ハチは人間のやり方では飛んでいないのだ。

ハチと飛行機

学校の先生たちを責めるわけではないが、物体はなぜ飛ぶかについて、最もよくある説明は完全には正しくない。みなさんは学校で、こう教えられたのではないだろうか。「飛行機の翼（エアロフォイルと呼ばれる）の断面の曲線の形状のせいで、すこし膨らんだ上面を流れる空気のほうが、下面を流れる空気よりも長い距離を移動する。このため、上面を流れる空気は、翼の後ろで下面を流れてくる空気と再び一体となるために、下側の空気よりも速く動かねばならない」と。しかし、翼の上面を流れる空気が、分かれて下へ行った空気の分子たちと再び一体にならねばならないという物理的な理由はまったく存在しない。しかも現実に、上下に分かれた空気は再び一体化などしていない。じつのところ、空気は普通、翼の上を流れるときのほうが下を流れるよりも、かかる時間が少しだけ短い。だがその違いはわずかで、重要なことに、上側の空気はどんどんスピードが上がる。このため、翼の上の圧力が低下し、下側の圧力よりも低くなって、翼は上に吸い上げられ、揚力が生まれる。言い換えれば、下側から翼にぶつかる空気の分子が翼に及ぼす上向きの力が、上にある分子からの下向きの力よりも平均して大きくなる（これは、翼の上にある分子の数が下にある分子の数より少ないため）。その結果、翼は上に押し上げられる。

実際の状況はもっと複雑だ。それはありがたい。というのも、さもなければ飛行機が上下逆さに飛ぶことはできなくなるからだ。先の段落の説明がすべてなら、飛行機がひっくり返って上下逆になると、エアロフォイルの上面が下になり、翼の下側で気流が速くなることになってしまい、飛行機は地面に向かって吸い寄せられるはずだ。これでは困るだろう。BBCラジオのシチュエーションコメディ『キャビン・プレッシャー』で、機長のマーティン・クリーフ（ベネディクト・カンバーバッチ）は、この問題を説明することができず、貨物室にネコが1匹入り込んでいて、そいつが何かの拍子にヒーターの電源を切ってしまったという情報を知らせて客室乗務員のアーサー・シャッピー（ジョン・フィネモア）の気をそらして逃げるという場面がある。私たちはそんな大胆な手段に訴えたりしないが、ひとつ言い添えておこう。現実には、エアロフォイルは、それがどんな形状であろうと、機体の周囲のみならず、遠く離れたところに至るまで、気流を変えてしまう。それによって、気流は上向きにそらされ、続いて下向きになり、その後再び上向きになるなどの変化が起こる。これらの動きと、それに伴う加速度によって力が生じ、また、それに対して反対向きの反作用の力が生じる。ニュートンの運動の第2、第3法則による現象だ。

走っている車の窓から手を外に突き出すと、あなたもこの効果を実感することができる（街灯や走ってくる自転車がないことを確認してからやってください）。気流のなかで手のひらの角度を調節し、親指が小指よりも前で、かつ上になるようにすると、気流が手と腕を上向きに押しているのを感じるはずだ。あなたの手と同じく、飛行機の翼も、常に正面から気流を受けているわけではない。そうではなく、翼の前縁が後縁よりも高くなっているのだ。翼の角度を正しく調節すれば、翼は気流の方向をうまく変えて、機体が上下さかさまでも揚力を生み出すようにできる。また、先に述べたように、エアロフォイルが空気を動かし、翼の表面で気流を湾曲させるときに起こる気流のスピードの変化も、圧力を変化させる。気流の向き、スピード、そして圧力という3つの要素が互いに影響しあって、翼の下から上に向かう空気の渦をもたらす。これは複雑な現象だ。だから学校の先生たちは話を「単純化」しすぎて、間違った説明になってしまったのかもしれない。さて、これくらいにして話を先に進めよう。何しろ、ハチと飛行機には大きな違いがいくつかあるのだから。

空気力学に反して

第1に、ハチの羽は体の大きさに比べて短い。第2に、ハチは前方への動きを生み出すエンジンを持っていない。その代わりに、ハチは羽をバタバタはばたかせることで、推進力と揚力の両方を生み出す。したがって、固定された長い翼の飛行機の研究のために研究者たちが作り上げた従来の空気力学は、ハチには当てはまらない。羽が固定されていると見なせるには、大きな鳥のように、飛行速度に比べて、はばたきのスピードが遅くなければならない。列車の窓から外を眺めていると、アオサギ（*Adrea cinerea*）が、川、運河、湖、河口などの行きつけの釣り場から飛び立つ姿を見かけることがみなさんにもあるかもしれない。アオサギは、その1メートルにも及ぶ翼を、いかにものんびりとした毎秒2回のペースではばたかせ、長い足を後ろに引きずるようにして飛ぶ。一見易々と飛んでいるようだが、アオサギは秒速12メートル（時速40キロ以上）の速さで急上昇する。はばたきの回数に比べて飛行速度が速いので、アオサギの飛行の解析には、従来の空気力学の手法が使える。翼が長いことは、空気力学モデルのもうひとつの仮定——翼は無限に広がっている——に合致する。残念ながら、ハチの羽はあまりに短くずんぐりしているので、この無限に広がる2次元解析法は使えない。羽の端が大きな影響を与えているのである。

「のんびり」したアオサギとは違って、マルハナバチは、驚異的な毎秒150回という速さで羽をはばたかせる。カゲロウ、トンボ、イトトンボは、羽を直接引っ張る筋肉を持っている。それ以外の羽を持つ昆虫はすべて、胸部と呼ばれる部位を収縮させて、そこに付いている羽を自動的にはばたかせる。羽を速く動かすために、ハチは非同期的な飛翔筋を持っている。ハチが胸部の筋肉を収縮させるたび、その飛翔筋は1回ではなく数回振動する（胸部筋肉と同期していないので非同期的）。アオサギの75倍も速く羽をはばたかせるのに、マルハナバチが飛ぶスピードはアオサギの4分の1で、毎秒3～4メートルである。マルハナバチはまた、羽を上から下に動かすときと、下から上に動かすときに、同時に羽を回転させ、上下逆向きにする。このため、羽が下から上に動くときに羽の下側が上を向き、揚力を生み出すのである。

というわけで、どう考えてもハチの羽は固定されているとは言えない。標準的な空気力学では、ハチは空から落ちるほかないことになる。あの20世紀前半の科学者たちが混乱したのはこのためだ。固定された翼の場合、揚力の大きさは、翼が空気中を進むスピード（ハチの場合かなり小さい）の2乗、翼の表面積（ハチではこれも小さい）、大気圧（ハチは天気をコントロールできないので、大気圧を変えることはできない）、そして揚力係数に依存する。揚力係数は、迎角（翼が、向かってくる空気の流れに対してどれだけ傾いているかという角度をあらわす値）と、翼の形（ハチは進化によってゆっくりと変えることしかできない）に依存するので、急いで飛び立ちたい昆虫にはほとんど役に立たない。数値を代入して計算すると、従来の空気力学によれば、揚力はあまりに小さく、まったく不十分である。だがハチは、従来の空気力学に反して、飛んでいる。

「準定常」なら、うまくいく？

ハチの高速ではばたく短い羽は、難題を引き起こした。空気力学の標準的なツールが使えず、ハチの羽は、固定した無限に長いものと仮定できないなら、科学者たちはどうやってハチの飛び方を明らかにできるのだろう？　魚の泳ぎ方が研究したくてアメリカからやってきたエリントンが１９７３年にケンブリッジに到着したとき、直面したのがこの問題だった。エリントンの指導教官、デンマークの動物学者トルケル・ワイス-フォー（１９２２〜１９７５年）が、魚の泳ぎ方ではなくて昆虫の飛び方を調べてみるようエリントンを説得したのだ。「どんなものでも、取り組んだなら、その面白さを見つけられるはずです」とエリントンは思慮深げに言う。

ワイス-フォーはそのころ、準定常空気力学（落ち着いて。すぐあとでこの言葉は説明しますから）を使えば、昆虫（ハチも含めて）はいかに飛ぶかを説明できることを示す論文を発表したばかりだった。準定常という考え方は、正確さは多少落ちるが、計算を容易にするための近道だ。飛行を一連のスナップショットに分割し、それぞれの瞬間においては、羽は固定された位置にあると見なすことによって、羽のはばたき運動を無視するのだ。つまり、一瞬なら、従来の空気力学が使えるだろう、と考えるわけである。この準定常空気力学の手法を使ってみると、すべてが解決したかのように思われた。エリントンは、残った細かいさまざまな問題点をきれいさっぱり解決するために、ガラスの箱のなかを飛んでいる昆虫たちがゆっくり飛んでいるところを写真や動画に撮影する仕事を任された。この「空中静止に近い」飛行は、羽のはばたきの効果を強調するものだった。

ハチたちに彼の高速度カメラの前で飛ぶ気になってもらうため、エリントンはガラスの箱の中央を明るくし、すみのほうは暗くなるようにした。「昆虫は人間とは違った考え方をします」とエリントン。「ハチたちがゆっくり飛び回っているところでカメラを構え、あと0・5秒でカメラの前にやってくるだろうと思ったときにシャッターに指をかけ、そのとおりになるのを願うのです」。何度も試みたあと、彼は数日かけてフィルムを現像した。フィルムはどれも長さ100フィート（約30・48メートル）だったが、カメラの撮影スピードが毎秒5000コマに達するまでに約50フィートを費やさねばならなかった。さらに、最後の25フィートはカメラのなかで回転するときにバタバタ暴れまわってズタズタに裂けてしまった。「運がよければ、残りの25フィートのフィルムに何か写っているかもしれない、というところでした」と、エリントンは回想する。「そして、とても運がよければ、ハチの飛行がうまく写っているかもしれませんでした」。何度も練習し、何本もフィルムを無駄にして、エリントンと、彼を手伝ってくれていた写真技師のゴードン・ラノールズは、約3本に1本の成功率に達した。

残念なことに、ワイス-フォーは1975年に死去した。エリントンは彼の死を深く悼みながら、準定常空気力学の研究を続け、大きなスズメガやセイヨウオオマルハナバチ(*Bombus terrestris*)などの昆虫の飛行を調べた。これらの昆虫は、エリントンがケンブリッジ大学植物園で採集したものだ。この植物園、ダーウィンが植物学を学んだ教授のジョン・スティーヴンスが、1831年にロンドンの中心部から移転させた、今では5万坪近くある別天地である。しかし、ハチはなかなか秘密を明かしてくれなかった。エリントンは、「しばらくのあいだ、いろいろな昆虫を次から次へと調べても、この準定常状態の仮説がどうしてもうまくいかず、私たち研究チームも意気消沈してしまいました」。歴史が繰り返された。20世紀後半になっていたが、その頃の最新の科学が再び、さまざまな昆虫がそもそも地面から離れることすらできるはずがないと示したのだ。1984年、10年以上にわたる研究の末エリントンは、「昆虫がなぜ飛ぶのか、われわれにはまったくわからないと示した長い論文」を発表した。

エリントンに必要だったのは、空中静止に近い状態のみならず、ある程度広い範囲のさまざまなスピードで飛んでいるマルハナバチを研究することだった。そこで彼は、ロバート・ダッドリーと共に、昆虫の飛行を調べるための小型風洞を開発した。風洞とは、飛行機の翼の模型をテストする目的で人工的に気流を生じさせて実験するための、短いトンネルのような構造だ。実験者が選んだスピードで安定して流れる気流を作ることができる。このときもエリントンは、昆虫たちに狭い空間のなかで飛んでもらえるよう工夫しなければならなかった。しかも今回は、最高秒速5メートルの風に向かって飛ばねばならないのだ。「ハチが羽1枚でも、まずい角度に持って行ったなら、ダウンストリームのバリアにぶつかってしまいます。控え目に言っても、それは困難な実験でしたが、飛行する昆虫はみな、視力が優れているので、それを利用して昆虫たちを操ることができるのです」。研究チームは、ハチを飛ぶように刺激するために、太陽光を真似て、風洞の上から紫外線のライトを照らすことまでやった。ハチは最初、前に飛ぶか、後ろへ飛ぶか、はたまた横へ飛ぶかはわからないので、チームは縞模様がついた回転ドラムを風洞に設置し、世界はどちら向きに「動いている」かをハチたちに知らせた。ハチたちは期待どおりその方向に並んだ。これらの実験から、エリントンとダッドリーは、1990年、従来の空気力学は、ハチが行うどんなスピードの飛行も説明できないと結論した。

振り出しに戻ったわけである。風洞を使ってもなお、知恵比べではハチが人間に勝っていた。「その頃は、頭をかかえるばかりでした」とエリントン。「どういうからくりで、理論から許されるよりも大きな揚力を羽が生み出しているのだろう？　残念ながら、私たちにはほとんど見当もつきませんでした。私たちが思い描いていた図式が、どこか間違っていたのです」

煙のアクロバット

ハチの飛行はこれほど難しいテーマなのだから、長さ13ミリの羽を毎秒150回はばたかせるマルハナバチから、北米に広く分布するタバコスズメガ（*Manduca sexta*、英語では、ノースアメリカホークモス、タバコホーンワーム、ゴリアテワームなどと呼ばれる）の研究へとエリントンが移行してしまったとしても責めることはできないだろう。タバコスズメガは、長さ5センチの、茶色いまだら模様の羽を、毎秒25回という悠然としたペースではばたかせるので、マルハナバチよりはるかに研究しやすい。茶色と黄色の市松模様の体を持つタバコスズメガは、花蜜を食物とする美しく優しいガだ。しかし、気味が悪いぐらい大きく、同じスズメガの仲間で、やはり大きなメンガタスズメ（*Acherontia styx*）が女性の口元に配置された、ちょっと不気味なセピア色の、あのポスター――連続猟奇殺人事件を扱った映画『羊たちの沈黙』の！――を、どうしても連想してしまう（メンガタスズメという名称は、成虫の体の背面の模様が人面のように見えることからきている。英語では「死神の頭部ホークモス」と呼ばれるが、これもその模様が髑髏《どくろ》のように見えることから名づけられた。また、ガには珍しく、キーキーと大きな鳴き声を立てる）。さてさて、タバコスズメガのほうは映画には縁がない地味な存在だが、実はもっと奇妙な特徴がある。その幼虫は、タバコの葉から吸収したニコチンを、気門（昆虫やクモなどの体側にある、呼吸のための空気が通る穴）を通して「吐き出す」ことによって、捕食者たちを寄せ付けないのだ。これは「毒のある口臭」と呼ばれている。ウー、気持ち悪い……。

幼虫はちょっといやな行動をするが、それは別として、タバコスズメガは、マルハナバチの4倍の大きさの羽を持っていることから、空気力学研究者には天の恵みだ。しかし、羽が4倍になっただけでは、昆虫の飛行の秘密を明かすにはまだ足りなかった。そこでエリントンはもうひと頑張りすることにした。ロボット昆虫を自作し、羽をさらに10倍大きくしたのだ。ロボットなので、実際の昆虫はやらないことを機能として付け加えることもできる。「私たちは翼幅1メートルのロボット昆虫を作り、それが翼をはばたかせているあいだ、煙を付近に漂わせ、翼が空気に対してどんな作用を及ぼしているかを見てみることにしました」。タバコスズメガをモデルとしたロボットの「フラッパー」〔フラッパーは、はばたくもの、パタパタするものの意〕は、翼の前方に注意深く配置された一連の穴から、気化した油を放出するものだった。そして、その煙に起こったことは、まったくの驚きだった。

「翼の前縁、つまり、空気に切り込んでいくように動く最先端に沿って煙を放出すると、煙は翼の表面に沿って後ろへと流れ、後縁のところで翼から離れるだろうと思いますよね」とエリントン。だが、そうではなくて、「煙は翼から離れ、90度回転し、すぐに翼の先端〔左右の前翼の、前縁の最も外側、尖った、あるいは丸くなった先端部〕に向かっていくのです」。煙はフラッパーが飛んでいるあいだ、アクロバットをやっていたのだ。渦を巻き、飛行方向と直角の方向に、横に進む。空気力学の研究者は、それまでそんなものを見たことはなかった。何が起こっているのだろう?

羽の上の渦

手がかりは、ワイス - フォーが昔行った研究のなかにあった。彼は一部の昆虫が、従来の空気力学で予想されるよりはるかに大きいところまで揚力を高める方法を見出していたのだ。アザミウマ、ミバエ、そして一部のチョウやガに加え、寄生バチのオンシツツヤコバチ〔*Encasia formosa*〕とオンシツコナジラミ〔*Trialeurodes vaporariorum*〕も、はばたく際に羽を非常に高いところまで上げて、体の上で左右の羽の先を打ち合わせていることにワイス - フォーは気づいたのだった。まるで、かつてアメリカのディスコグループ、ヴィレッジ・ピープルのコンサートで「ＹＭＣＡ」の曲に合わせて踊っていたファンたちのように。この昆虫たちは、打ち合わせた羽をすぐに一気に開き、空気の渦巻きを作り出す。この渦巻きが約25パーセント大きな揚力をもたらすわけだ。「打ち合わせて飛ぶ」のは羽には相当な負担で、羽は擦り切れて裂けてしまい、一般的には比較的小さな昆虫しか使わない。ロボット・フラッパーの飛行でも煙が渦巻きになっていたが、それが、ほかの昆虫たちの飛行の謎を解明する鍵になるのではないだろうか？

まるで手品のように、からくりは煙のなかに隠れていた。空気が、ハチ、スズメガ、あるいはロボット・フラッパーの前縁にぶつかると、昆虫が羽をはばたかせる動きと、急な角度と、鋭いエッジで、空気は羽の上で渦になる。「この流れは前縁で回転し、円形に巻き上がり、その後らせんを描いて先端に向かいます」とエリントン。先にアメンボが水上を移動する際に、水の渦が助けていることをご紹介した。この渦とは、水の動きが速く、圧力が低い部分にできるのだった。ハチ、スズメガ、ロボット・フラッパーの羽の上の渦は、その中心の周りに空気が渦巻いているもので、羽を上に吸い上げ、追加の揚力を生み出すのである。

渦は、羽の先端からも後ろへ流れていく。それは羽が静止していようが、はばたいていようが同じだ。そのため、小型飛行機のパイロットは、大型機のすぐ後ろで離陸したり飛行したりするのを避けなければならない。大型機の翼の先端からやってくる渦の乱流に巻き込まれないようにするためだ。さもないと、この渦のせいで小型機は墜落してしまう。ガン、ペリカン、フラミンゴなどの大きな鳥が長距離を飛行する「渡り」の際にＶ字型の隊列を組むのも、渦のためだ。前を飛ぶ鳥の少し斜め後ろを飛ぶことで、前の鳥の翼が生み出す渦のおかげで上昇する空気を利用し、後ろの鳥は追加の揚力をもらえることになる、というわけである。生物学者たちの理論では、翼幅の4分の1が最適な間隔だそうだが、鳥は人間が見つけた法則など使っていない。いつの日かその理由が解明できることを祈ろう。

動的失速

そのようなわけで、ハチの飛行に追加の揚力を与えているものの有力な候補として、渦が浮上した。だが、予期せぬ厄介ごとが見つかった。ハチの羽は無限に伸びていて端はないと仮定して、計算を容易にする2次元モデルでは、最初は小さな渦が次第に大きくなり、やがて羽の半分の大きさになると、羽から離れていってしまうのだった。「渦は昆虫が使っているメカニズムのひとつかもしれないとわれわれは考えたのですが、困ったことに、そのモデルでは、渦はあまり長いあいだ安定ではなかったのです」とエリントンは言う。「羽が羽幅の3、4倍の距離を動くころまでには、成長しつつあった渦は離れていって、通常より小さな揚力しかなくなってしまうのです」。高速飛行するハチは、1度羽を下に動かすだけで、羽幅の約8倍の距離を動くので、平均揚力は渦ができなかった場合よりもなお小さくなってしまうことになる。

渦が羽から離れてしまうというこの現象は、失速と呼ばれるものと同じだ。一般的な飛行機の翼が失速するときも、気流が翼から離れてしまい、揚力が小さくなってしまう。失速が起こるのは、翼の角度が水平から大きくずれすぎ、翼と、それに向かってくる気流との衝突の角度が大きくなりすぎたときだ。実際の飛行機では、失速は極めてまずい事態で、パイロットはこれを避けるための手段を講じる。リモコン操縦の模型飛行機を高く舞い上がらせるために、機首を上げようとするとき、この現象を経験することもある。最初のうちは、模型飛行機の迎角を大きくするにつれ、揚力も大きくなる。しかし、ある角度——飛行機の翼の場合、普通15〜20度——を超えると、翼の上側の気流が翼の表面から離れ、揚力は急激に低下し、飛行機も急激に落ちる。

ハチの羽の2次元モデルでは、羽が失速状態になる直前の、羽が羽幅3、4倍の距離を動くあいだは、非常にダイナミックな現象が起こって、安定な条件で期待されるよりも大きな揚力が生まれるので、この失速を「動的失速（または遅延失速）」と呼ぶ。しかし、失速を通常よりも長く遅らせられるとしたらどうだろう？

「前縁渦」の知られざる効果

昆虫は賢い。現実の3次元の世界では、ハチなどの昆虫は失速という現象を未然に阻止し、「失速、そして落下」という段階には決して至らないということをエリントンは発見した。これらの昆虫は、羽の上でできた渦が、羽から離れて、渦による追加の揚力もろともなくなってしまうのを防止する、という単純なことで、失速を回避している。「単純なこと」と書いたが、それほど単純な話ではないはずだ。なにしろ、私たちはまだ、昆虫が具体的に何をやってそうしているかはまったくわかっていないのだから。ロボット「フラッパー」の煙の実験からわかったように、渦が羽の後方へと転がっていかないように、昆虫たちは何らかの手段で、ひとつひとつの渦を90度方向転換させ、羽の先端に向かってらせん状に進むように仕向ける。これによって、前縁渦と呼ばれる、らせん状の渦が先端部に安定的に形成され、一部のエネルギーを奪う。

「何らかの手段で、渦の回転を少し減らして、渦が大きくなりすぎないようにできれば、渦はその位置に存在し続けます」とエリントン。「このトリックを使って、渦をほとんどいつまでも保つことができるのです」。渦は流れながら多少は大きくなり続け、徐々に周が大きくなるらせんを形成する。紙を丸めて作った円錐のような形だ。だが、渦のらせんは、羽の後端へ向かって4分の3ぐらいのところに進むまでは、昆虫の羽から離れない。この時点で、らせんの渦は、羽の先端が作った渦と合体し、昆虫が飛んだあとに、ほぼ円形の渦を作る。昆虫が羽を1度下向きに動かすたびに、このような円形の渦が1つずつ、昆虫の経路に沿って形成されていく。

「前縁渦（先端部のらせん状の渦）」を形成し、それを望みの位置に固定して、失速を十分長く遅らせることにより、昆虫たちは揚力の70パーセントを賄っていることにエリントンは気づいた。残りの30パーセントの揚力は、従来の空気力学によるものと、おそらく羽を一度上または下に動かす動作の終わりに、羽が方向転換するときの特殊な効果によるものからなるのだろう。「私たちの発見は、非常にビジュアルに訴えるものがあり、また、見事な説明だったので、市民の関心を引きました」とエリントンは言う。「たいていの空気力学では、3次元の流動場は、2次元で得られる流動場を、流れが物体を奥行方向に動くように、ほんの少し変えただけのものです。私たちの3次元流動場では、第3の次元——羽の幅方向に、羽の先端に向かう流れ——が、前から後ろへの流れと同じくらい大きいのです。それは、それまで知られていなかった大きな空気力学的効果です。プロペラに関してさえ、これほど大きな効果は知られていませんでした。『前縁渦』は、新しい空気力学的メカニズムなのです」

というわけで、ハチはわれわれの方程式よりもはるかに賢明な策を講じているわけだ。ハチは羽をはばたかせながら、羽の上で形成された渦を羽の先端に向かってらせんを描くように動かして、渦が羽から離れないようにしている。ハチがどうやってこの方向転換を成し遂げているのか、私たちにはよくわからない。しかし、羽の間近に渦をとどめておくことで、ハチは飛ぶための揚力を獲得しているのだ。

何に注目すべきかを知ったエリントンと彼のチームは、ヘリコプターや風力タービンなどの回転するプロペラの羽も、前縁渦を形成する場合があることを見出した。今では、コウモリや鳥など、その他の飛ぶ動物も、前縁渦を利用することがあるとわかっている。たとえばある種のコウモリは、ゆっくり飛ぶときに前縁渦を使っている。だが、まだすべてが明らかになったわけではない。科学者たちは今なお、昆虫がどうやって前縁渦が大きくなりすぎるのを防いでいるのか、また、1枚の羽の上にいくつ前縁渦ができるのか——複数個の可能性がある——、詳細を調べている途中だ。そして2001年、当時アメリカのカリフォルニア大学バークレー校に在籍していたマイケル・ディッキンソンは、彼が作った昆虫モデルでは、形成された前縁渦がらせんを描いて羽の先端に移動するのではないことを発見した。ディッキンソンのモデルでは、予測に反して、羽の後ろに向かう空気の流れが、前縁渦を羽から離れられるサイズにまで成長させることはなかった。ディッキンソンは、羽先端の渦が生み出した下向きの気流が、前縁渦のサイズも制限しているのだと考えている。そんなわけで、スズメガ・ロボットの煙の実験からわかったのは、昆虫の飛行の謎の一部だけだった。ハチは今のところ、残りの秘密を死守している。

空飛ぶプテロサウルス（翼竜）

ハチとその巧妙な渦の操作は、私たちに新しい空気力学のトリックを教えてくれた。今度は逆に、物理が、ある動物について私たちに何を教えてくれるかを見てみよう。ここで注目するのはプテロサウルス（翼竜）だ。とっくの昔に絶滅してしまったが、今なお議論を醸している空飛ぶ爬虫類である。絶滅した動物が議論を醸すのは大いに結構だ。というのも、化石採集者——というより、彼らが好む呼び名で、古生物学者と呼ぶべきか——たちは、大昔の骨について議論するのが大好きだからだ。どのぐらい古い骨なのか？　何という種の動物の骨なのか？　どの骨とどの骨がつながっているのか？

「翼のあるトカゲ」を意味するギリシア語を語源とするプテロサウルスは、2億2000万年前から6500万年前まで生きていた。このなかには、プテロダクティルスと呼ばれるものたちも含まれ、アーサー・コナン・ドイルのSF小説を1925年に映画化した『ロスト・ワールド』や、『キングコング』（1933年）、『恐竜100万年』（1966年）、そして『ジュラシック・パークⅢ』（2001年）などの映画で、解剖学的な正確さにはばらつきがあるものの、背景で滑空したり、はばたいたりしている。これらの飛行する爬虫類は、親戚を一切今日に残していないが、一部のものたちの骨が残っており、議論を引き起こしている。プテロサウルスの骨は、1784年にイタリアの博物学者コジモ・アレッサンドロ・コリーニ（1727～1806年）に初めて発見され、当時でさえ混乱を招いた——魚なのか、鳥なのか、と。1824年、古生物学者のジョルジュ・キュヴィエ（1769～

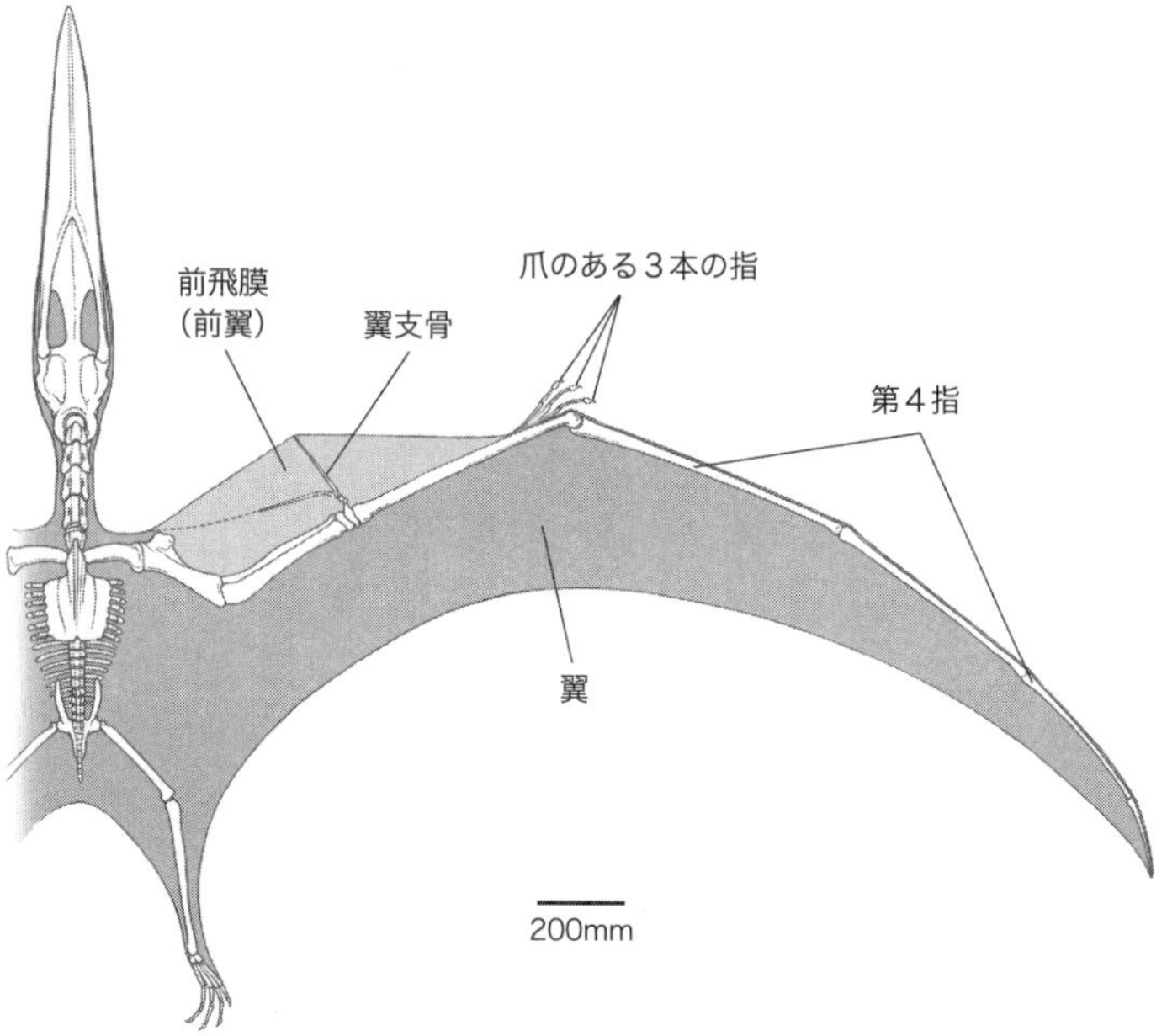

図3-1 プテロサウルス
このアンハングエラ・サンタナエ（*Anhanguera santanae*）などのプテロサウルスは、後足と、前足の第４指の先端とのあいだに張られた、大きな帆のような皮膚の膜を持っていた。

1832年）はある標本について、「通常の自然の力というよりも、病んだ想像が生み出したもの」のようだと述べた。そんなプテロサウルスは、いったいどんな姿だったのだろう？

骨格を調べると、時代が下るにつれ、プテロサウルスの前足は後足よりもかなり長くなり、尾は短く、首は細長くなって、その上に乗っている頭部はほとんど鳥のようになったことがわかる。プテロサウルスの体はおそらくウロコに覆われていたと推測されるが、少し毛のあったものもいたのかもしれない。後足と、前足の第４指の先端とのあいだに、大きなヒレ状の皮膚が帆のように張られていた。第4指には爪がなく、前足そのものと同じくらいの長さがあった。それに対して、その他の3本の指は短く、爪がついていた。現在のコウモリがこれに近い膜でできた翼を前足に持っているが、コウモリの場合は指1本ではなく、数本の長い指で膜を支えており、翼はより安定している。プテロサウルスは、さらに後足と尾のあいだに広がる膜状の皮膚と、左右の前足から前に広がる細いひさしのような前飛膜（propatagium）と呼ばれる膜を持っている（プテロサウルスは、これらの膜を翼として使っていたのだから、ここからの議論では、膜を翼と呼び、特に前飛膜のことを「前翼」と呼ぶ）。

翼支骨の向きはどっち?

しごく当然のことだが、プテロサウルス・ファンのあいだで大騒動を起こしている骨が、この爬虫類にちなんで名づけられた、翼支骨《プテロイド》だ。手根骨（手首の骨）が変形したもので、プテロサウルスだけが持っている。プテロサウルスに含まれる種で、翼幅4・5メートルのコロボリンクス・ロブスッス（*Coloborhynchus robustus*）は、長さ15センチの少し湾曲した翼支骨を持っていた。手根骨としては大きい。翼支骨が前翼を支えていたのは間違いない。だが、翼支骨はどちらを指していて、どの骨につながっていたのだろう?　古生物学者以外には、重要な疑問とは思われないかもしれないが、イギリスのケンブリッジ大学に所属するマット・ウィルキンソンが明らかにしたように、これはプテロサウルスに大きな違いをもたらした可能性がある。

ウィルキンソンが自分の研究に着手したころ、多くの専門家が、翼支骨は翼の長手方向にほぼ平行に、体のほうを指していたと考えていた。だが、翼支骨はプテロサウルスの前足に対して直角に、前を指しており、前翼の広さをかせいでいたと考えた専門家たちもいた。

プテロサウルスの研究者たちのほぼ全員が、翼支骨は前を指していたと考えるか、横向きに寝ていたと考えるか、どちらか一方の側についた。論争を解決しようとして、彼らはさらにたくさんの骨を調べた。しかし、そこからは何も証明されなかった。数百万年にわたって、骨を包む堆積物により、曲げたり伸ばしたりつぶされたりして、骨はめちゃくちゃになるのが普通だ。ウィルキンソンは化石の議論を専門にしている人には珍しく、ハチの飛行の研究者チャーリー・エリントンと共に研究していたので、自分の主張を補強するために物理を使うことにした。「飛行するために満たさねばならない厳しい要求があるわけですから、決定的な化石の証拠がないところで、それらの要求が、可能な構造と行動はどんなものかについて限定してくれるはずだと気づいたのです」とウィルキンソンは言う。「空気力学を使って2つの復元モデルを検証することが、必然的な次の一手でした」

巨大な翼が舞い上がるしくみ

プテロサウルスは現代の映画製作者たちの想像力を刺激したかもしれないが、飛ぶことに関しては、一部のプテロサウルスは瀬戸際にあった。プテロサウルスの仲間にはおそらく、空を飛んだ最大の動物が含まれていると思われる。最大の種のひとつ、ケツァルコアトルス・ノルトロピ（*Quetzalcoatlus northropi*）は、軽量化のため骨が中空になっていたにもかかわらず、体重は200〜250キログラムに及んでいた可能性がある。オスのライオンと同じくらいの体重だ。だが、重い体重にはつきものの、ある問題が存在する。動物の体重は、体の容積に大きく依存するので、体の大きさの3乗で大きくなるが、羽の面積は大きさの2乗でしか大きくならない。このため動物を大きくすると、その羽は体重に比べて小さくなる。本書でもすでにハチの説明で触れたように、揚力は気流のスピード、空気の密度、そして羽の揚力係数などの因子のほかに、羽の面積に依存する。重たい体に対して十分な揚力を生み出すために、大きな動物は体のサイズに比べて大きな羽を持ち、より速いスピードで飛ぶ。

空のモンスター、ケツァルコアトルス・ノルトロピの場合もそのとおりだった。翼幅は12メートルと、ロンドンの2階建てバス（乗り物オタクのみなさんのために言い添えておくと、とりわけ、1950年代を象徴するルートマスターと呼ばれる、後ろに窓がないタイプのもの。現在のニュー・ルートマスターは少し短い）の約1・5倍の長さだった。「プテロサウルスは、飛行する動物にとって可能な最大の大きさにほとんど到達していました」とウィルキンソン。「巨大な動物は、体の大きさとの比率で言って、小さい動物よりも大きな羽が必要です。しかし、羽があまりに大きくなると、最終的には、羽を外に伸ばした状態で維持できなくなります。あるいは、飛ぶために必要な最小の気流スピードがたいへん大きくなり、着陸するときに体が砕けてばらばらになるか、あるいは離陸するために必要な最小気流スピードを得ることができなくなります。この場合は、崖からジャンプすれば何とかなりますが」

科学者たちは、大型のプテロサウルスは、最高時速70キロで飛んでいたと考えている。しかし、これだけ大きなものは、初期のもっと小型のプテロサウルス——翼幅がたった25センチのものもいた——が行っていたと推測されるような、翼をはばたかせる方法で飛んでいたのではない。ケツァルコアトルス・ノルトロピが巨大な翼を上下に動かすには、相当な筋力が必要だっただろう。そのような方法ではなく、おそらく今日のアホウドリ——翼の先端から先端まで3メートルある——のように、空中を滑空していたと思われる。だが、ゆっくりはばたいたり、滑空したりする大きな翼には、ひとつ利点がある。プテロサウルスの飛行は（ハチの飛行とは違って）、われわれが航空機に対して使う、従来の固定翼に対する空気力学で見積もることができるのだ。

翼支骨を巡る議論に役立ちたいと考え、ウィルキンソンは2001年に、プテロサウルスの翼の断面の、実物の半分の大きさのモデルを鋼鉄の棒とナイロンで作り、風洞のなかに取り付けた。はたして、前方を指す翼支骨と、横を向いた翼支骨の、どちらがよく飛ぶのだろう？　ウィルキンソンは、モデルを作成するにあたって、12体のアンハングエラ・サンタナエ（*Anhanguera santanae*）の3次元化石骨（どれも完全には骨がそろっていなかった）を参考にした。アンハングエラ・サンタナエは、翼幅が4・5メートルのプテロサウルスである。これも、先に紹介した翼支骨が15センチもあるコロボリンクス・ロブスツスと同じく、オルニトケイルス上科に属し、細長い翼を持っていた。かつては浅い内海だったブラジル北東部のサンタナ累層で発見されたアンハングエラ・サンタナエは、死後、石灰石のなかに包み込まれていたので骨は保護されて歪んでいない。「彼らの骨はもともとの3次元の状態で残っているのです」とウィルキンソン。「これはほんとうに珍しいことです。普通は押しつぶされてめちゃくちゃになっていますから」。これらの最善の状態で残っていた標本の骨をつなぎ合わせ、ウィルキンソンはプテロサウルスが体の大きさにもかかわらず飛べるようにしてくれた、巧妙な物理トリックを明らかにできた。翼支骨の向きに関する2つの説のどちらが正しいか、理論的には決着がついたのである。

強風に向かえば

風洞のなかでは、翼支骨が前方を指しているプテロサウルスに基づいた翼モデルが、大きな揚力を示した。翼支骨がこの向きなら、実際のプテロサウルスでは、前翼の幅が14センチだったはずだ。専門用語で言うと、揚力を、空気密度、相対速度の2乗、そして翼面積で割ったものを2倍した「最大揚力係数」の値が高かったのである。翼の迎角が大きくなるにつれ、揚力係数はピーク値に達し、その後、気流が翼から離れて失速するまで低下する。揚力係数がよければ、それほど速く飛ばなくても同じ大きさの揚力を生み出すことができる――そのような設計の翼は、速く飛んで揚力をかせぐ必要がないのだ。「揚力係数が大きいほど、『フライト・エンベロープ（飛行可能な速度や荷重・高度の範囲）』をもっとプッシュできます」とウェリントン。「最大のプテロサウルスは、おそらく最大限プッシュしていたのでしょう」。風洞のテストでは、翼支骨が前方を指している翼のほうが揚抗比（揚力と抗力の比）が高いこともわかった。抗力とは、空気中を前進するときに働く抵抗のことである。地面の上でかかる摩擦力のようなものだ。したがって、翼の揚力が大きく抗力が小さいほど、プテロサウルスは高く舞い上がれたはずだ。

一方、翼支骨が横を向いている場合は、前翼が細くなり、幅がたったの6センチになってしまう。その結果、最大揚力係数も低下する――幅14センチの前翼では2・4だったのが、1・5になってしまうのだ。要するに、翼支骨が体のほうを向いている場合、飛行はより難しくなるわけである。ウィルキンソンは、空気力学から得られるこの証拠は、翼支骨が前方を指していたと証明するに十分だと推測する。

さらに彼は、プテロサウルスは、前方を指した翼支骨を、必要に応じて下向きに傾けることができたと考えている。「迎角がどんどん大きくなるにつれ、翼の前縁が曲がって、気流が翼から離れないようにし、失速を防ぐことができます」とウィルキンソンは言う。「おかげで、翼の前縁は常に、確実に気流の内側を指すことができました。彼らは極めて大きな迎角に対しても、翼の前縁の角度を変えられたので、ほとんどの翼が失速してしまうような角度でも、高い揚力を得ることができたのです」。たとえこの説が間違っており、翼支骨は体のほうを指していたとしても、翼支骨はやはり可動式で、幅は狭くなるにしても、前翼は偏向可能で、気流のなかに翼面が入って失速を防いでいたのだろうと、ウィルキンソンは考えている。

ウィルキンソンの風洞実験によれば、迎角20度のとき、前翼を気流内部に湾曲できる前方を向いた翼支骨を持つモデルが、最大揚力係数2・4を示した。迎角を20度以上にできていたなら、翼の最高揚力係数はもっと高くなっていたかもしれない。だが、ウィルキンソンが説明するように、「私が風洞実験の限界に達する前に、最高揚力係数が最大値に達していたのは明らかでした——もう少し高くなったかもしれませんが、ほんのちょっとだけだったでしょう」。飛行機の翼はたいてい、迎角15〜20度で失速し、最大揚力係数は約1・5だ。ということは、前翼を曲げられる前方を指した翼支骨を持っていたプテロサウルスは、われわれが大きな脳とコンピューターを使って達成するよりも、もっと大きな揚力を生み出していたということなのだろう。

揚力係数がこれほど高かったのだから、プテロサウルスは、強風に向かって翼を広げれば離陸できただろう。この強風というのは、飛び降りられるような崖のそばに暮らしていなかったものたちには極めて重要な要素だ。プテロサウルスの骨の多くは、海辺で出土し、その骨の持ち主らは海の魚を食べていたと思われるが、海の生き物からも、崖からも遠く離れたところに埋まっていることもある。さらに、プテロサウルスは、地面を走ってスピードを十分上げて離陸するのは苦手だっただろう。というのも、彼らの足には大きな翼の膜がついていたからだ。夜会服を着て全力疾走するようなものだったろう。

ハチと同じくプテロサウルスも、失速を防ぐ巧妙な方法を見出した。ただ今回のプテロサウルスの謎は、現代の航空宇宙技術者が自然を真似ることなく自力で解明したのだった。彼が考えるとおり、翼支骨が前方を指していたのなら、プテロサウルスは、翼の前縁にスラットと呼ばれる細い板状の部品を付けて失速を遅らせる飛行機と同じ方法で、空気の流れをコントロールしていたことになる。

手首が鍵となる

ひとつだけ問題があった。翼支骨が体のほうを向いている化石骨が、ぺちゃんこに押しつぶされているとはいえ、見つかるのはなぜなのだろう？　ウィルキンソンは、これも前方を指している翼支骨の便利な特徴のひとつだと考えている。翼支骨が完全に押し下げられてしまうと、プテロサウルスは、その翼支骨を自動車のワイパーのように、体に向かう方向に回転させて、前翼を巻き上げていたのだろう、というのだ。これらの化石骨は、翼支骨が巻き上げられた状態を示しているのだという。ともかく、ウィルキンソンはそう考えている。彼にしてみれば空気力学的証拠は強力だが、ほかの専門家たちは同意していない。前方を指した翼支骨に関するウィルキンソンの説が正しいためには、翼支骨は中央遠位手根と呼ばれる、手首の別の骨に関節でつながっていなければならない。だが、これらの2つの骨が隣どうしになっているような化石は未だに発見されていない。実際のところ、翼支骨は常に、種子骨という、膝のお皿のような小さい骨（筋肉のなかにあり、その筋肉の牽引力を大きくする）と並んで発見されている。

ウィルキンソンは、このことに対しても説明を用意している。種子骨は、翼支骨を伸ばす筋肉のなかにあったと彼は考える。「おそらく、死後、前翼の張力によって、翼支骨が関節から引き出されてしまい、その結果、種子骨がその位置で関節につながっていたように見えることになってしまったのでしょう。翼支骨が関節につながっているとしたら、その位置以外、私にはあり得ないと思われます」。要するに、種子骨は飛び出して、翼支骨と中央遠位手根骨のあいだという、本来とは違う位置に来てしまい、古生物学者たちを混乱させているのだ。

ウィルキンソンは、「時が満ちれば」、翼支骨が中央遠位手根骨の隣にあったことが示され、その論理的帰結として翼支骨は前方を指していたことが証明されるだろうと、今なお信じている。「理想を言えば、3次元の骨の証拠がもっとたくさん必要です。だが残念なことに、そういうものは入手するのがとても難しい」と彼は言う。ウィルキンソンが論文を書いてからの10年間で、よりよい標本は現れていない。そして、「翼支骨は前向きだったのか、横向きだったのか」、「このでかい動物はどうやって飛んでいたのか」を巡る議論は、翼支骨が中央遠位手根骨につながっているプテロサウルスの化石が出現するまでは解決しないだろう。翼支骨は、まだまだ争いの種のようだ。

まとめ

本章は、前半は液体、後半は気体をテーマとする2部構成だった。液体の表面を引っ張ってピンと張らせている表面張力は、アメンボが水に沈むのを防ぎ、アメンボは半球状の渦を作りながら水面を歩く。ネコは、舌で水の表面に触れ、その舌を口のなかまで持ち上げるときに水柱を作る。そして、暖かいカリブ海に棲むドワーフ・シーホースは、水をできる限り静かに保って獲物に忍び寄り、食べてしまう。乱流はご法度だ。

気体のほうでは、ハチがどうやって重力に打ち勝つのに十分な揚力を作っているのか誰にもわからなかったが、ロボット模型と煙の実験で、ハチの秘密がいろいろと明かされてきた。ハチは、羽の上で形成された渦が羽から離れるのを防ぎ、渦をらせん状に転がしながら羽の先端に向かって動かす。一方、流体の研究で、プテロサウルスは、翼支骨が横向きではなく前向きだったほうが、より容易に飛べたであろうことが明らかになり、化石骨を巡る大論争の新たな材料となった。

さて、動物が気体をどう利用しているか、私たちにわかっていることをお話したので、そろそろ次の話題に移ろう。それは、ある波の話である。その波を感知できる動物たちは、コミュニケーション、食べ物探し、安全の維持、物との衝突の回避、そして子孫を残すことにも、それを利用している。そう、その波とは音である。

第4章 音

クジャクからカリフォルニアイセエビまで

・低音で誘惑するクジャク ・聴力で勝負するコウモリとガ
・驚きの立体聴覚を持つヘビ ・三角測量がお得意のゾウ
・バイオリン演奏を武器にするイセエビ

「クジャクの交尾をビデオ撮影しています」

アンジェラ・フリーマンは、2009年から2012年まで、「どんなお仕事をなさっているのですか？」と尋ねられたとき、こう答えていた。正式な肩書は、カナダのマニトバ大学の研究生。フリーマンは、同僚のジェームズ・ヘアと共に、地元の動物園に通い、この美しい鳥を録画していた。2人の「覗き魔」たちは、合わせて37羽のオスのクジャク——インドクジャク（*Pavo cristatus*）という種のオス——が、メスに求愛しながら、例のもったいぶった足取りで歩き回るところを撮影した。

フリーマンの録画が示すとおり、オスクジャクはメスが何に刺激されるかをよく知っている。尾が太短いメスクジャクは、オスがその長い尾羽を半球状に広げるのが——陰になってほとんど見えない花嫁介添人に高々と持ち上げられたウェディングドレスのすそのようなのが——大好きなのだ。オスの尾羽の1本1本に、目玉模様がついている。中央の濃い青色の丸を、茶色が縁取り、最外周を緑の円が囲んだ目玉だ。だが、この目玉模様はメスクジャクにとって、見た目が素敵である以上の意味を持っている。

メスクジャクは尾の長いオスを選ぶ。というのも、そのようなオスは太っていることが多く、それが餌を見つけるのが得意だという証拠になるからだ。メスはたいてい——とはいえ、必ずというわけではないが——、大きな明るい目玉模様がたくさんあるオスを好む。なぜなら、そのようなオスは、そうでない魅力の劣るオスよりも、成長が速いヒナをもたらすからである。オスクジャクは、尾羽を広げることによって、自分がどんなに素晴らしい父親になれるかを誇示する。自分は良い遺伝子を持っているという、目に見える証拠というわけだ。

しかし、メスクジャクへの求愛は外見がすべてではない。ここでフリーマンとヘアの出番となる。動物園、公園、あるいは豪奢な邸宅の庭で、オスクジャクが羽を見せびらかしているとき、実は、騒音も聞こえるはずなのだ。オスクジャクは、クークー、カーカーと、大きな音を立て続けに何度も出す。まるで、子どもたちがパーティーで鳴らすおもちゃの笛——プラスチックの吹き口と、巻き上げられた紙のパイプでできており、息を吹き込むとパイプがまっすぐに伸びる「吹き戻し」とか、「ピロピロ笛」などと呼ばれている笛——のような音だ。人間には、オスクジャクの鳴き声は耳障りで、彼らの優美な尾羽にそぐわないような気がする。しかし、耳をよく澄ましてみよう。オスクジャクは尾をゆすりながら、もっと静かな、そして心地よい、震えるような音を立てていることに気づくはずだ。

このあと活躍を見せてくれる2人の動物専門の諜報員たちは、もっと詳しいことを明らかにしたかった。そして彼らは驚くようなことを発見した。オスクジャクは、やかましい大きな音、静かなカサカサ音のほかに、人間には聞こえない音を立てていたのである。ならば、フリーマンとヘアは、そんな人間には聞こえない音をどうやって検出したのだろう？　また、さらに重要なことだが、そもそもクジャクのオスはそれらの音をなぜ立てるのだろう？　交尾の相手を引き付けるため？　ライバルを阻むため？　それとも、その両方だろうか？　この謎の真相に迫る前に、まず音とは何かを考えてみよう。

音と動物たち

1979年のSF映画『エイリアン』のポスターにヒントがある。そこには、こんな忠告がある。「宇宙では、あなたの悲鳴は誰にも聞こえない」。そのわけは、音にはそれが中を伝わる媒質が必要だからである。地球の上では普通、空気がその媒質だ。だが、音は固体を通しても伝わる。隣の住人がスピーカーの音量を上げたせいで、低音のビートが壁を通して聞こえてくるという、いやな経験からおわかりかもしれない。音は液体を通しても伝わる――風呂の湯のなかでブクブク泡を吹いて試してみるといい。しかし宇宙は、ほとんど完全に真空なので、そこでは音はしない。そんなわけなので、次回、宇宙船が大音響と共に爆発するシーンのあるハリウッド映画を見たときは、その監督は下調べをちゃんとしていなかったのだと考えていい。

音を立てるためには――カサカサという小さい音、バンバン大きい音、パンパンはじけるような音など、どんな音でも――、媒質を運動させるのに十分な速さで動く物体が必要だ。たとえばハミングをやってみてほしい。ハミングをするには、肺のなかから空気を十分強く噴き出して、声帯を振動させなければならない。この振動が鍵だ。そして、ラウドスピーカーから大音量で鳴り響く大好きな歌手の声であれ、ギターをつまびく音であれ、どんな音でも振動こそが鍵なのだ。振動する声帯、スピーカーの振動板、金属弦は、周囲にある空気の分子を押し、それらの分子を圧縮する。この圧縮された部分の分子は、圧縮されていない部分に向かって突進し、やがて、少し離れたところにある別の分子に衝突する。この新たな一群の分子たちが、もともとの分子たちが持っていた運動量の一部を受け取り、さらに離れたところにある、また別の分子たちを圧縮する。

その結果、何が起こるかというと、空気の高圧部と低圧部が交互に連なった波として、音が空気のなかを伝わっていくのである。あらゆる波がそうであるように、音にも周波数がある。周波数とは、ある特定の点を毎秒通過する波の数、つまり高圧部のピークから低圧部に移りその後再び高圧部のピークが来るまでを波ひとつ分と数えたときの数だ。周波数は便利なパラメータだ。というのも、これを使ってさまざまな音を分類できるからである。周波数の単位はヘルツ（Hz）で、１８８６年に初めて電波の送信を行ったドイツの物理学者ハインリヒ・ヘルツに敬意を表して名づけられた。ピアノの中央ハの音は２６２ヘルツだ。人間の声にはいくつもの周波数が混ざっているが、基本周波数は、低音のバスで歌っている男性の80ヘルツから、金切り声を上げている幼児の１１００ヘルツまで幅がある。ピアノの一番高い音は、中央ハから4オクターブ上に当たり、４１８６ヘルツと、幼児の金切り声よりずっと高い。

動物は音楽を奏ではしないが、音は彼らにとって極めて有用だ。空気の高圧部と低圧部が交互に連なって移動する波は、野生動物が獲物を見つけ、危険を察知し、交尾できるかもしれない相手とコミュニケーションし、周囲を探るのを助けてくれる。本章でこのあと見るように、私たちのはるか頭上を飛ぶコウモリから、砂に潜ってコソコソ動いているヘビや、海底にいる甲殻類まで、動物たちはいたる所で音を使っている。だが、音が有用であるためには、動物たちが音を聞かねばならない。人間は、高圧部と低圧部が交互に移動する空気の波が耳に達して、鼓膜を音波と同じ周波数で揺らすときに音を聞く。中耳にある3つの骨——槌骨《つちこつ》、砧骨《きぬたこつ》、鐙骨《あぶみこつ》——が、この振動を内耳に送り、その内部に含まれている液体に波を立てる。その波が今度は、有毛細胞を振動させ、これが神経細胞の信号となって脳まで伝わる。そのようなわけで、誰もいない森で木が倒れるとき、音がするだろうかというなぞなぞの答えは、音波が生じて音はするが、そこにいなければそれを聞くことはできない、である。

低音の奇妙な信号

さて、発情したオスクジャクたちと、彼らが立てる人間には聞こえない不思議な音についての話に戻ろう。フリーマンとヘアは、野生のクジャクを観察したかったが、クジャクの生まれ故郷のインドや、パキスタン、あるいはスリランカまで飛行機で行くお金がなかった。そこで代わりに、マニトバの州都ウィニペグの郊外にあるアシニボイン・パーク動物園に観察基地をこしらえ、オスクジャクが尾羽で立てる音——人間に聞こえないものも含めて——を録音するのに最適に調整した録音機材を設置した。さらに、ビデオカメラも準備し、カップルになる可能性がある相手にメスクジャクがどれだけ近づくか、さらに、できあがったカップルのなかに、実際に交尾をするものたちがいるかどうかを調べるために録画した。

深夜ではなく、蚊も毒ヘビもおらず、極端に暑くも寒くもない、快適な条件でクジャクを観察するなんて、楽な仕事だなと思われるかもしれない。だが、作業はフリーマンにとって「極めて困難」だった。そもそも、強風や雨などの悪天候の日は、まともな音はまったく取れなかった。さらに、人間がたくさんいた――来園者たちが、オスクジャクが尾羽を広げたまさにその瞬間に大声を出し、録音作業を妨害してしまうのだ。アシニボイン・パーク動物園の職員が好意で、フリーマンとヘアを開園前に入らせてくれて、比較的静かな早朝にデータ収集ができるようにしてくれた。ところが、別の予期せぬ問題に直面した。園で飼育しているシチメンチョウである。「オスクジャクたちはピクニックテーブルにとまるのですが、シチメンチョウは何かの上にとまったりはせず、どうやってそこに近づこうかと考えながらテーブルの周りをぐるぐる走り回るのです」とフリーマンは回想する。

これらの予期せぬ障害があったものの、フリーマンとヘアはオスクジャクの音をたくさん録音することができた。録音したものをコンピューターにかけると、オスクジャクがやかましい音を立てて叫んでいる周波数と、1回の叫びの持続時間とが明らかになった。オスクジャクが喉から出す高音は普通1、2秒続き、周波数はだいたい400～2万ヘルツの範囲にあった。だが2人は、3～4ヘルツという極めて低音の奇妙な信号にも気づいた。赤外線が見えないのと同じように、これほど極端に周波数が低い音、「インフラサウンド」も人間には聞こえない。インフラサウンドを出すのは、オスクジャクだけではない。カバ、クジラ、そしてゾウも、インフラサウンドを出す。地震、火山の噴火、嵐の海の波、それに地球に落下する隕石も、このような低音を出す。

2種類のインフラサウンドを使うわけ

人間の耳は約20ヘルツより低い周波数では機能しなくなるので、インフラサウンドを聞くことはできない。20ヘルツとは、ピアノの最低音——中央ハの音から3オクターブと少し下の音——より約9ヘルツ低い音だ。だが、耳以外の手段で低周波数の音を感知できる人もいるかもしれない。2003年、イギリスの作曲家サラ・アングリスは、ロンドンの代表的文化施設のひとつ、パーセル・ルームで、周波数17ヘルツの音を随所に使った曲を演奏する実験コンサートを行った。5分の1を超える聴衆が、不安、恐れ、または悲しみを感じたか、あるいは悪寒が背筋を走ったと報告した。彼らが何らかの方法でインフラサウンドを感知したのだと想像するのは面白いが、実は単純なことなのかもしれない。つまり、そんな実験音楽だと事前に知らされていたので、ビクビクしながら聞いていたものだから、そういう気分になっただけかもしれないのだ。

だがオスクジャクは、誰かを脅かそうとしているのではない。彼らが目指しているのは交尾だ。フリーマンとヘアは、ビデオ画像と録音ファイルとを突き合わせて、オスクジャクが2種類のインフラサウンドを生み出すことを発見した。どちらの場合も、ディスプレイ行為で広げる、派手な色彩の尾羽が使われる（その下にある短い茶色の羽は使わない）。オスクジャクは、長い羽を素早く「震わせる」ことによって2・8〜4・2ヘルツのインフラサウンドを生み出す。この震わせ方は、1本1本の羽を上下に細かく振動させるのが特徴だ。一方、「パルス列」タイプのインフラサウンドを生み出すときには、オスクジャクは羽を体に最も引き付けた状態からスタートして、羽を外に向かって動かすことによって振動を生む。この「パルス列」の音は、3・1〜6・4ヘルツで、「震わせる」タイプの音より全体的にやや周波数が高い。だが、これほど微妙な違いしかない2種類のインフラサウンドを使う理由はどこにあるのだろう？

この問いに答えるためには、物理をもっと詳しく探らなければならない。飛行機の飛行経路の真下に住んでいる人は、飛行機が遠くに飛び去って消えてしまうたびに一安心するだろう。だが、飛行機は飛び去りながら自らだんだん音を小さくしているわけではない――飛行機のモーターは依然としてパワー全開だ。エンジンから出る音（そもそも、とても小さな空間から生み出される）が、いつまでも膨らみ続けるビーチボールのように、あらゆる方向に広がり、遠くへ行くほど弱まっているのだ。だが、音が距離と共に弱まるのにはもうひとつ理由がある。それは、空気の分子は、動くことに抵抗を示すが、それを無理やり動かして空気分子を振動させるにはエネルギーが必要だということだ。つまり、音は空気のせいでエネルギーを失い続けるわけである。周波数の高い音のほうが所定の時間内に空気分子を多く振動させるので、周波数の低い音よりもエネルギーを速く失う。通りの先でどんちゃん騒ぎしている学生たちの騒音でも、低いベースラインはよく聞こえるが、歌声はそれほどでもない理由はそこにある。歌声のほうが高音なので、速く弱まって消えていく。

この音の「減衰」――距離と共に弱まること――が、オスクジャクの「音楽」の鍵も握っている。フリーマンのテープが示したように、1羽のオスクジャクが立てるインフラサウンドは、欲望の対象から彼がどれだけ離れているかに依存する。メスクジャクが5メートル以内にいるとき、求婚者たちは主にパルス列のインフラサウンドを使う。だが、魅力的なメスがそれより離れているときは、オスは主に羽を震わせるインフラサウンドを出す。震わせて生じる音は、パルス列の音よりも平均周波数が低いので、減衰しにくく、遠くまで伝わり、遠くにいるメスの関心を引き付ける可能性が高まる。つまるところ、聞こえないほど遠くにいるメスクジャクに向かってクジャク版の愛のささやきを送っても、意味がないのである。

だが、クジャクたちが本当にインフラサウンドを聞いているかどうか確かめるにはどうすればいいだろう？　目標どおり、クジャクの求愛行動における鳴き声の役割を明らかにすべく、フリーマンとヘアは、あらかじめ録音しておいたオスクジャクの鳴き声をラウドスピーカーから流して、アシニボイン・パーク動物園のクジャクたちに聞かせてみた。彼らが見出したことには、尾羽から出る聞こえる音と、インフラサウンドが混じり合った音声を聞いたクジャクは、オスもメスもはっとして周囲に敏感になった。メスクジャクは走り回り、オスクジャクは叫び、ラウドスピーカーをにらみつけた。一方、尾羽の音のうち、聞こえる音だけをスピーカーから流したときには、メスもオスも反応しなかった。インフラサウンドこそが、クジャクのコミュニケーションで重要な要素であるに違いなかった。オスたちは、インフラサウンドだけが流されたときにも叫び声を上げたのだから。その上、地面の一部を自分の縄張りとして確保しているオスは、フリーマンとヘアのラウドスピーカーをただ通り過ぎただけのオスよりも、インフラサウンドに対してより敏感に反応した。疑問は解決した。オスクジャクは、メスクジャクを引き付けるためにインフラサウンドを生み出し、また自分の縄張りをライバルから守るためにそれを感知するのである。

減衰について私たちが理解しているのは、ナビエ - ストークスの式で有名な物理学者ジョージ・ガブリエル・ストークスのおかげだ。彼がこの研究に初めて取り組んだのは、1840年代、イギリスのケンブリッジ大学においてだった。この先端的な研究を行っていたころ、ストークスの頭のなかには動物のことなどまったくなかった。ところがのちに彼は、クジャクを巡る問題に巻き込まれることになる。1860年代のことだが、ストークスのもとにチャールズ・ダーウィンから手紙が届いた。ダーウィンは、アイザック・ニュートンが1700年代前半に最初に提起した問いを再び取り上げて尋ねていた。ニュートンはオスクジャクの羽の目玉模様の青と緑の色彩は、色素によるものではなく、羽の持つ微視的構造が光を特殊な方法で反射させた結果生じているのではないだろうか、と問いかけていたのだ（第6章を参照）。

ダーウィンはストークスにこう求めていた。「恐れ入りますが、ひとつ、ご教示いただきたい問題があります。すなわち、着色物質の薄膜が、中心から外周に向かって、少しずつ厚くなっているか、または薄くなっているとすると、そのことで、その薄膜にさまざまな色の領域がいくつも生ずることの説明がつくのでしょうか？　それとも、異なる種類の着色物質の領域がなければ、そのような色の違いはあり得ないのでしょうか？」。ストークスは、簡単な実験をいくつか行って、ニュートンとダーウィンがうすうす感じていたことを確かめるのに成功した。しかし、音の減衰に関する自分の研究が、150年以上ものちに、オスクジャクが自分の立てる音を、細心の注意を払って調整しているのはなぜかという謎を解くことになろうとは、夢にも思わなかったに違いない。

クジャクがどうやってインフラサウンドを感知するかはまだ謎のままだが、低周波音については、聴覚ではクジャクが人間に勝っているのは明らかだ。これは何も、人間が高周波音を聞き取るのは素晴らしく得意だということではない。ほとんどの人間は、中間の2000〜5000ヘルツの範囲の音を最もよく聞き取る。だいたい、ピアノの鍵盤の最も高い2、3オクターブに相当する領域だ。人間の聴覚は高周波数側では徐々に弱まる。とりわけ、年を取ったり、大音量の音楽を聴きすぎたりすると、その傾向が強まる（耳を悪くして、忘れられてしまったロックスターに訊いてみるといい）。聴覚に問題がない人でも、2万ヘルツ以上の音はまったく感知できない。そのような範囲にある「超音波」は聞こえない。だからこそ妊婦の超音波スキャンの際は、自分たちの子が母胎にいるのを初めて「見た」親たちがあげる喜びの叫び声以外は静かなのだ。ある種の結晶を振動させる電流によって生み出される超音波は、病院のスキャナー検査に使われるとき、母親の腹部の内部のほぼ全域を通過するが、硬い物にぶつかると跳ね返る。その結果、多少のぼけはともかく、とても大事にされる赤ん坊の画像ができる――超音波を反射する骨の部分は白く、超音波がすいすい進める液体部は黒く、くにゃくにゃした組織部は灰色に色分けされた画像である。

超音波は人間には聞こえないが、一部の動物たちには聞こえる。イヌ笛は2万3000〜5万4000ヘルツの範囲の超音波を発生し、イヌを散歩させているほかの人々に迷惑をかけずに、主人である自分の隣にイヌを座らせることができる。ネコにも超音波が聞こえるし、またイルカやネズミイルカにも聞こえる。しかし、高周波音の聞き取りにかけては王者と呼べる動物が存在する。では、地面を離れ、その空飛ぶ王者について見てみよう。

コウモリと「音のサイン」

イギリスの大邸宅の緑地庭園。夜である。モミジバスズカケノキの巨木が1本、広々とした芝生に聳え立っている。川面には銀色の月光が照りかえる。クジャクでも出て来そうなところだ——いや、むしろ幽霊か。穏やかな夜。木の葉と夜開く花の香りであたりはすがすがしい。ガもたくさん飛び交っている。ときおり1匹のコウモリが、羽をはばたかせながら濃紺の夜空に切り込むように飛ぶ姿が影絵のように見える。コウモリはくるりくるりと向きを変えながら飛び回っては、昆虫を吸い込むようにどんどん食べていく。

だが、あたりは暗い。猛スピードで飛んでいるコウモリが、いったいどうして、やはりそこそこ高速で飛んでいる昆虫を捕まえられるのだろう？ それは、サーカスの空中ブランコよりも見事な離れ業だ。空中ブランコでは少なくとも、つかまれる側の人間はつかまれたがっている。このように、コウモリが夜行性なのは、2億2千万年前に、ネズミのような姿をした彼らの祖先が爬虫類から進化して、捕食者に食われないようにしたいと望んでいたころの名残なのかもしれない。暗闇で活動するなら、日中闊歩する恐竜は避けられる。しかし、自分がどこを飛んでいるのか、どこに向かっているのかさえ、見分けるのは困難だっただろう。そこで、コウモリの祖先が初めて空を飛んだとき、その一部が、周囲をよりよく知るために超音波をパルス状に出す初歩的なシステムを身に着けたのだ。

だが、これらの初期のコウモリは、計画的に超音波測位システムを進化させたわけではない。「おそらく最初は、もともとは別の目的で発生させていた音を使って、戻ってくるエコーに対して、ごく基本的な解析をしていたのでしょう」と、ドイツのバイエルン州にあるマックスプランク鳥類学研究所のコウモリの専門家、ホルガー・ゲルリッツは考える。「教会や地下室に入って、声を出したり、足で音を立てたりするのと同じですよ。別にそのために音を立てるのではなくても、それだけで、そこが大きな部屋なのか、小さい場所なのか、区別できるでしょう」

コウモリは、人間が話したり歌ったりするのとまったく同じように、声帯を震わせ、続けて口(一部の種では鼻)からその音を「出す」ことによって、高周波の超音波パルスを発生させる。その超音波が、木、洞穴の壁、その他の反射性の表面から戻ってくるのにどれだけ時間がかかったかを知ることによって、それらの物体がどれだけ離れているかをコウモリは突き止めるのだ。速く戻ってくる超音波は、近くのものにぶつかったに違いないし、戻ってくるのが遅かった超音波は、もっと遠くまで行ったに違いない。この「エコーロケーション(反響定位)」のおかげでコウモリは、障害物を越えて進むことができる。

コウモリが発する超音波は、動物界最大の音のひとつだ。自分が出した音で自分の耳が聞こえなくなってしまうのを避けるため、コウモリのなかには超音波を発しているあいだ、耳の内部にある筋肉を収縮させ、耳をふさいでしまうものもいる。このほか、自分には聞こえない——少なくとも、跳ね返って戻ってくるまでは聞こえない——周波数の音を発するものもいる。この巧妙な耳防衛システムは、救急車が接近するあいだはサイレンの音が高くなるが、猛スピードで走り去るときは音が低くなる効果を生む、ある物理現象を利用している。オーストリアの物理学者、クリスチャン・ドップラー(1803〜1953年)にちなんでドップラー効果と呼ばれている現象で、救急車が近づいてくるときは、どんどん短くなっていく距離のなかに、より多くの音波が入らなければならないので周波数が高くなり、救急車が遠ざかるときは、音波が引き伸ばされるので周波数は低くなる、というものだ。救急車は動いていないが、あなたのほうが動いているときにもドップラー効果は生じる。重要なのは、あなたと救急車の相対的な運動なのである。そのようなわけで、自分が出した超音波が聞こえないコウモリが、戻ってくる音波に向かって飛ぶとき、そのエコーは、ドップラー効果により周波数が上がって、コウモリに聞こえる範囲の音になっていることもある。ここで大事なのは、エコーは往復してきたあいだにエネルギーを失い、このころにはもともとの超音波パルスよりも小さな音になっていることだ。おかげでコウモリの耳は、無傷でいられる。

多くの種のコウモリが、大きな物体に衝突することなくA地点からB地点に移動できるだけでなく、ガなどの高速移動する小さな昆虫をエコーロケーションして、捕食することができる。それは、昆虫がはばたかせている羽が、超音波にドップラー効果を及ぼすことに加え、コウモリの超音波パルスを反射して、さまざまな量でコウモリに返すからだ。その結果、昆虫の種ごとに特有の「音のサイン」が形成される。コウモリは、エコーとして戻ってきた音波のなかに、そのような「音のサイン」を探せば、望みのガを容易に追跡できるというわけである。

ライフ-ディナー（命-食事）の原理

コウモリは素晴らしいエコーロケーション能力を持っているとはいえ、すべてが彼らに都合よくなっているわけではない。多くのガは、狩りをするコウモリの接近を教えてくれる超音波が聞こえるように耳を進化させている。この対抗措置は有効だ。このような耳を持っているガは、そうでないガに比べてコウモリの餌食になりにくい傾向がある。では、コウモリがさらにこの上手《うわて》をいくために、対抗措置への対抗措置を進化によって獲得することに意味はあるだろうか？　ガを狩ろうとして失敗するのはコウモリにとって不都合なことだが、コウモリは食事を1回抜くだけのことで、彼らはまた翌日狩りをするまで生きながらえるだろう。ところがガにとっては、常にすべてを賭けた戦いなのだ。戦いに負ければ、ガは食われてしまう。このように、プレーヤーが賭けるものの重大さが極端に違う状況を、生物学者たちは、「ライフ - ディナー（命 - 食事）の原理」と呼んでいる。

コウモリが実際にガに対する「対抗措置への対抗措置」を進化させているかを知りたくて、ゲルリッツとその同僚のマット・ツィーレは、51匹のヨーロッパチチブコウモリ（*Barbastella barbastellus*）から集めた糞《ふん》を分析し、彼らが何を食べたかを調べた。このコウモリ、上唇から伸びる白い毛にちなみ、英語名「barbastelles」は「星のひげ」というラテン語から名づけられた。そんな彼らが出す超音波は、3万3000ヘルツの周波数において最も音量が大きい。この周波数は、耳のあるガのほとんどが聞くことのできる範囲内にある。聴覚のあるガはみんな、このコウモリの超音波信号を聞きつけて、遠くへ飛び去ってしまうはずだと思われるだろう。しかしゲルリッツとツィーレは、驚くべきことを見出した。ヨーロッパチチブコウモリたちの未消化のディナーから判断するに、彼らが食べていたのは、ほとんど耳のあるガばかりだったのだ。言い換えれば、このコウモリは、彼らに聞き耳を立てているまさにそのガを食べることを楽しんでいたのである。研究者たちはいぶかった——いったい何が起こっているんだ？

ささやくような超音波

これを明らかにするため、ゲルリッツはイギリスのサウサンプトンにあるモティスフォントを訪れた。モティスフォントは、広々とした庭に囲まれた、昔の修道院の跡で、イギリスにある2、3のヨーロッパチチブコウモリ繁殖地のひとつだ。コウモリの実地調査は、暗がりで行う退屈な作業で、夕方早くの時間帯以外は肉眼で見るのは難しいにもかかわらず、ゲルリッツはこの活動が大好きだ。「まだ薄明りのあるうちから出てくるやつらもいます」と彼は言う。「コウモリたちが生垣のそばや、空を素早く飛んでいるのが見えると、私はもう夢中になってしまいます。コウモリたちが急に虫をめがけて突進するのが見えるんですよ——すうーっと、ただ飛んでいたのが、突然向きを変えて、何かを捕まえるんです」

ゲルリッツは、超音波を人間に聞こえる周波数に変換する検出器を使ってコウモリの声を聞いた。「彼らが普段出す、チッキ、チッキ、チッキという声が聞こえます。そして、虫を捕まえるときには、チーーーーーッキと、ものすごく速く、声を続けて出すのです。ただ聞いているだけで、コウモリが何をやっているのか、だいたいわかるようになりますよ」。彼がまたもや驚かされたことに、ヨーロッパチチブコウモリの超音波は、ゲルリッツの予測よりも10〜100倍弱かった。このように、ささやくような超音波しか出していないなら、ヨーロッパチチブコウモリは、半径5メートル以内にいる虫しか感知できないことになる。それより遠くは、戻ってくるエコーが弱すぎてコウモリには聞こえないわけだ。だが、もっと大きな音量で超音波を出す種のコウモリは、半径15メートル以内の獲物をエコーロケーションで見つけることができる。

スィートスポット

さて、わかったことを整理してみよう。ひとつ目。ヨーロッパチチブコウモリは、彼らの接近を聞きつけられないガよりも、聞きつけられるガのほうを好む。2つ目。彼らが発する超音波は弱いので、聞く耳を持っているガのうち、そばにいるものだけしか見つけられない。しかし、この戦略はたいへん効率がいいので、生物学者たちはこれに特別な名前を付けた。「ステルス・エコーロケーション」というのがそれだ。では、ステルス・エコーロケーションはどのような仕組みなのだろう?

つまるところ物理は、ヨーロッパチチブコウモリの味方ではないのだ。ヨーロッパチチブコウモリに戻ってくるエコーは、ガに届く超音波パルスより音量が小さい。それは、コウモリに戻ってくるまでのあいだに、音は2倍の距離を進まねばならない——コウモリからガへ、そしてガからコウモリへ——からだ。そのため、減衰によるロスが2倍になるわけだ。減衰は、オスクジャクの話でも登場したが、音が源から長い距離を旅するにつれて弱まる現象である。コウモリにとってなお悪いことに、コウモリの超音波信号は、ガから反射する際にいっそう弱まる。このダブルパンチのおかげで、ほかのすべての条件がまったく同じだったとすると、ガがコウモリの音を聞くよりも、コウモリがガを感知するほうが難しいことになる。コウモリは、自分が聞きたい相手にかなり近いところにいなければならないが、ガはそれほど近くにいなくてもいい。物理の法則が、コウモリに不利になるように企んでいるということなのだろうか?

ゲルリッツと彼の同僚のハンナ・テール・ホーフステッドは、ヨーロッパチチブコウモリから、彼らが餌にしているガのほうに焦点を移すことにし、ヨーロッパチチブコウモリの好物のひとつ、シタバガ(*Noctua pronuba*)に注目しはじめた。左右の羽の先端から先端まで約50ミリのシタバガは、オレンジ色の後翅《こうし》を持っている。後翅は灰褐色のまだら模様の前翅《ぜんし》の下にあり、このガが前翅を開くときと、飛ぶときにしか見えない。さらにシタバガは、超音波が聞こえる耳も持っている。ところが、ゲルリッツとホーフステッドが発見したことには、シタバガの聴力はヨーロッパチチブコウモリよりもかなり弱いのだ。

では、この聴力の差は、ヨーロッパチチブコウモリ対シタバガの勝負に、どんな影響を及ぼしているのだろう? コウモリに不利に働く物理と、コウモリの聴力が優れていることとが、せめぎあっているということは、コウモリがエコーロケーションでガを見つけるに十分近く、同時に、ガがコウモリの音を聞き取れるのに十分近くなるような、「スイートスポット」に当たる超音波の音量が存在するということだ。この条件では、コウモリの聴力が優れていることが、コウモリの受け取るエコーが、直接ガに届く音より弱い(減衰のため)ことをちょうど相殺する。コウモリ0対ガ0の引き分けである。しかし、この音量よりも大きな超音波をコウモリが出したとすると、「ガの勝利」となる。なぜなら、ガはより遠くから音を聞くことができるが、コウモリはエコーを聞くことができず、ガは飛んで逃げてしまうからだ。コウモリ0対ガ1である。耳が鋭いコウモリは、この閾値《いきち》よりも弱い超音波を出す場合にのみ、ガに音を聞かれることなく、聞く耳を持つガを見つけることができる。コウモリ1対ガ0だ。コウモリが出す超音波は弱く、はねかえってくるエコーはいっそう弱いが、コウモリは非常に聴覚が優れている

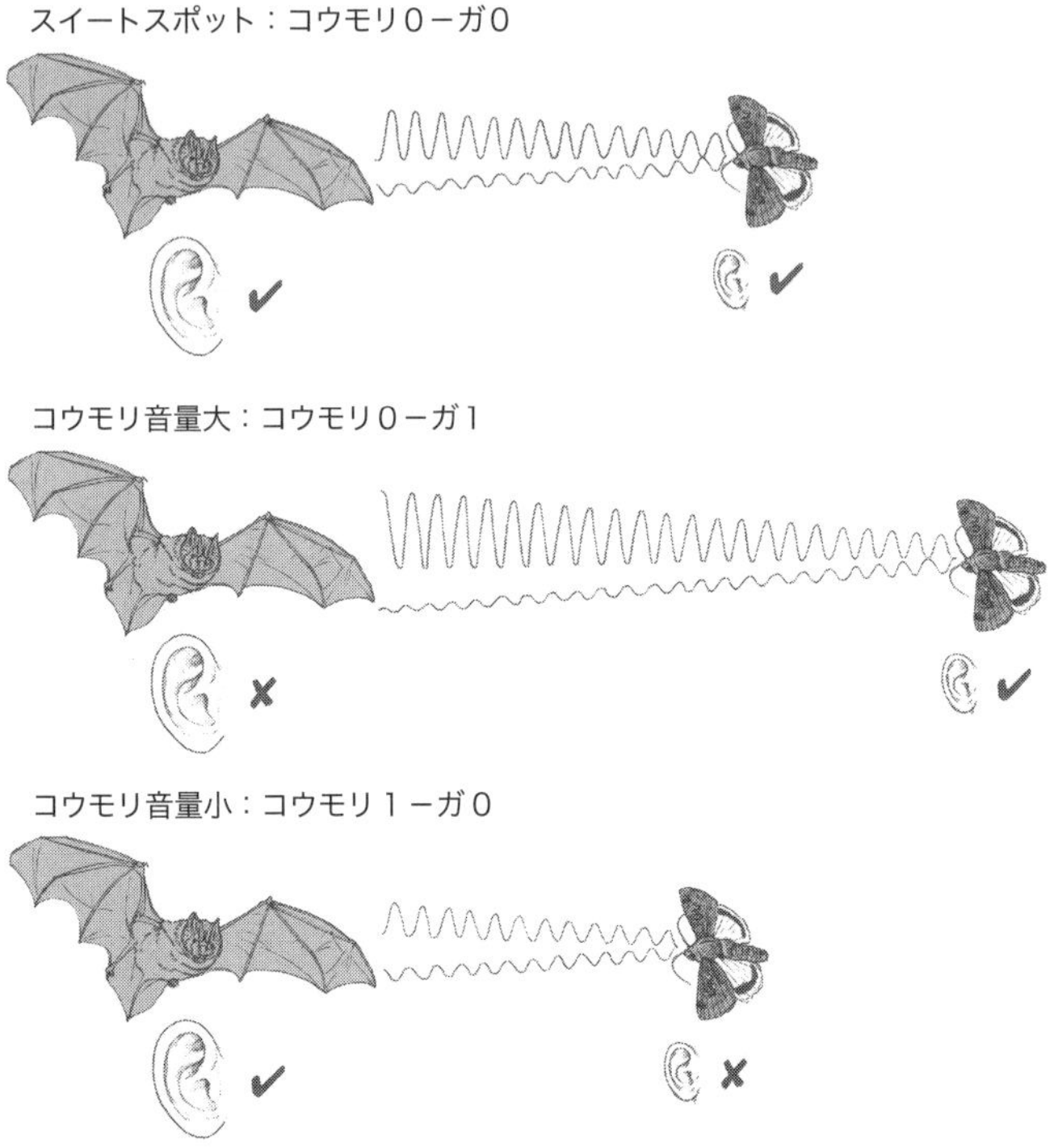

図 4-1 コウモリの攻撃
ヨーロッパチチブコウモリは、獲物とのあいだの往復で自分が発した超音波が減衰するのを、極めて優れた聴力で埋め合わせている。

ので、これを十分感知できる。ガに届く音は、片道しか進んでいないので、より強い。しかし、ガは耳がそれほどよくないので、これを感知することはできない。かわいそうだが、ガは晩御飯になってしまう。

まるでコウモリがガのストーカーになったような状況だ。聞こえたときには、獲物にはもう手遅れになっているように、静かに静かに忍び寄っているのだから。ゲルリッツの研究によれば、平均的なシタバガは、ヨーロッパチチブコウモリが3・5メートル以内に近づいて初めて、その音を聞く。それより離れているときは、コウモリの音は小さすぎて聞こえない。ヨーロッパチチブコウモリが毎秒約8メートルの速さで飛ぶ――オリンピックの短距離走者よりわずかに遅いだけ――ことからすると、このコウモリはこの3・5メートルを0・5秒以内で飛ぶ。ガがコウモリの音を聞いたときには、ガには逃げる時間などほとんどない。ガの反応時間を考慮し、さらに、あまり敏感でない聴覚神経が信号を伝達しないと、このガは逃げるために飛ぶこともできず、しかもその飛び方ときたら、でたらめなジグザグ飛行だということを考え合わせると、この0・5秒は短すぎる。ガにとっては、突然どこからともなくコウモリが現れるようなものだ。

少なくともヨーロッパチチブコウモリのほうは、シタバガとの闘いにおいて、次の一手を打ったようだ。発する超音波を弱くし、獲物に気づかれずに届くようにしたのだ。ガの次の一手としてすぐに思いつくのは、聴力を向上させることである。だがゲルリッツは、シタバガはまだこの方策を取っていないと見ている。なぜなら、聞こえるすべての音――コオロギの鳴き声や、遠すぎるので危険性はないコウモリの音など――に驚いていたのでは、時間とエネルギーの浪費になってしまうからだ。現実のものではない脅威に反応する意味はない。

だが、ヨーロッパチチブコウモリは、どうしてわざわざ、音の減衰による自分の不利益を克服してまで、耳のあるガを追いかけるのだろう？　ガはほかにもいるのに。じつのところ、それは、競争の問題なのだ。ヨーロッパチチブコウモリほど巧みにこの物理を利用しているコウモリはほかにいないので、ヨーロッパチチブコウモリは聴覚のあるガを好きなだけむしゃむしゃ食べることができる。ほかのコウモリたちは、聴覚のないガを巡って競争するしかない。優れた聴力と極めて微弱な超音波によるエコーロケーションという、超音波を利用した抜け目ない戦略で、ヨーロッパチチブコウモリは勝者なのだ。このコウモリはとても賢い。

耳がないのにヘビは音がわかる

インド南部のとある村。ほこりが舞う通りに置かれたカゴのなかに、コブラが1匹とぐろを巻いて入っている。この長さ約3メートルの灰褐色をした毒ヘビは、藁《わら》のふたの下に隠れている。コブラに襲われない最小の距離だけ離れたところに、ゆったりしたオレンジ色のズボンをはいたイルラ族の男が、マットの上にあぐらをかいている。ターバンをかぶったその男は、プンギーと呼ばれる、筒の真ん中が卵のように膨れたリコーダーのような木笛に息を吹き込む。群衆が見守るなか、男がプンギーの穴を指で押さえたり放したりすると、一度聞いたら頭から離れないようなメロディーが流れる。コブラはカゴのなかから姿を現し、上体を垂直に立て、まるで音楽に心を奪われたかのように、頭を左右に揺らす。イルラ族の男は、コブラを完全にコントロールしているようだ。

このパフォーマンスのおかげで、ヘビ使いたちは何百年にもわたって商売を続けている。だが、そこには霊能などまったくない。ヘビは耳がないので、プンギーの音を聞くことはできないのだ。じつのところコブラは、プンギーは危険な敵かもしれないと思い、その動きを追跡しているのである。それに、ヘビ使いも、決して素敵な職業ではない。１９７０年代以来、インドではヘビを飼うことは禁止されている。

また、ヘビは耳の穴すらないのだから、音に関する章にはとても登場しそうにないと思われるだろう。だが、ヘビの聴覚については、皆さんが考えておられる以上のことがある。2人のアメリカ人生物学者ブルース・ヤングとマリンダ・モレインが、彼ら自身でヘビ使いと同じことをやってみて見出したとおりだ。「怒ったイヌのように唸《うな》る2匹の巨大なキングコブラ」を研究したヤングは、この唸り声の背後にある物理を解明しようと近づくたびに、やはり恐ろしい声で唸られたのだったが、その後、「音響学のもうひとつのテーマ」すなわち、ヘビは音をどのように知覚するかに興味を持つようになった。

ヤングとモレインは、毒を持つサハラツノクサリヘビ（*Cerastes vipera*）を4匹購入した。左右の目の上に1本ずつ、皮膚が変形してできた角を持つ、体長約50センチで黄褐色のサハラツノクサリヘビは、北アフリカの砂漠に生息している。ヤングはそれまでに数匹の同種のヘビをペットとして飼ったことがあり、彼らが狩りをするのを見るのを楽しんだ。「彼らは、砂のなかに埋もれてじっと待ち、それから突然飛び出し、鎌首をもたげて、そしてネズミを襲うのです」と彼は言う。頭だけを覗かせて、とぐろを巻いて待ち、ネズミの仲間やトカゲがちょろちょろと通り過ぎるのを待ち構えている彼らは、待ち伏せの名人だ。

自分のペットにして観察することで、ヤングはサハラツノクサリヘビはどうやって獲物を感知するのか、知りたいと思った。彼らの目は砂に埋もれているのだから、見ることによってではなく、ほかの手がかりによって獲物の居場所を特定しているはずだ。砂のなかにいるので、ほかのヘビがやるように舌をチロチロして空気中の化学物質を「味わって」ネズミを見つけることもできない（そんなことをしても砂が口に入るだけだ)。ことの真相を知るため、ヤングとモレインは4匹のヘビを、ペンシルベニア州のラファイエット大学で、2メートル×2メートルのガラスのテラリウム(陸上生物をそのなかで飼育するためのガラス容器)に敷いた砂の上におろした。「サハラツノクサリヘビは、とてもいい実験動物です」とヤングは言う。「私の砂箱には十分高い壁があって、ヘビたちは逃げられませんでしたし、私の研究室はセキュリティーが行き届いており、部外者がヘビにかまれる心配などありませんでしたから。毎朝やってくると、ヘビが潜るときにできる小さな山がありました。ヘビの追跡に長《た》けていたイルラ族の男たちと、インドで過ごしたときのことを思い出しましたよ」

砂漠の条件を再現するため、赤外線保温ランプでテラリウム内を心地よい暖かさに保ち、ヤングとモレインは1匹のネズミを、ヘビから最も遠く離れたところに入れた。そしてヘビが隠れ場所の近辺でどのように動くかを高速ビデオカメラで追跡した。ネズミが接近すると、ヘビは素早く襲いかかった――かみつき、しっかりと拘束したうえで、獲物を仕留めた。2人の科学者たちは18匹のネズミを使って実験し、ヘビが襲いかかったときのネズミの位置を記録した。

ここまでは驚くようなことは何もない。サハラツノクサリヘビは、研究室のなかでも、砂漠で期待されるのとまったく同じ振る舞いをした。さて、次は科学者たちが細工をする番だ。ヤングとモレインは、医療テープでヘビに目隠しをして、何も見えないようにした。彼らはヘビの鼻もふさぎ、においも嗅げなくした。この状態でネズミと共にテラリウムに戻されたヘビはどれも、目隠しや鼻の覆いをされる前とまったく同様に、標的を襲うことができた。見ることもにおいを追うこともできないにもかかわらず、サハラツノクサリヘビは獲物を感知できたのである。

サハラツノクサリヘビは、砂の上をちょこまか走り回るネズミが起こす振動を拾っているのではないかと考えたヤングとモレインは、人工的な振動を起こして、ヘビがどう反応するかを調べることにした。まず2人は、ネズミと同じくらいの大きさの発泡スチロールの玉を調達し、テラリウムのなかに入れた。次に、加熱ランプを使って、玉をネズミの体温（摂氏37度）まで温めた。そして、目隠しと鼻栓をしたサハラツノクサリヘビをテラリウムに入れた。細いバルサ材の棒を使って、2人は慎重にその玉をヘビの頭のそばまで押していった。続いて2人は、発泡スチロールの玉をたたいて、砂に振動が伝わるようにした。このとき、ヘビには触れないよう細心の注意を払った。見ることも嗅ぐこともできないのに、サハラツノクサリヘビは、すぐに舌をチロチロと出して、玉に向かって突進した。サハラツノクサリヘビは、玉の振動を感知し、「本物の」動物がそばを走っていると判断したのだ。

音波を脳に伝える方法

サハラツノクサリヘビがどうやって振動を感知するのか、何としても明らかにしたかったヤングは、ドイツのミュンヘン工科大学の2人の物理学者、パウル・フリーデルとレオ・ファン・ヘメンと協力することにした。ファン・ヘメンはメンフクロウとサソリの聴覚を研究した後、ヘビに興味を持つようになっていた。「多くのヘビが砂漠に――砂のなかに――暮らしていることが、とても面白いと思ったのです。そして、耳がないのに、ヘビはどうやって音を聞くのだろうと、とても不思議に感じました」と彼は回想する。「ヘビは音が聞こえないのではなく、ヘビの聴力は、自然界に存在するほかのものとはまったく違った能力なのだということを私が見出すにはかなりの時間がかかりました」

ヘビは頭部に耳に相当するような穴は持っていないが、完全に耳がないわけではない。ヘビには、蝸牛という構造を含む内耳があるのだ。蝸牛とは、内部が空洞になった、らせん形の骨からなる構造で、ヘビ以外の動物では、音波を感知して脳に送る細胞へと、音波を導く役目を担っている。ヘビが現在持っている内耳は、ヘビが地下生活に適合するように進化する前にあった「本物の」耳の名残である。耳の穴を持ったままで地下生活を送れば、穴には土が詰まってしまうだろう。では、ヘビが今持っている、昔の名残の内耳は、耳の主要な部分——外界に開いた穴——がなくなった今も、機能しているのだろうか？　もしも機能しているなら、耳がふさがっている状態で、ヘビはどうやって音波を感知するのだろう？

そろそろ、ヘビの頭の別の部分を見るべきときだった。サハラツノクサリヘビの下顎は——すべてのヘビでそうなのだが——、2つに分かれている。人間の顎とは違い、左右の2つの部分は堅く結合されてはいない。ヘビの場合、2つの部分は伸縮性のある靭帯でつながっており、左右に大きく広げられるようになっている（上顎ではそのようなことはできない）。ヘビは下顎の左右2つの骨に、ほとんど無関係なばらばらの動きをさせることができる。このためヘビは口を大きく開けて、獲物を頭から丸ごと飲み込むことができるのだ。この柔軟性のおかげで、ニシキヘビやボアは自分の口よりもはるかに大きい、シカのような大きさのものでも飲み込むことができるわけである。

ファン・ヘメンは、サハラツノクサリヘビの頭部が常に砂に接していることに気づいた。獲物からの音波が、砂を通して伝わり、下顎を振動させるのだとすると、その振動は左右両方の下顎の骨から後頭部にある「方形骨」と「耳小柱」という2つの骨に伝わり、さらに内耳に至るだろうと彼は考えた。内耳では、蝸牛の内部の毛も振動して、ヘビの脳に信号を送る神経細胞を刺激するはずだ。しかし、ちょっと待って！　音波といっても、どの音波が伝わるのだろう？　じつは、固体内を伝わる音については、本書ではこれまで触れていなかった事実があるのだ。

ネズミが起こすレイリー波

そろそろ包み隠さずお話しよう。音が固体中を伝わる方法は、ひとつではないのである。地震を経験すれば実感するはずだ。音波の一部は、空気の振動と同じように固体中を伝わる。つまり、進行方向と同じ方向に地面を前後に揺すりながら伝わる。このような波は、物理用語では「縦波」と呼ばれている。地震では、特にこれを「P波」と呼ぶ。P波は地球の内部を、時速5～8キロのスピードで駆け巡る。しかしそれほど激しい波ではなく、窓がカタカタ音を立てるぐらいだ。一方、「横波」と呼ばれ、進行方向に垂直に、地盤を強く揺らしながら地中を伝わる音波もある。地震ではこれを「S波」と呼ぶが、S波のほうがはるかに破壊力が大きい。速度は時速3～4キロとやや遅く、P波のあとにやってくる。この時間差は、地震の震源からの距離によって決まる。

S波の少しあとに、また異なる種類の音波が感じられるはずだ。これも地面を伝わってきた波で、サハラツノクサリヘビにとっては重要な意味を持つ。1882年に、ケンブリッジ大学の物理学者レイリー卿（1842～1919年）によってその存在が予測された「レイリー波」は、横波と縦波両方の成分を持つ。地震で生じるレイリー波は、地表のすぐ下を伝わり（地球の内部ではなしに）、その速さは秒速50～300メートルだ。しかし、ついにやってきたレイリー波は、地面を上下方向、水平方向の両方に激しく揺らし、建物を倒壊させることもある。あなたが庭に立って、レイリー波が左から右へ通過するあいだじゅう、地面の1点を見つめていたとする。その点は、――「上下」と「左右」の動きが足し合わされることによって――ある楕円の外周に沿って反時計回りに回転するだろう。その楕円は細長いはずだ。なぜなら、レイリー波の上下運動は、左右の振動よりも大きいからだ。

サハラツノクサリヘビが、地震で生じるレイリー波に聞き耳を立てているということはない。しかし、ネズミが砂漠をちょこまか走るとき、ネズミから砂に移るエネルギーの約70パーセントがレイリー波になり、地震のレイリー波より少し遅い秒速45メートルで地表の下を伝わっていく。その周波数は200～1000ヘルツで、だいたい、ピアノの中央ハの音から2オクターブ上までぐらいの範囲の音に相当する。当然のことながら、ネズミのレイリー波は、地震のものよりはるかに穏やかで、その振幅――振動のサイズ――は、1ミリの1000分の1しかない。

驚異の立体聴覚

サハラツノクサリヘビはレイリー波に顎を軽く揺すらせて、ネズミの動きに耳を傾けているというのは妥当な推測のようだ。ファン・ヘメンが、それは正しいと信じたのも当然だ。何度も実験して、ヘビは下顎に加えられた10万分の1ミリという小さな振動にまで反応することが確かめられていたのだから。しかし、サハラツノクサリヘビが、走り回るネズミが起こした地面のかすかな揺れを感知できたとしても、仕事はまだ半分しか終わっていない。ヘビは自分の晩御飯になるかもしれない獲物がどこにいるかを正確に特定しなければならないのだ。ネズミは後ろのほうにある茂みの向こう側で砂を揺らしているのだろうか？　それともずっと左に行ったところだろうか？　このヘビは夜狩りをするので、目は使えない。それに、ヤングとモレインが行った目隠し実験で、サハラツノクサリヘビは獲物の場所を特定するのに目は使っていないことがすでに証明されている。

ここでも、サハラツノクサリヘビの狩りの秘密は、その2つに分かれた顎にあった。ネズミが真正面か真後ろにいるのでないかぎり、ネズミのレイリー波は、ヘビの左右の顎のどちらか一方に先に届く。その結果生じる振動が内耳に届くとき、左右でわずかな時間差が生じ、脳への信号も別々に届くことになる。ネズミがヘビの顎の右の真横を歩いているとすると、レイリー波は、顎の長さ方向に対して90度の角度でやってきて、まず顎の右側に到達し、約0・5ミリ秒後に左に到達する。だが、ネズミがまっすぐ前に向かって進む場合は、この音波は浅い角度で顎に達し、左右の顎への到達時間の差は小さくなる。ネズミがヘビの真正面に移動すると、到達時間の差はいっそう小さくなる。そして、ネズミが真正面または真後ろにいるときは、音波は左右の顎に同時に到達する。この時間差（もしくは時間差がないこと）を利用して、ヘビは立体聴覚を実現し、どの方向に攻撃すればいいかを判断しているわけだ。

では、彼らの研究で得られた結論は？　サハラツノクサリヘビは、レイリー波と単純な幾何学を使い、おいしい食事にありつくためにはどちらの方向に向かえばいいかを正確に計算する、ということだ。どちらも物理学者のファン・ヘメンとフリーデルは、このヘビの聴覚を真似た模型を作ることにし

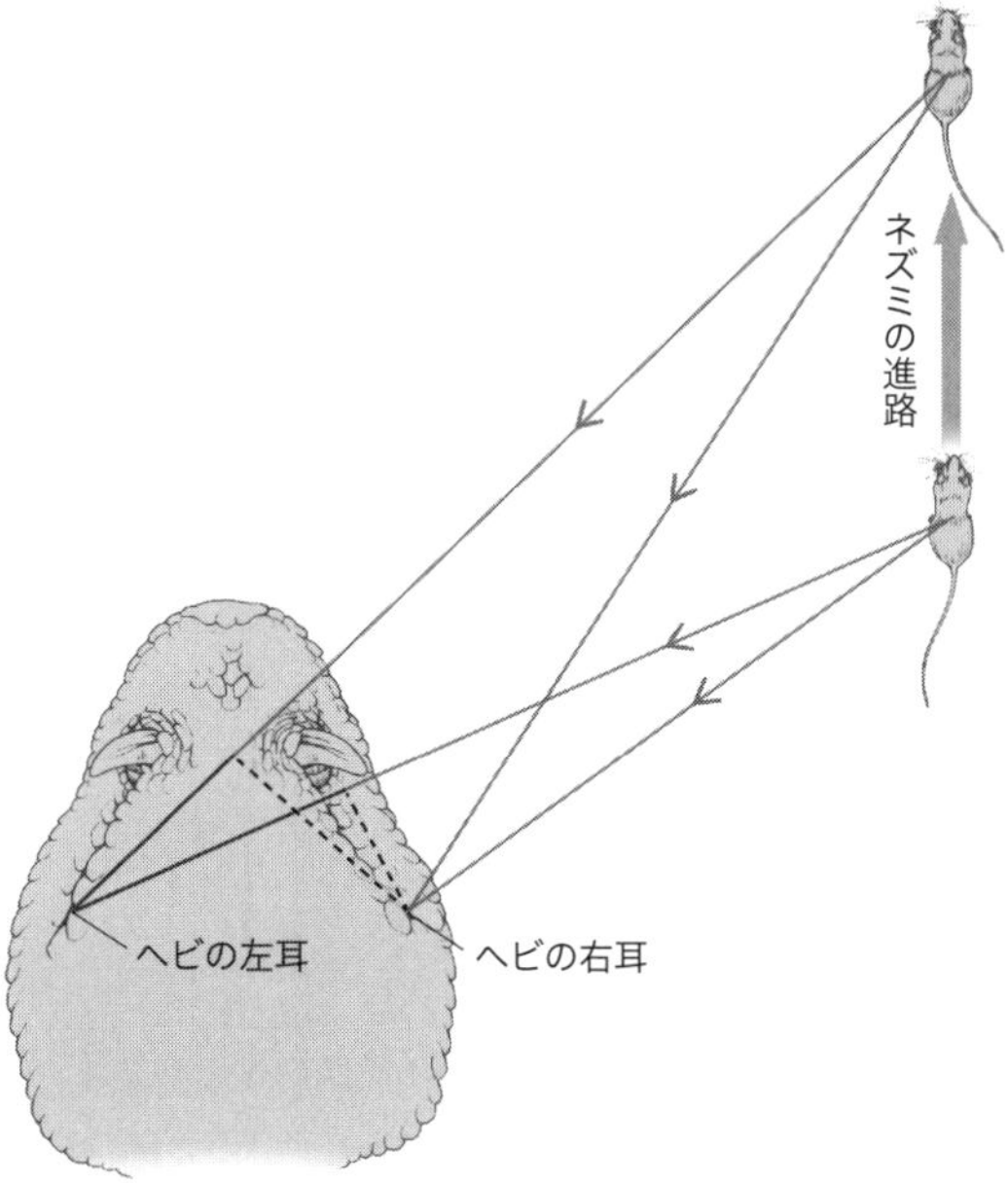

図 4-2 立体聴覚の威力
砂の上をちょこまか走るネズミのレイリー波を感知して獲物の位置を特定するサハラツノクサリヘビを上から見下ろした図。黒い太線・破線は、2つの耳までの距離の差を示しており、ネズミが遠ざかるにつれこの差は小さくなる。

た。このとき、物事を複雑にしないように、サハラツノクサリヘビの顎は、砂の海に浮かぶ円筒のような形をしていると仮定した。さらに、砂は流体だと仮定した。これは厳密には間違っているが、正確さが損なわれる分、単純でわかりやすくなる。そして彼らは、サハラツノクサリヘビは、やってくるレイリー波の、約半分の振幅を感知することを突き止めた。残りの半分が「失われてしまう」のは、サハラツノクサリヘビの聴覚が完璧ではないからだ。それでもやはり、それは素晴らしい離れ業であることに変わりはない。というのも、その振幅というのは、水素原子100万個分という小さなものだからだ。立体聴覚を持つヘビはほかにもいるが、サハラツノクサリヘビほど精密な判定を行うものはほかにない。

ヘビの話を終える前に、レイリー卿について触れておこう。サハラツノクサリヘビがどうやって音を聞くかを解き明かす手がかりは、レイリー波にあった。空はなぜ青いかを説明し、アルゴンを発見してノーベル賞を受賞した以外に、レイリー卿は2巻からなる名著『音の理論』（箏曲京極流上北野樂堂）を書いた。1872年から翌年にかけて、エジプトでリュウマチ熱の療養中に着手された本だ。エジプトは偶然ながら、サハラツノクサリヘビの生息地だが、レイリー卿がこのヘビに振動を感知する能力があることを知っていたかどうかはわからない。しかし、亡くなる直前に、レイリー卿は心霊現象研究協会の会長になっていた。超常現象を研究するこの団体は、今日も活動を続けている。このヘビが目隠しをされ、鼻もふさがれた状態でネズミを見つける能力は霊能ではなかったことをレイリー卿が知ったなら、たいへん興味をかき立てられたに違いない。そう、それは心霊現象ではなく、まっとうな物理現象なのだ。

ゾウが足を1本だけ上げるのは？

2013年7月。ナミビアのエトーシャ国立公園。乾季で、この広大なサバンナに点在する水たまりには、さまざまな生き物が群がっている。だが、ひとりぼっち残された1頭の子どものアフリカゾウ（*Loxodonta africana*）は、たまらなく悲しかった。2頭の若いオスゾウが、彼の群れを襲ったのだ。突然の恐怖のなかで、彼は家族の集団からはぐれてしまった。子ゾウは、おろおろと、舞い上がる砂埃のなかを行ったり来たりして、母親を探している。突然、彼は凍ったように動きを止め、前足の片方を上げ、それから後ろ足の片方を空中に高々と上げた。

かわいそうな場面だ。だが、子ゾウは完全に見捨てられたわけではなかった。アメリカのスタンフォード大学からやってきたケイトリン・オコーネルが見守っていたのだ。彼女は人生の大半をゾウの研究に捧げてきたが、このとき初めて、大人のゾウが窮地に陥ったときにする動作を、子ゾウが真似るのを目撃したのである。成長し切ったゾウは、体重を3本の足に完全に乗せて、残りの1本の足を地面から離して上げる。件《くだん》の子ゾウは上げた足を振り回していたが、大人の動作はそれよりはるかに抑制されている。オコーネルの録画のなかには、笑いを誘うものまである。大人のゾウたちは、「だるまさんが転んだ」のゲームよろしく、動作を止めるたびに1本の足を優雅に宙に浮かせる。写真を撮ってもらうためにポーズしているようにも見える。だが、ゾウのこの動作はゲームではない。ゾウは、周囲からより多くの情報を集めるために足を上げるのだ。危険を感知した場合、群れは身を寄せ合い、子ゾウたちを中心にして、大人のゾウたちが巨体を盾にして護る。大人のゾウたちは頭を上げ、耳を外に広げる。大人のオスのアフリカゾウは、体重が6000キロ（6トン）にも及び――メスの体重の2倍――、肩の高さは4メートルにも及ぶ、陸上生活をする最大の動物だ。

悲しいことに、群れからはぐれた例の子ゾウには、そんな頑丈な盾はもうなかった。彼の運命については、あとでお話しよう。だが、ひとりぼっちになったとき、彼はどうして1本の足を上げたのだろう？　また、これは音の物理とどんな関係があるのだろう？

オコーネルは、1990年代前半、修士論文のために昆虫を研究していたときに、動物がコミュニケーションに使うさまざまな巧妙な方法に夢中になってしまった。昆虫からゾウへ、大きな転換が起こったのは、オコーネルがアフリカへ向かったときのことだ。アフリカの自然保護公園でボランティアとして働いていた彼女は、ある国がナミビア政府に提供したゾウ研究への助成金から、3年間にわたる資金援助を得ることができた。彼女が昆虫研究の経歴を持っていたことも幸いした。「私に自然保護と害虫管理の経験があったことが評価してもらえたのです」と彼女は回想する。オコーネルなら、ゾウと農民の軋轢を緩和できるのではないかと期待されたのだ。「悩むことは何もありませんでした」と、そのプロジェクトを引き受けることにしたときのことを語る。「ゾウというテーマが転がり込んできたようなものでした」。1992年、オコーネルは高性能テープレコーダー、マイク、そしてビデオカメラを携えて、自然のままの森林に入っていった。それ以来彼女はずっと、ゾウが大好きだ。

風の便りならぬ、地面の便り

ゾウはかなり騒々しい動物だ。高い声でフォワーンと鳴けば、パオーンと大声で叫ぶし、また、オオーンと腹の底から唸れば、地鳴りのような低音も轟かせる。ゾウの鳴き声には周波数20ヘルツぐらいの低音も含まれるが、その領域になると人間には聞こえないインフラサウンドだ。ゾウの声はまた、とても大きい。しかし、ゾウの声の大きさをほかの音と比較して数値化するには、私たちはデシベルという単位で表される「音圧レベル」と呼ばれる量を使うほかかない。スコットランド生まれの電話の発明者、アレクサンダー・グラハム・ベル（1847～1922年）にちなんで名づけられたデシベルは、ちょっとややこしい単位だ。それは、音の平均圧力を、基準となる圧力に対して相対的に表した量である。基準値としては、普通20マイクロパスカルが使われる。これは、人間が聞くことのできる最も小さな音で、3メートル離れたところを飛んでいる蚊の羽音と同じぐらいの大きさだ。というわけで、ある音の大きさを算出するには、次のように計算する。その音の圧力の二乗平均平方根を20マイクロパスカルで割り、その答えの10を底とする対数（常用対数）を取り、20倍する。単位はdB（音圧レベル）だ。先にお断りしたとおり、これはちょっとややこしい。さて、ゾウの話に戻ろう。

ゾウの声は約120dBだ。ある種のコウモリの130dBにはかなわないが、1メートル離れたところで、まっすぐあなたに向かってブブゼラを吹いているサッカーファンとほぼ同じである。ゾウの高い声は空気中を伝わり、他のゾウたちはディズニーのダンボよろしく、巨大な耳を使ってそれを聞く。ゾウの声に周波数が低い音（20ヘルツ付近の）も含まれている場合には、その低音が地面に入る。これはおそらく、ゾウが意図的にやっているのではないだろう。声があまりに大きいので、そのエネルギーはどこかへ流れていくほかないということなのだろう。サハラツノクサリヘビと同じくゾウも、音波のうち地面を伝わる成分を感知するのだ。しかし、このあと見るように、ゾウが具体的にどうやって感知しているかは、私たちにはまだ完全にはわかっていない。このスキルを持つほかの動物には、小さなものでは、一部の爬虫類、ウンカのような昆虫、そしてメクラデバネズミ、ケープデバネズミ、カンガルーネズミなどがある。大型動物で地面の振動を感知できることがわかっているのは、ゾウのほかには、唯一キタゾウアザラシ（*Mirounga angustirostris*）だけだ。普通、メスアザラシの3倍の体重があるオスアザラシは、体を地面に叩きつけ、「いいか、俺がどんなにでかいか思い知れ。俺にちょっかい出すなよ」と、ほかのオスたちにひけらかし、自分のハーレムを盗まれないようにするのだ。

オコーネルは、ライオンがうろついているなどの危険な兆候に気づいた遠くのゾウが出した、地鳴りのような低音の唸り声の、地面を伝わる成分を感知した大人のゾウたちは、身を寄せ合ってひとかたまりになるのだと考えている。この場合、唸った遠くのゾウは、その群れが知っているゾウである可能性が高い。というのも彼女の研究によれば、ゾウは自分が親しんでいる動物が出した音のほうに、より強い反応を示すからだ。ゾウは地面を伝わる波を、ほかにもいろいろ利用している。たとえば、ほかのゾウたちの動きを追跡したり、あるいは、接近してくる群れがどんな気分なのかを、群れのメンバーたちが歩いているのか走っているのかによって判断することもできる。さらに、動物ごとに「足音の特徴」が違うので、たとえばレイヨウが近くをうろついているなどの状況もゾウは知ることができる。ゾウは、地震がまもなくやってくることまで感知できると言われる——これについては、あとでお話する。

音を感じる姿勢

では、ゾウはどうやってそんなことを行っているのだろう？　研究者たちにも、まだ完全にはわかっていない。アフリカゾウが、足の裏にある高密度の脂肪のクッション層で地面を伝わる音波を感知していることは間違いない。だとするとアフリカゾウは地面を伝わる音の振動を、耳もしくは圧力センサーで感知するということだ。もしかすると、両方使っているのかもしれない——この点については、まだ結論が出ていない。もしもゾウが、「骨伝導」によって伝わってきた地面の振動を耳で感知するなら、ゾウが動作を止めて、前かがみになり、前足を地面に押し付けるのは、そのためかもしれない。この姿勢だと、ゾウの前足は頭の真下になり、地面の振動が足から足の骨を通して直接耳に伝わり、内耳の槌骨を揺さぶるはずである。

ゾウが地面を伝わる音を聞くもうひとつの方法――おそらく、骨伝導と併用していると思われる方法――として可能性があるのが、足の前と後ろにあるセンサーを使うというやり方だ。このセンサーは圧力のわずかな変化を感知し、脳に神経信号を送る。19世紀イタリアの解剖学者フィリッポ・パチニ（1812〜1883年）にちなんでパチニ小体と呼ばれるこのセンサーは、パチニによって、初め人間の皮膚で発見された。地面を伝わる音の信号を「聞こうとする」とき、ゾウが前足のつま先に体重をかけて前かがみになったり、今度は逆にかかと側に体重をかけたりするのはなぜかが、これによって説明できそうだ。「ほかのゾウの家族集団がやってくる前にはいつもやっているようですし、ときには自動車がやってくる前にやることもあります」とオコーネルは説明する。ゾウの鼻の先端にもパチニ小体があるので、ゾウは鼻の先でも地面を探っているのかもしれない。

音を感知する2つの手段――耳とパチニ小体――のどちらも、ゾウが前かがみになることを説明できる。しかし、足を1本宙に浮かすのはなぜだろう？　危険がないか、一生懸命聞き取ろうとするにしては、奇妙な行為ではないか。地面を伝わる音の波を足で感知するなら、足4本すべて、均等に四角になるように地面に置くのが順当ではないか？　しかし、オコーネルによれば、足を1本上げることによって、残りの足にもっとよく体重がかかるようになり、地面からの振動を感知しやすくなるのだという。それに、4つではなく3つの足を地面に配置すれば、三角測量を使って音がどこから来ているのか判断しやすくなる。三角測量は極めて賢明なやり方で、ゾウがそれをどう使っているかはこのあとお話する。

三角測量を巧みに使う

ゾウが地面を伝わる音波を使ってコミュニケーションするのは、「ゾウにはそれが可能だから」だとオコーネルは言う。「利用できる信号が地面にあるわけで、ゾウはそれを感知できるのです」。地面を伝わる音によるコミュニケーションは、強風時や、ゾウが森のなかにいるなど、空気中を伝わる音が乱されてしまう状況で、断然便利になる。だが、地面を伝わる波が便利な理由はもうひとつある。

クジャクやコウモリの説明でも触れたように、空中を伝わる音は3次元に広がり、進んだ距離が2倍になるたび、約6dBを失う。これとは対照的に、地面のなかを伝わる波はその大部分がレイリー波として伝わり、空中の波ほど広がらないし（2次元にしか広がらないので）、進んだ距離が2倍になっても3dBしか減衰しない。言い換えれば、音は空中を伝わるときよりも、地中を伝わるときのほうが、弱まって消えてしまう前に遠くへ伝わる。このため、地面を伝わる波が聞けるゾウは、空中を伝わる音だけしか聞けなかったなら絶対に聞き逃していただろう、遠く離れたところからの重要な情報を手に入れることができるわけだ。

やはり地面を伝わる音を聞くサハラツノクサリヘビの場合もそうだったが、ゾウにとっても、その音がどこから来ているかわかればじつにありがたい。ここで、地面と空中両方を伝わる音を聞く能力があることが役に立つ。しかし、地中のほうが空中よりも遠くまで音が伝わるとしても、地中のほうが音が速く伝わるわけではない。音のスピードは、それが伝わる場所の条件によって変わる。エトーシャ国立公園では、土壌は砂質なので、地面を伝わる音波の速度は、約秒速２４０メートルとのろのろで、空中の音速、毎秒３４３メートルより３分の１遅い（空中の音速は、厳密には空気の温度と湿度に依存する）。そんなわけで、同じ源からの音でも、伝わる経路によって、ゾウに到着する時間が異なるわけである。まず空中からの音が届き、その後地中からの音が届く。雷の稲光と雷鳴の到着時間の差から、嵐がどれだけ離れているかが人間にわかるように、空中と地中を伝わった信号の到達時間差から、ゾウは音がどれだけの距離を伝わってきたかを判断するのだ。

ゾウはまた、三角測量を使うことによって、音がどこから来ているか、より正確に絞り込むことができる。三角測量は、船乗りたちが、何百年にもわたり、他の船、山、あるいは崖からの距離を見積もるために使ってきた幾何学の手法だ。だが、おそらく、ゾウのほうが先に三角測量を使っていたのだろう。ゾウの２つの耳と、音源との３点で、細長い三角形ができるので、ゾウは空気中を伝わってきた音波が左右の耳のそれぞれとなす角度を正確に知るだけで、音源がどこにあるかわかる。この２つの角度と、耳のあいだの距離（約０・５メートル）がわかれば、音がどの方向から、そして、どれだけ遠くからやってきたか判断できる。そしてここでも、地面を伝わってきた音波のほうが、空気中を伝わった音波よりも役に立ちそうだ。ゾウの前足と後ろ足は、約２・５メートル離れている——左右の耳の距離の５倍も大きな距離だ——ので、足で音を感知するほうが、より正確に音源の三角測量を行うことができるのだ。

地下を伝わる音には、もうひとつ利点がある。ゾウの４本の足は、間隔が広く開いているので、右の前足と左の前足に到達する音波は、位相が違う可能性が高い。位相とは、音波の圧力が高低を繰り返す1回のサイクルのなかの、どの地点にあるかを表す変数だ。左右の足に届いた音波の位相がずれていれば、片足が低い圧力を感じているときに、反対側の足は高い圧力を感じることになるだろう。位相の違いは小さいが、ゾウがそれを感知する可能性は、空気中を伝わる音（耳に達する）よりも、地面を伝わる波についてのほうが高い。エトーシャ国立公園の空中を秒速340メートルで伝わる20ヘルツの音波の波長は17メートルだ（周波数×波長＝波の速度）。だが、音の速さが遅くなる地中では、波長は12メートルである。波長が短い波は、同じ距離を進むあいだにより多くの周期を経過するので、位相のずれがより大きくなっているはずで、おかげでゾウは音源を特定しやすくなるわけだ。さらに、足を使うなら、ゾウはセンサーを4個使うことになるわけだし、鼻の先端も勘定に入れれば、センサーは合計5個になって、空中の音波をたった2つのセンサー（左右の耳）で感知するよりはるかに確実性が上がる。ジョージ・オーウェルの『動物農場』（角川書房など）の有名な一節をもじって、「4本足は良い。2枚耳は悪い」〔オーウェルの元の一節は、「4本足は良い。2本足は悪い」〕と言っておこう。

このような音像定位能力が、オコーネルが目撃した迷子の子ゾウにハッピーエンドをもたらす可能性もあったわけだが、この子ゾウの場合はそうではなかった。とはいえ、すべてが失われたわけでもなかった。ゾウは社会的な動物なので、この子ゾウと血はつながっていない、年長のオスの群れが近くで待機していたのである。やがて子ゾウが大きな唸り声をあげた。そして、しばらくすると、彼の家族が戻ってきた。おそらく、空気中を伝わってきた子ゾウの唸り声をどこかで聞きつけたのだろう。

地面を伝わる音波が感知できるゾウは、地震の兆候が前もってわかるという説がある。しかし、壊滅的な被害をもたらした、2004年のスマトラ島沖地震と、それに続くインド洋大津波の際に収集された証拠は決定的なものではない。アジアのゾウたちは、津波が押し寄せる前に高台に移動し、背中に乗せた観光客を助けたという話がたくさんある。しかし、オコーネルによれば、当時の唯一の科学的証拠は、そのときたまたま位置情報を発信する首輪を付けていたスリランカのゾウの、たったひとつの群れから得られたものだけだったそうだ。そして、この群れのゾウは何ら特別な行動はとらなかったという。「これらの噂話のなかには、私たちが期待することと一致するものもあります」とオコーネル。ゾウたるもの、津波が押し寄せる約30分前に地面の揺れに反応すべきだという期待に。彼女は海底にある大陸棚が障壁となって、地震の振動がスリランカのゾウの群れに届かないようにとどめたというのが本当のところだと考えている。「誰かが目撃した単なるエピソードも、それを裏付ける統計が積み重なると強力なものになるんですが」とオコーネルは言い添える

手の皮膚を振動させる補聴器も

地面を伝わる音を使ったゾウのコミュニケーションはとても優れているので、人間もそれを利用して、群れからはぐれたゾウを見つけ、安全な場所に戻らせるのに使っている。オスのゾウは、交尾の準備ができたメスを探して、遠くまで広い範囲をうろつく。メスのゾウの卵子が受精可能なまでに成熟するのは、4~6年に1度、4、5日間だけなので、オスにとって相手探しは時間との闘いだ。さまよい歩くオスは、安全な国立公園の外に出てしまい、近隣に暮らす人間に出くわして、危険な状況になるこ

ともある。公園の管理者たちは普通、はぐれたオスを連れ戻すために、ヘリコプターを使ったり、空に向けて銃を発砲したりする。だが、姿が見えないオスに向かって、あらかじめ録音してあった、交尾の準備ができているメスの呼び声――空気中を伝わる成分と、地面を伝わる成分を両方とも――を大音量で聞かせれば、オスは保護区域に帰る気になるだろう。「早く戻らせられれば、そのほうがいいのです」とオコーネル。『ユートピア・サイエンティフィック（Utopia Scientific）』というオコーネルのウェブサイトに行けば、メスの声を聞こうと懸命なオスの動画を早送りすると、杖とぶかぶかの靴で、あの個性的な歩き方をするチャーリー・チャップリンとそっくりになることがわかって笑える。

鳴き声の、空中を伝わる成分のほかに、地面を伝わる成分も使えることには利点がある。より遠く離れたところにいるオスを呼び寄せられるのである。空中を伝わる音を周辺に流すだけでは、５００メートル以内のオスにしか伝わらないのに対して、地面を伝わる成分も同時にあれば、数キロメートル離れたところからでもオスを引き寄せられるのだ。公園管理者たちは、録音したメスの声を流す音源を、安全な距離を保ちながら徐々に公園へと動かすことにより、オスのゾウを移動させることができる。しかも、このとき管理者らに危険が及ぶことはない。おまけに、ゾウが歩くあいだに発生した地面を伝わる波を感知することで、自然環境保護活動家たちはゾウの頭数を数えたり、違法な密猟活動を見つけたりもできるわけだ。

人間も地面を伝わる振動を感知できるが、機械の助けなしにゾウをとらえられるほどの精度はない。もっとも、アメリカ先住民たちは、裸足の足の裏にある圧力センサーを使って、バイソンの大群がどこにいるかを特定していたのかもしれない。一方、オーストラリアの先住民が演奏する笛のような形をした木製の楽器ディジュリドゥーは、地面を振動させることが音色の重要な要素になっている――この楽器は、一端を床の上に載せて演奏するのだ。聴力に障害がある人の一部は、通常は耳からの信号を扱う脳の部位――聴覚皮質――を、振動の解析に使う。オコーネルは、アフリカに来ていないときには、これを利用した、手の皮膚に当てて振動させるタイプの補聴器を製作している。耳を使わなくても、玄関の呼び鈴や電話の着信音など、役立つ音が聞こえるわけだ。「私たちは、ブライユの点字〔ブライユはアルファベットの点字を開発した19世紀のフランス人〕のようなものを開発しようとしているのです」とオコーネルは言う。彼女はさらに、このタイプの補聴器は、人工内耳〔音の信号を電気信号に変換することによって、蝸牛内部でセンサーの役割を果たしている有毛細胞の代わりを務める装置〕で苦労している人たちの聴覚皮質を訓練する助けにもなると考えている。聴覚に問題がない人々にとって、振動は今日ではそれほど重要視されていない。「私たちも振動を感知できるのですが、それに注意は払わなくなっています」とオコーネル。「長距離コミュニケーションには携帯電話が使えますしね」

昆虫からゾウへ、そしてさらに補聴器へ、オコーネルは比類ない旅を続けてきた。彼女はこれらの動物と共に活動するのは素晴らしいことだと言う。「野生のゾウのコミュニティーに近い、人里離れたところに行けるんですよ。知っているゾウたちが、どんな生活をしているか、つまり、彼らが毎日、コミュニケーションし、何か新しいことを学ぶのを、見守ることができるのです」と彼女は言う。「ゾウの社会への窓を持っているなんて、私はとても恵まれていると思います。彼らを理解するには、何人もの人間が人生をかけて取り組む必要があるのかもしれません」

イセエビと水中の音

さて、では、陸上で最大の動物の話から、今度は、水中の小さな動物の話へ。あなたがそうかどうかはわからないが、世の中には、鍋に湯を沸かしてイセエビをゆでるとき、死にゆくイセエビが叫び声をあげるのが聞こえるという人がいる。この声は、イセエビの最期の瞬間が苦痛に満ちているという証拠だと彼らは言う。イセエビが傷みを感じるかどうか、動物学者にはっきりしたことは何も言えない。だが、イセエビが出す音はすべて、殻と体のあいだに閉じ込められた気泡が熱で膨張して、殻の隙間を押し出されるときに立てる音だということは間違いない。

とはいえ、生きているイセエビが声を出さないというわけではない。ロードアイランド大学の『海の音の発見（Discovery of sound in the sea）』というウェブサイトに行けば、ありとあらゆる水中動物の出す音を再生することができる。イセエビ、クジラ、エビから、クロオビイサキ、メアジ、クロゾウスズメダイまで。多くの動物が、新米船員が妙だと感じるような音を立てる。そんな水中動物のひとつ、ガマアンコウは、錯乱したヤギのような声を出す。しかし、物理の観点からいうと、「奇妙な音」のチャートのトップは、カリフォルニアイセエビ（*Panulirus interruptus*）だ。

赤茶色で体長30センチにもなるカリフォルニアイセエビは、粋な縦じま模様の足と、とても長くて立派な、とげのある触角を持っている。生息地はカリフォルニアからメキシコに至る太平洋岸沖だ。カリフォルニアイセエビは、誰かが金属製の櫛の歯を素早く何度もテーブルの角にこすりつけているような音を立てる。これよりもっと不思議なのは、そもそもなぜカリフォルニアイセエビは、そんな音を立てるのかという理由だ。

第2章でモンハナシャコとアギトアリの研究の紹介で登場してもらった、アメリカのデューク大学の生物学者、シーラ・パテクによれば、海はポンポン、パチパチ、ヒューヒュー、ブンブンなど、いろいろな音があちこちで鳴り響いている騒々しい世界だ。砕ける波、雨粒、地震、船、潜水艦、そして海軍のソナー装置も、ゴーゴー、パチパチ、シューシュー、ピッピッと音を立てる。第2章で出会ったテッポウエビをはじめ、さまざまな動物が、コミュニケーションする、異性を引き付ける、縄張りを守る、周囲を探る、そして餌を見つけるために、音を立てる。第6章で説明するとおり、光は、海の表面からあまり深いところまでは届かない。海の底は暗いか、あるいは真っ暗なので、多くの海生生物にとって、音が一番頼りになるのだ。

水中では、音はまったく違った振る舞いをする。「根本的に違うのです」とパテク。水の分子は振動してもあまりエネルギーを失わないので、音は空気中よりもはるかに遠くまで伝わる。減衰しにくいため、海の生き物が立てる音は、消えるまでに数千メートルも進む。おかげで動物たちにとって、隠れるのは一苦労だ。また別の問題もある。海に暮らす動物がメッセージを送りたければ、ごた混ぜになったさまざまな音、ややこしいエコー、そして背景ノイズをかき分けるようにして、信号を送り届けなければならない。

おまけに、音は水中を、空中の5倍のスピードで伝わる。その理由を探るため、350年前の世界に戻って、本書ではもうおなじみになった天才、アイザック・ニュートンに今一度会うことにしよう。彼はここまで、本書のすべての章に登場している。しかし、彼が天才だったことは間違いないが、音のスピードの計算では、彼も大間違いをしでかした。彼の仲間の17世紀の科学者たちは、正確な時計などのハイテク装置がなかったにもかかわらず、空気中の音のスピードをかなり正確に測定している。たとえば、0・5秒後にエコーを聞くには、壁からどれだけ離れて立たねばならないかをテストした者がいた。ほかには、遠方で発射された銃の閃光が見えた瞬間に振り子で時間を測りはじめ、銃の音がどれだけ遅れて届くかを確認した者もいた。

1660年ごろまでには、音は空中を秒速349メートルで進むということで、これらの先駆者たちの意見は一致していた。現在受け入れられている、摂氏20度の乾燥した空気中においては秒速343メートルという音速の値より少し大きい。とはいえ、ここまではまあ問題ない。ところが、1687年に出版された、ニュートンの運動の法則も詳細に述べられている名著『プリンシピア』(第2章を参照)のなかに、ニュートンによれば任意の媒体中での音の速度を予測できるという方程式が含まれていた。困ったことに、この式による空気中の音速は、エコーや銃の音を聞き取って測定した音速の20パーセントも小さかったのだ。これは大変だ！　でも、天才ニュートンが間違えるはずないのでは？

ニュートンはこう考えた。音の速度を計算するには、音が伝わっている媒質にかかっている圧力を、媒質の密度で割り、その平方根を取ればいい、と。これがまずかったのだ！　ニュートンは、実際の測定に合わせようとして計算をいじったのだが、残念ながら彼の理論は彼が期待していたほどまっとうではなかった。この不一致は、19世紀前半、フランスの数学者ピエール＝シモン・ラプラス(1749〜1827年)が、ニュートンの思考に、微妙だが致命的な誤りを見つけるまで解決しなかった。

ニュートンは、音波には圧力が高い部分と低い部分が交互に含まれていることは知っていた。しかし、その高圧部は圧縮されて、分子どうしがこすれ合うため、少し温度も高くなっていることには気づいていなかった。音の振動は極めて速いため、熱は逃げることができない。温度が高くなると、圧力も高まり、音速も速まる。これらのことをすべて考慮に入れると、今日「ニュートン-ラプラス」方程式と呼ばれる式が出てくる。この式によれば、ある媒質のなかでの音速を計算するには、その媒質の剛性(ニュートンが考えた「圧力」ではない)を、その物体の密度で割り、その答えの平方根を取る。この式に実測値を入れて計算してみると、例の厄介な20パーセントの不一致は解消している。この成果や、その他のさまざまな努力が評価され、ラプラスは、エッフェル塔に名前が刻まれている72人のフランス人科学者、技術者、数学者のひとりになっている(彼の名前は、北東側、一番下のバルコニーのすぐ下にある)。

さて、時間を21世紀まで早送りして、この2人の天才の名を冠した式を使い、海中での音速を計算しよう。摂氏20度のとき、海水の体積弾性率――剛性の尺度――は、22億ニュートン毎平方メートル(N/m²)で、密度は1025キログラム毎立方メートル(kg/m³)だ。最初の数値を2つ目の数値で割り、平方根を取ると……えーっと、電卓に数値を入れて計算して、と……、100の位に切り上げて、1500メートル毎秒という速度が得られる。海水の温度、塩分濃度、そして水深によって多少値は異なるが、空中の音速の5倍の速さである。

海水中の音速がこれだけ速いことは、好奇心をそそる興味深い事実というのみならず、それ以上の意味を持っている。水中の生物に、大きな違いをもたらすのだ。不利な点としては、音が速く伝わるせいで、動物は、ある音の源を知るために、より速く反応せねばならないことが挙げられる。だが、音源近くの強い音を、少し離れていてもすぐ感知できるという利点もある。この「近距離」の領域では、音を運ぶ水分子は、遠くにある水分子よりも、はるかに強く振動する。このように強力な音源付近の振動は、空気中の音にも存在するが、水中では音は5倍速く伝わるので、地上におけるよりも水中のほうが5倍速く広がるのだ。

カニ、エビ、その他の甲殻類と同様、イセエビも、足に生えている毛を使って、この「近距離の領域の振動」を「感知」する。彼らは、音を感知するのに、人間のような耳を必要としない。人間の耳は、分子の振動を直接感じるのではなく、音波の圧力の増減を感知する鼓膜が備わっている。「私が歩道であなたとすれ違ったとすると、私はおそらく、あなたから風がふわっと流れてくるのを感じるでしょう」とパテク。「しかし、水中ですれ違ったのなら、あなたの動きに付随する振動と波長のすべてを、あなたは私に向かって送ることになります」

聞くに堪えないバイオリン演奏

カリフォルニアイセエビは、人間とは違う聞き方をするのみならず、パテクの意見では実にユニークな方法で音を立てる。彼らはそうせざるを得ないのだ。カリフォルニアイセエビは、2、3か月に1度、硬い外骨格を脱ぎ捨てる「脱皮」を行う。脱皮は成長には欠かせない。だが、鎧《よろい》を失ってしまうので、代償を払うことにもなる。むき出しのくにゃくにゃな体は、通りすがりの魚、タコ、ラッコにはおいしいおやつになるし、カリフォルニアイセエビには自衛に使えるような爪がなく、とげとげの触角があるだけだ。そこでカリフォルニアイセエビは、音を敵に対する武器にする。しかし、一部の甲殻類とは違って、カリフォルニアイセエビには、洗濯板を指ぬきでこするように、何か硬いものをこすり合わせて音を立てることはできない。この方法には、硬い面が2つ必要だが、脱皮直後のカリフォルニアイセエビには、そんなものはない。

パテクが見出したことには、カリフォルニアイセエビは、自分の体をバイオリンのように使って音を出している。こんな方法で音を出す動物など、ほかに発見されたことはない。とはいえ、その音は決して耳に心地よいものではない。ベートーヴェンのコンチェルトには程遠く、むしろ自動車のクラクションに近い。それは、「スティック・スリップ」と呼ばれる、柔らかい表面で何か滑らかなものをこするときに起こる現象を利用するものだ。バイオリンでは、弓（伝統的には、脱色した馬の尾毛で作られる）で弦（最近ではナイロンのものが多いが、伝統を重んじる人はガットのものを使う。ガットは主にヒツジの腸である）をこするときに生じる。

「バイオリンを演奏するとき、腕を上下させて、常に弓を動かします。しかし、高速ビデオ画像でもっと詳しく見てみると、弓は弦に対して、くっついて動かなかったり、すべって動いたりを周期的に繰り返しているのがわかるでしょう」とパテク。だからこそバイオリニストは、自分の弓に松脂《まつやに》を塗るのだ――適度な摩擦が生じ、音色がよくなる。弓が弦を横切って「滑る」とき、弓は摩擦でひっかかって止まり、やがてスムーズに滑りだす、ということを何度も繰り返しながら、動くたびに振動を――そしてその結果、音を――生み出す。

カリフォルニアイセエビは、弓は持っていないが、左右の触角の付け根に1個ずつ柔らかい撥《ばち》があり、それで左右の目の下にある滑らかで硬い「板」の上をこする。撥が板の上をスティック・スリップ方式で動くたびに音が出る。カリフォルニアイセエビは、2本の触角を使って同時に音を出す。まるで、2本の弓で演奏するヴァイオリニストのようだ。脱皮直後のカリフォルニアイセエビは、目の下の硬い板は柔らかくなるが、それでも音を作るシステムはちゃんと機能する。というのも、コオロギなどの昆虫が使う洗濯板の手法とは違って、音は硬いパーツには依存しないからだ。「2つの柔らかい面によるスティック・スリップ方式は、脱皮周期を通して有効で、カリフォルニアイセエビは、危機にさらされると、これを一生懸命使うのです」とパテクは語る。

この方式の要《かなめ》は摩擦にある。摩擦は第2章でも登場した、2つの面がこすれ合うときに働く、動きを妨げる力だ（回転する車輪のエネルギーの一部を奪って、古代ギリシアの哲学者たちを混乱させた力である）。スティック・スリップでは、摩擦はカリフォルニアイセエビの触角やバイオリニストの腕の運動からエネルギーを奪い、それを音に変えている。プロのバイオリニストの場合、その動きは音楽をもたらす。まだうまく演奏できない子どもの場合、それは聞くに堪えないキーキーした音になる。そしてカリフォルニアイセエビの場合は、不快極まりない逃げたくなるようなギーギー音になる。

正しく演奏されれば、バイオリンは素晴らしい音色を出すが、それは、弦と本体が特定の周波数で共鳴するような形状に設計されているからだ。一方、カリフォルニアイセエビは、広い範囲のさまざまな周波数の音を出す。「音楽のようには聞こえません」とパテク。「ただ広範囲の音がキーキー鳴っているノイズにすぎません。捕食者に対抗する音はたいていそうです。彼らは耳に心地よい音を出そうなんて思っていません。とにかく捕食者の聴覚系統を痛めつけたいのです」。鳥の群れがネコに寄ってたかって甲高い「ピッピッ」という声で威嚇するときや、捕らえられたウサギが金切り声を出すときのように、陸上生活するすべての動物はストレスを受けているときに不快な音を出す。それと同じように、カリフォルニアイセエビは、攻撃してくる敵がその音を耐え難いと感じて去ってくれることを願って、できる限り大きなギーギー音を出そうとする。

パテクのウェブサイトに行けば、カリフォルニアイセエビの音を聞くことができる。スティック・スリップ方式で立てられた軋み音は、こすれ合っている面の片方が柔らかいことからすると、驚くほど耳障りだ。このウェブサイトで紹介されている、同様の方法で音を出すほかのイセエビの仲間たちも、一度聞いてみる価値はある。インド洋の東部から中心部にかけて分布するワグエビ（*Palinustus waguensis*）は、金属製の片手鍋のなかではぜるトウモロコシのような音を立てる。その近くに暮らすカノコイセエビ（*Panulirus longipes*）は、カズーというアフリカ起源の笛にインスピレーションを得たのか、というような音だ。ほかのエビたちは、カエルと勘違いしそうな音を立てる。

生物に関する多くのことがそうであるように、敵に抵抗するために音を使うという戦略は、単純ではない。「どうしようもないジレンマがあります」とパテク。「捕食者を追い払う、つまり、敵に自分を食べるのをあきらめて、走り去ってもらうために音を立てたいのですが、そのことによって同時に、周囲にいるすべての動物に、自分は攻撃されかかっていると知らせることになって、その動物たちまでやってきて、自分を食べてしまうかもしれない状況を作ってしまうわけです」。カリフォルニアイセエビは、1匹の攻撃者から身を守りながら、ほかの動物に対して、自分の弱さを強調してしまう。しかし、カリフォルニアイセエビは今のところ幸運だ。水中では、カリフォルニアイセエビの「金切り声」は遠くまで伝わるだろうと思われるかもしれない。だがパテクの測定によれば、周囲のノイズがあまりに大きいので、この捕食者に対抗するための警告音は、約1メートル進んだあとは背景ノイズにかき消されてしまうのだ。

スティック・スリップ摩擦がどのように働いているかについては、まだわからないことがたくさんある。「それは本当に興味深い物理的メカニズムで、極めて困難な研究分野でもあります」とパテク。「探るべき謎は、とても長いリストになります。海洋哺乳類と一部の魚類を除き、海の動物が出す音については、ほとんど何もわかっていません。ですから、より大きな全体像のなかでこれを位置付けるのはとても大変なことです。音は間違いなく水中を伝わります。しかし、音は海底を通しても伝わっているのかもしれません。そもそも、海洋動物は一般的に耳を持っているのかや……あるいは近距離の音しか聞かないのかなども、わかっていないのです。そして、つまるところ、海はノイズに満ちた移ろいやすいところなので、ノイズのない現実的な測定を行うことはほとんど不可能なのです」

カリフォルニアイセエビがどうやって音を立てるのかを完全に物理で理解することはできないのかもしれないが、ひとつはっきりしていることがある。カリフォルニアイセエビの音は、捕食者を遠ざける。ある研究でスティック・スリップ方式を使えないようにしたカリフォルニアイセエビは、「金切り声をあげる」ことのできる個体よりも速く攻撃されることがわかった。バイオリンを奏でることで、カリフォルニアイセエビは、なんとか自衛しているわけである。

まとめ

空気の高圧部と低圧部が交互に現れる波である音が、動物界の至るところで重大な影響を及ぼし得るということは注目に値する。人間にとって音は、イライラの元になることが多い。授業中に好き勝手に騒いでいる生徒、轟音を立てながら住宅地を走り抜ける車、唸りながら回っている洗濯機などなど。こんなノイズなどなければ、どんなに気持ちよく暮らせることか。しかし、多くの動物にとっては、音は生き残るために極めて重要だ。本章で見たように、オスクジャクは周波数が低すぎて人間には聞こえないインフラサウンドを使ってメスに求婚する。コウモリは逆に周波数が高すぎて聞こえない超音波を使って獲物を探し、また、洞穴の壁との衝突を避けるためにもこれを使う。サハラツノクサリヘビは、地面を伝わる振動を使ってネズミを追跡し、ゾウも同様の方法で危険を感知する。カリフォルニアイセエビなどの水中で生活する動物にとっては、音は自分の身を守るために不可欠だ。

音を巡っていろいろな動物を見ることで、私たちは、速度、波長、周波数、振幅、そして音の高さなど、音の物理も一とおり学んだ。減衰、三角測量、そして水中の音についても論じた。第6章では、動物にとって極めて重要なもうひとつの波に取り組む。それは光である。しかし、その前に、数百年にわたって人間を不思議がらせていた2つの物理現象を探ってみよう。まずは、私たちがこの2つの物理現象を理解できるようにしてくれた、南アメリカの魚の話をしよう。

第5章 電気・磁気

デンキウナギからオリエントスズメバチまで

- 強力な電池、デンキウナギ
- 花の電場をとらえるハナバチ
- 生物版GPSを使うカメ
- 量子力学の専門家、カリバチ

ツイートするデンキウナギ

1990年代、ティム・バーナーズ-リーが、ジュネーブ郊外にある素粒子物理学の研究所CERNに勤務していた当時、ワールド・ワイド・ウェブを思いついた背景には、世界中の科学者が研究データを共有できるようにしたいという思いがあった。やがてそれが、ユーチューブに人々が可愛い動物の動画をどんどん投稿するような事態をもたらすとは思いもよらなかっただろう。そんな動画のなかで大評判になったひとつが、ターダー・ソース〔あだ名はグランピー・キャット〕――「世界でいちばん不機嫌なネコ」――だ。2012年、その飼い主が、このいかにも哀れなむっつり顔をしたネコの動画を投稿すると、ネット上で大きな話題になった。今では、このふてくされたネコの写真がついたマグカップやTシャツ、それに、このネコの本やカレンダーまで購入することができる。

ツイッターでは、アヒルやイヌから、オウムやモルモットにいたるまで、ありとあらゆるものについて、愛好家たちがつぶやいている。だが、私たちのお気に入りは、アメリカのチャクヌーガにある、テネシー水族館のワールド・ギャラリーを流れる川で飼われている、ミゲル・ワットソンというデンキウナギ（*Electrophorus electricus*）だ。彼がツイッターで、@ElectricMiguel というハンドルネームを使って初めてつぶやいたのは2014年後半のこと。メッセージを書いているのは水族館の職員だが、つぶやきをいつ発信するのかをコントロールしているのはミゲルだ。ミゲルが水槽のなかをうろつきながら発する電気パルスを検出する装置があって、そのパルスの強度があるレベルよりも高いと、あらかじめ作成されリスト化されている多数のツイートのなかからひとつが新たにソーシャルメディアに発信されるという仕組みだ。

ツイートのほとんどは、ブーイングが出そうな動物がらみのジョークだ。たとえば、「海で一番強い生き物はなーんだ？　それは、イガイ（mussel）！」〔英語でイガイを意味する mussel と、筋肉を意味する mustle が同じ発音であることを利用した駄洒落〕、「ニワトリとアヒルが降る天気を何と呼ぶでしょう？　それは、鳥の天気（fowl weather）！」〔悪天候を意味する英語に foul weather があり、鳥を意味する fowl が foul と発音が同じことを利用した言葉遊び〕、そして、「ハミングバード（ハチドリ）がハミングしているのはなぜ？　それは、歌詞を忘れちゃったから」などなど。ジョークはそれくらいにしておこう。さて、ミゲルが出す電気パルスは、1台のアンプで「ポン、ポン」という音に変換されて、水族館のなかをあちこち歩き回る来場者に聞こえるように、館内にも流される。「ポン」と音がするたびに、電球にも光がともり、その明るさは、パルスの強さに応じて変化する。ミゲルが放射する電気は、そのままでは音はしないが、このように工夫して、音と光の饗宴《ソンエリュミエール》に変換されている。

寒い駄洒落はちょっといただけないが、この水族館のプロジェクトには、デンキウナギの知名度を上げる教育的な効果がある。デンキウナギの評判はあまり芳しくない。カニなどの獲物を気絶させて殺すためにデンキウナギが発する電気パルスは、人間でも怪我をするほど威力がある。だから、もしも皆さんがミゲル・ワットソンを見に行こうと思っておられるとしたら、絶対に彼の水槽に手を入れないように。とはいえ、十分離れているかぎり、デンキウナギは動物が電気と磁気をどんなふうに利用するかをテーマとする本章の最初に登場するのにまさにぴったりだ。18世紀の後半、電気について最初に研究した科学者たちのなかには、デンキウナギなど、電気を発生する動物にインスピレーションを得た人もいた。おまけに、最近になって、デンキウナギは、アメリカなどで警官が使うテーザーガンと同様の方法で、獲物を気絶させることが発見された。テーザーガンを発明したのは、ＮＡＳＡの物理学者ジャック・カヴァー。カヴァーはかつて愛読した児童書のヒーロー、トム・スイフトにちなんで、彼が活躍する本のタイトル、『トーマス・A・スイフトの電気ライフル（*Thomas A. Swift's Electric Rifle*）』の頭文字、T、A、S、E、Rを並べて、この銃の名前にしたのだ。

指摘しておかねばならないことがある。見かけとは裏腹に、デンキウナギはウナギではない。デンキウナギは、硬骨魚類と呼ばれる、硬い骨で骨格ができている魚のグループに属す淡水魚で、南アメリカのアマゾン川やオリノコ川に沿って点在するドロドロの沼地や小川の底でうろうろしている（ウナギも魚だが、違うグループに属する）。背中は灰褐色、腹部は黄橙色のデンキウナギは、体長2・5メートルにも達し、平らな頭と大きな口を持っている。デンキウナギの視力は極めて弱い。活動はもっぱら夜行い、腹部に1枚だけ存在する、体の長手方向に伸びた長いヒレを揺らして泳ぐ。川の水には酸素があまり含まれていないので、デンキウナギはエラから十分な酸素を取り込むことができない。このため、10分おきに水面まで上がり、空気を吸い、また川底へと沈む。デンキウナギは繁殖時の習慣も独特だ。オスが唾液で作った巣のなかにメスが産卵するのである。

人工電気器官

だが、デンキウナギについて最もよく知られているのは、その電気パルスを発生させる能力であり、そのせいでこの魚は恐れられてもいる。こんな摩訶不思議な生き物の話がヨーロッパに初めて届いたのは、16〜17世紀のことだ。たとえば、フランスの天文学者ジャン・リシェ（1630〜1696年）は、1670年の探検旅行の際に、ウナギのような魚を見たと報告した。それは「足ほどの太さ」があり、指で触れたところ15分にわたって腕がしびれてしまったという。このような「震えるウナギ」に好奇心をそそられ、ヨーロッパからやってきた旅行者たちは、今日なら倫理的観点と衛生安全の立場から許されないであろう、悪趣味な実験を行った。彼らは地元の人々に、このたぐいの魚が1匹入った水槽に腕を入れて、素手や金属棒で魚に触れるよう勧めたのだ。それは極めて危険で――十分成長したデンキウナギは600ボルトを超える電気ショックを起こせることが今では知られている――、もう一度やりたいという者はほとんどなかった。1745年にイギリスの外科医デール・イングラムが、マデイラ・ワイン〔ポルトガル領のマデイラ島で作られるアルコール度数の高いワイン〕の樽から外した鉄のタガでデンキウナギに触れようとしたとき、デンキウナギの電撃は非常に強力で、タガそのものが彼の手からふっとんでしまった。まるで、目には見えない敵が、剣士の手から武器を奪ってしまったかのように。

歴史家のウィリアム・ターケルが自著の『水底からのスパーク（*Spark from the Deep*）』で述べているように、これらの報告は18世紀の科学者たちの関心を引いた。そのなかには、アメリカのベンジャミン・フランクリンやイギリスのジョゼフ・プリーストリーといった、電気という摩訶不思議な現象を解明しようと躍起になっていた者たちもいた。こうした研究者は、耳にしたこれらの話から「震えるウナギ」が起こすショックは、電気に由来するのだと確信するようになった。この推測は1775年、イギリスの科学者ジョン・ウォルシュによって確かめられた。彼は南米からロンドンに輸入されたウナギが、空中に電気スパークを飛ばすことを発見したのだ。これを自分の目で確かめた人々は、疑いを捨て、デンキウナギの起こすショックは、稲妻などもっと馴染み深い形の電気に結びついているのだと納得した。

ノートパソコンと電球に慣れっこになっている現代人は、電気を当たり前のものと思っている。しかし、18世紀にはそれはじつに奇妙な現象で、電気の効果を一般市民に公開するイベントが大いに人気を博した。たとえば、ドイツの教授ヨハン・ハインリッヒ・ヴィンクラーは、召使の体に電気をためておいたうえで、ブランデーが注がれたグラスを勧めた。「召使の舌から出たスパークでブランデーに火がつき、居合わせた全員が面白がった。当の召使だけはそうではなかっただろうが」と、ターケルは『水底からのスパーク』に記している。これらの公開実験には、よからぬ結果を招いたものもあった。スイスの医師ジーン・ジャラバートが、ライデン瓶――電荷をためる装置――を使って、自分の腕の筋肉を自分の意識とは無関係に収縮させると、「電気療法」が熱狂的ブームになった。医師たちは、てんかんや開口障害から、リューマチや歯痛まで、ありとあらゆる病気に苦しむ患者たちを電気で治すことができるかどうかを知りたがった。ターケルはエセキボ（現在のガイアナ）というオランダの植民地の役人についての、おぞましい話を語っている。この役人は両腕両足が曲がっていた奴隷の少年を、毎朝、デンキウナギが1匹入った桶に放り込んだ。デンキウナギは極めて強いショックを与えたので、少年は桶から這い出るか、誰かに力いっぱい引き上げてもらうかしなければならなかったし、彼を手伝った人も感電した。少年は治るどころか、脛《すね》の骨が変形し、元に戻らなくなってしまった。

初期に行われたこのような実験は後味が悪いが、デンキウナギが科学に大きな影響を与えたことは間違いない。ジョン・ウォルシュが、デンキウナギは電気スパークを発生させることを証明したという知らせは、瞬く間にヨーロッパじゅうに広まり、それに刺激を受けたイタリアの科学者ルイジ・ガルヴァーニ（1737〜98年）は、カエルを使って、電気が神経や筋肉の働きを助けていることを示した。デンキウナギが近代神経科学の誕生をもたらしたと言ってもいいだろう。ウォルシュの研究は、もうひとりのイタリアの科学者アレッサンドロ・ボルタ（1745〜1827年）も刺激し、彼は異なる2種類の金属からなる1本のワイヤーの両端をカエルの神経に押し付け、その筋肉を収縮させる実験を行った。ボルタがこの2種類の金属からなるワイヤーを1本自分の口に入れたところ、彼は酸の刺激を感じ、そのことから、ワイヤーが舌の味覚センサーを電気的に刺激しているのではないかと推測した。この経験を元に、彼は銀と亜鉛の円盤を交互に重ねて積み上げ、そのあいだに食塩水を浸み込ませた薄い紙をはさんで円盤どうしがじかに接触しないようにして、電気を生み出す装置を作成した。このデンキウナギにインスピレーションを得た「ボルタ電堆《でんたい》」は、世界初の電池だった。ボルタの装置は、デンキウナギとの共通点が多数あったので、1800年、自分の発見したことをまとめて、王立協会に提出する論文を書いたとき、この装置のことを彼は「人工電気器官」と呼んだ。今日では、デンキウナギには、数千枚の薄い円盤状の細胞が積み重なった、ボルタの世界初の電池を巨大化したような構造があることが知られている。これらの円盤状の細胞は、電気細胞と呼ばれ、デンキウナギの体の3分の2を占める、合計3つの器官のなかにぎっしり詰まっている。その一方で、デンキウナギの心臓、腸、そして肝臓は、体の前部の狭い領域に詰めこまれている。だが、これらの細胞はどのようにして電気を生み出すのだろう？　また、それと並行して、そもそも電気とは何なのか、考えてみよう。

デンキウナギは巨大な900ボルトの電池

電気を意味する英語「electricity」は、琥珀《こはく》を意味するギリシア語「elektron」から来ている。化石化した黄色い樹液である琥珀は、動物の毛皮でこすると、電気を帯びる。こすることで、電子――どんな原子のなかにも存在する、負の電荷を持った粒子――が毛皮から琥珀に移るのだ。この負に帯電した琥珀を使えば、細かく切った紙切れを、くっつけて集めることができる（琥珀が、紙のなかにある電子を遠ざけ、紙の表面を電気的に正の状態にするので、その結果、負に帯電した琥珀に紙が引き付けられる）。これと同じことは、あなたが着ているジャンパーに風船をこすりつけたときにも起こる。電子を風船に移したことになるわけだ。だから、その風船を壁にくっつけたり、風船に引っ張らせて、髪の毛を逆立てたりできる（子どもたちのパーティーを盛り上げるのにぴったりだ）。これが摩擦電気の効果である（英語の摩擦電気「triboelectricity」は、「私はこする」を意味するギリシア語「tribo」を「eletricity」にくっつけたもの）。摩擦電気のせいで、ナイロンのカーペットの上を歩いただけで、数千ボルトにまで帯電することもある。そんな状態で金属製のドアノブに手を伸ばしたら、手からノブに向かってスパークが飛ぶだろう。「あ痛たた……！」

　毛皮でこすった琥珀や、ナイロンで帯電されたあなたの体にたまった電気は、静電気の例だ。静電気を帯びた物体の表面には、本来あるべきよりもたくさんの（あるいは少ない）電荷が存在している。この電荷は、電流として流れることができない限り、そこにとどまり続ける――それが「静」電荷と呼ばれるゆえんだ。あなたの手とドアノブが少しでも接触すると、そこに電流が流れ、たまっていた静電気は移動してしまう。静電気はコピー機にとっては不可欠だが、私たちが日常生活で経験する電気のほとんどは、金属ワイヤー、ケーブル、あるいはトランジスタのなかを流れる「電流」という形をしている。つまり、電流とは電荷の流れである。その電荷を運んでいるのが電子である場合、その電子の数は途方もなく多い。１アンペアの電流では、ある１つの点を、１秒間に６００京《けい》個（6×10^{18}個）を超える数の電子が流れている。アンペアという単位は、フランスの物理学者アンドレ＝マリ・アンペール（１７７５〜１８３６年）にちなんで名づけられた。アンペールは、電流が流れている２本のワイヤーを近づけると、電流が同じ向きに流れているときにはワイヤーは引き付け合い、電流が逆向きなら反発しあうことを発見した。ピエール＝シモン・ラプラス（第4章を参照）と同じく、アンペールの名前も、エッフェル塔に刻まれている。エッフェル塔の銘には、2つの名前を＝でくっつけているフランスの物理学者がもうひとりいる。シャルル＝オーギュスタン・ド・クーロン（1736〜1806年）がその人で、彼の苗字クーロンは、1アンペアの電流が1秒間に運ぶ電荷の量の単位となっている。電流のなかはとても混み合っているのだ。

電気の単位がフランス人の独擅場というわけではない。イタリアのボルタは、電気的なポテンシャル・エネルギーに相当する電圧の単位「ボルト」に名を残している。電池のなかにある電子は、負極から正極に向かって流れる「ポテンシャル（可能性）」を持っているが、実際に流れるのは、2つの極を、たとえば自転車のライトなどを介して、ワイヤーでつなげるときだけだ。電流は、谷川を流れる水のようなもので、エネルギーを消費して、山の頂上にあたる電圧の高さまで電荷を持ち上げなければ流れない。山が高ければ、電圧の値は大きく、水は滝のように勢いよく落ちる。山が低ければ、電圧も低く、流れはゆるやかだ。山を2つ上下に積み重ねると（現実の山ではありえないが、頭のなかで思い描いてほしい）、電圧は2倍になる——1・5ボルトの電池を2つ縦につなぐと3ボルトになるように。電流と電圧をかけ合わせると、ワットの単位で表した電力の値となる。ワットは、バーミンガムを拠点としていた技術者ジェームズ・ワットにちなんで名づけられた（テネシー州のデンキウナギがミゲル・ワットソンと呼ばれていたのはこのため）。

だが、電流はいつも必ず電子が流れているわけではない。電子を失った原子（正に帯電したイオン）や、電子を余分に持っている原子（負に帯電したイオン）が流れている場合もある。デンキウナギの場合がそうで、ナトリウム、カルシウム、そしてカリウムの、正に帯電したイオンが電流をなしている。これら

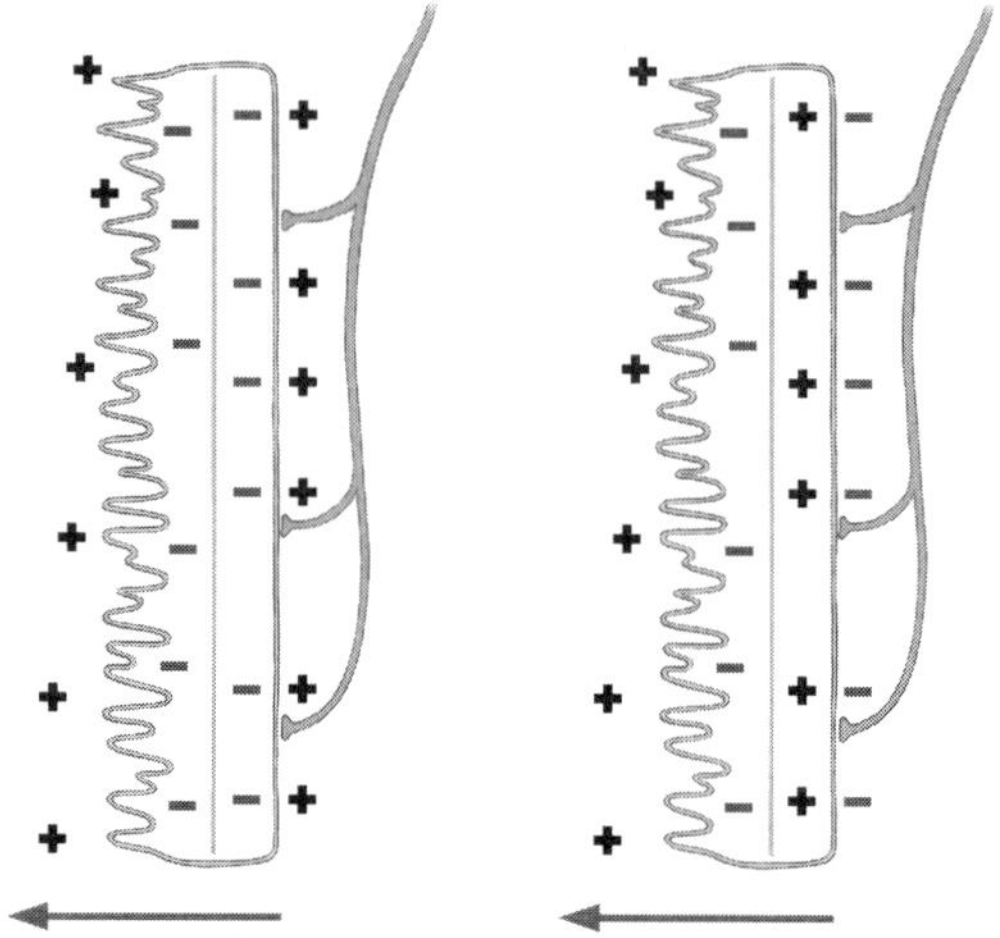

図5-1 スイッチを入れる
デンキウナギには、何千個もの電気細胞が積み重なっており、神経（曲線で示されている）が各細胞の片側を脳につなげている。電気細胞がオフのとき、電圧はゼロだが、オンのときは+0.15ボルトだ（askanaturalist.comのイラストに基づく）。

の正イオンは、電気細胞の表面を通って行き来しているが、やがて外側に付着し、外側を正に帯電させる。細胞の内面——正イオンが不足している——は、負に帯電している。細胞の表面の外側と内側が、正極と負極となって、小さな電池のような状態になる。その電圧は0・085ボルトだ。普通の単三電池が1・5ボルトで、自転車のライトにはこれが2本必要なので、細胞表面の電池は大した電圧ではない。問題はもうひとつある。電気細胞の右側も左側も外が正で内側が負なので、2本の電池を負極どうしが接触するように（＋−−＋と）置いた状況になっている。全体としての電圧はゼロで、これでは電流は流れない。でも、ちょっと待って……。デンキウナギには秘策があるのだ。

電気細胞の形は対称的ではない。片側は凹凸が激しいが、反対側はなめらかで、神経線維によってデンキウナギの脳につながっている。デンキウナギが興奮すると、なめらかな側にたくさんある小さな穴が開き、電気細胞の表面にくっついていた正イオンが細胞内部へと流れ込んで戻ってくる。すると、なめらかな側は、内面が正で外側が負になり、0・065ボルトの電圧が生じる。凹凸が激しい側は、依然として外側が正、内側が負の0・085ボルトなので、細胞全体では、＋－＋－となる。0・065に0・085を足すと0・15ボルトで、さっきよりはるかに大きな電圧になっている。

なめらかな側の穴は、最終的には閉じてしまい、細胞は電圧を失うが、デンキウナギはぬかりなく、すべての電気細胞が同時にオンになるよう同期させる。電気細胞は6000個もあるので、1匹のデンキウナギは、6000×0・15ボルト＝900ボルトの電圧を生み出すことができる。言い換えれば、デンキウナギは、頭が正極でしっぽが負極の、巨大な900ボルトの電池のようなものだ。電流は、デンキウナギの体の前部から流れ出て、水中を進み、しっぽに戻ってくる。電流の大きさははっきりとはわからない。というのも、デンキウナギの周囲全体を流れるからだ。しかし、デンキウナギにでくわした動物はみな、電気ショックを受けることになるだろう。

獲物を見分ける秘術

これで、デンキウナギがどうやって電気を発生させるかがわかった。しかし、彼らはこの電流をどのように使って、獲物を気絶させるのだろう？　デンキウナギは何百年にもわたって研究されてきたが、この点については、なかなか解明できなかった。しかし、２０１４年になって、ヴァンダービルト大学のケネス・カターニアがこの問題に興味を抱き、ようやく解決することになる。デンキウナギの実験をしたい人は、まず、このヌルヌルする魚を1匹捕まえなければならない。デンキウナギを手でつかむのは大変だ。というのも、デンキウナギが完全に放電しきって、へとへとに疲れてしまうまで待たねばならないからだ。カターニアは、そんなことはせず、販売業者から4匹のデンキウナギを購入して、スーパーマーケットのショッピングカートぐらいの大きさのプラスチックの水槽のなかに入れた。デンキウナギたちにくつろいでもらうため、彼は底に小石を敷き詰め、プラスチックの枝や植物を入れ、水温を快適な摂氏25〜26度に保つようにした。アーニー、エリー、そしてさらに2匹（名前はもらえないままだった）のデンキウナギには、餌としてミミズとザリガニを与えた。

4匹のデンキウナギをぜひともスローモーションで見ようと、カターニアは高速ビデオカメラを取り付け、デンキウナギが発生する電流を測定するため、水中に電気センサーを設置した。多くの人々がこれまでに気づいたことだが、カターニアも、デンキウナギはぐうたらではないことを確認した。デンキウナギは、周囲の水流が怪しげな変化を起こしたときには、その３００分の1秒後にそれを感知することができる。「眠っていたとしても、あなたが水をほんの少しかき回しただけで、彼らは起きだすんですよ」とカターニアは説明する。デンキウナギに周囲の状況がわかるのは、彼らの顔に穴の形をした小さなセンサーがあって、それが常に周囲の水のなかの電場を監視しているからだ。あなたが向こう見ずな人で、片手をデンキウナギの隣に沈めたとすると、電場がゆがみ、その結果、デンキウナギの皮膚の

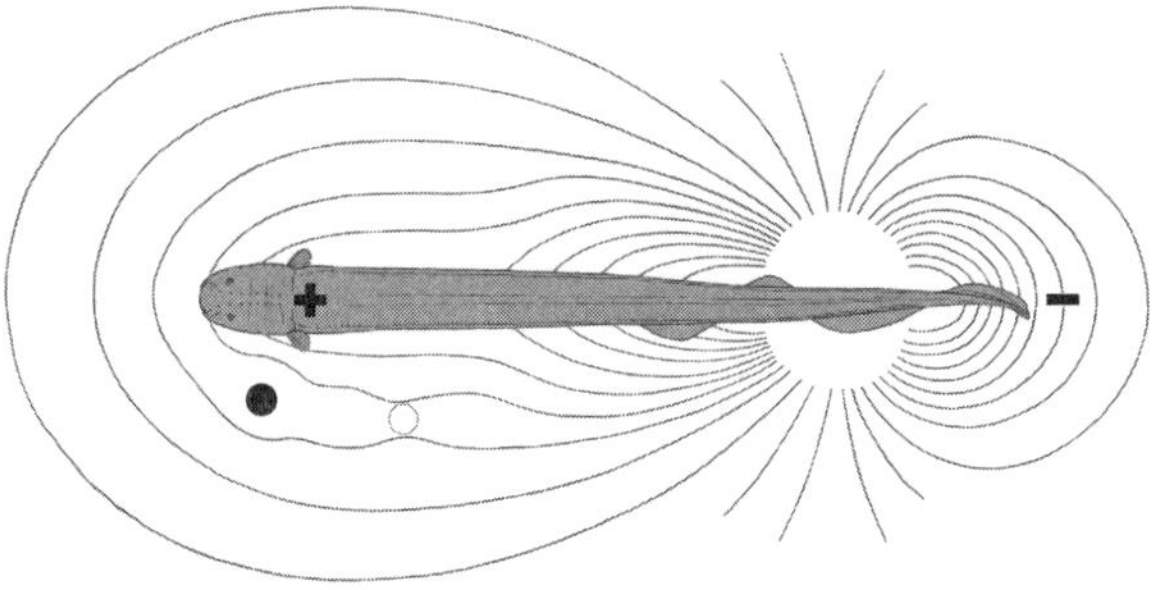

図5-2 獲物を見分ける秘術
電気を通す物体（白丸）は、デンキウナギの表面にある電気力線を、線どうしがくっつきあうように動かし、デンキウナギの皮膚の上を流れる電流を増加させる。一方、電気を通さない絶縁体（黒丸）は、電気力線どうしが離れるように動かし、電流を低下させる。（出典：Henning Scheich）

上を流れる電流の大きさが変化する。それはごく小さな変化だが、デンキウナギのセンサーは超高感度で、彼らは魚類のなかでは「電気定位」（第4章で出てきたコウモリが使っていたのは「音響定位」なので、混同しないように）の第一人者となっている。デンキウナギは、おいしそうな獲物を見つけると、うろうろしたりしない。彼らは10分の1秒以内に攻撃し、獲物を飲み込んでしまう。

デンキウナギは、電場の変化をただ待っているだけではない。居眠りしているとき以外、デンキウナギは常に臨戦態勢で、濁った川水のなかを探り、自ら低電圧のパルスを送り出している。何かおいしそうなものが水のなかを動いているとか、近くの水草の茂みのなかにいそうだと感じると、デンキウナギは、普段より数段高い電圧でパルスを2、3発送り出す。その「何か」が動物なら、その筋肉がパルスに反応して痙攣し、意図せずして、水中に小さな波を立ててしまう。デンキウナギは顔にセンサーがあるおかげで、見つけたものが食べられるかどうかを判断できる。つまり、もしもそれが木片か何かだったら、筋肉を動かすことはないので、デンキウナギが探りを入れるために送ったパルスに反応して波を立てたりしないというわけだ。

目標物が生きていると判断してから約20〜40ミリ秒後、晩御飯に正確に狙いを定め、デンキウナギはいよいよ、高電圧の電気パルスを、毎秒400回という速さでマシンガンのように連発する。最高500ボルトに達するこのパルスは、デンキウナギの標的となった動物にとっては楽しいものではない。1発目が当たって数ミリ秒以内に、その動物は動けなくなる。パルスは獲物の運動ニューロンに作用し、その動物は無意識に筋肉を収縮させる。これと同じことは、警官がテーザーガンであなたを撃ったときにも起こる。テーザーガンは、2本の針を相手の体に突き刺し、高電圧を毎秒20パルス以上発生させるので、撃たれたあなたは何が当たったのかわからないままぶざまに倒れてしまう。デンキウナギに襲われるのとは違って、あなたは食べられたりはしないが、パトカーで強制連行され、いろいろ質問されるだろう。テーザーの効果と同じく、デンキウナギが獲物に起こす麻痺も一時的なものでしかない。即座に食われてしまわなければ、標的にされた動物は運動能力を回復し、安全なところへと逃れられる。しかし、本番の連続電撃の前に、テスト用に2、3パルス発射するのは「エネルギーを節約する実に賢明な方法」だとカターニアは言う。「高電圧パルスを続けざまに連発すると、膨大なエネルギーを集中的に消費してしまうので、デンキウナギは、ちゃんと生きた獲物がいると確認できたときしかやりたくないのです」

デンキウナギは、このほかにも2つ3つ秘策を持っている。デンキウナギが高圧パルスを使って電気定位を行うことは1950年代から生物学者たちに知られていたが、カターニアはデンキウナギが高圧パルスの連射も同じ目的に使っていることを発見した。言い換えれば、デンキウナギは、高圧パルス連射を2つの目的に使うわけだ。1つ目は、先に見たように、獲物を気絶させるため。そして2つ目は、麻痺しているが、静止してはおらず、ゆっくりと水に流されている獲物に正確に狙いを定めるため。そしてさらに、デンキウナギは、ザリガニなどの大きな動物を襲うとき、もうひとつの戦略を使う。デンキウナギは獲物にかみつき、続いてしっぽを獲物に巻きつける。このとき、しっぽの先端が自分の頭にくっつきそうになるほどしっかりと巻きつく。こうして、頭としっぽ、つまり、正極と負極で獲物をはさむ形を作ることで、デンキウナギは自分が発射する高圧パルスが作る電場の強度を2倍以上に高める。こうして強度を高めたことと、パルスを猛烈な勢いでたくさん発生させることとの相乗効果で、獲物の筋肉は激しく、かつ素早く動かされ、体力を消耗する。獲物がへたばると、デンキウナギはそれを易々と呑み込むことができる。

実を言うと、本書を執筆していくなかで著者らは、デンキウナギに対して一種奇妙な魅力を感じるようになった。そして、カタ－ニアも同様の経験をしている。彼はさまざまな動物が持つ感覚システムをテーマとした本を書くための奨学金を、グッゲンハイム基金から得たあと、このデンキウナギに興味を持つようになったのだ。「もともと私は、デンキウナギなど、自分が中心とする研究からちょっとはずれて、寄り道しているだけだと思っていました。しかし、すぐに気づいたのです。デンキウナギはこれまでで最高に面白い動物だと。何百年も前から研究されていたのですが」と彼は言う。「私は完全に脱線してしまいました」。自然科学者のチャールズ・ダーウィンさえもが、デンキウナギを謎だと考え、名著『種の起源』(光文社古典新訳文庫など)のなかで、デンキウナギが持つ電気器官を、「自然選択の理論にとって特別な難題」に分類した。偉大な科学者ダーウィンは、「これらのすばらしい器官がどのような段階を経て生み出されたかについて、何か思いつくのは不可能だ」と考えた。デンキウナギは、昔の生物学者たちが考えていたような、獲物に高圧パルスをかまして殺すという、ひとつの芸当しかできないダサいやつではないと知ったら、ダーウィンは大いに興味を持ったに違いない。デンキウナギはダサいどころか、自分が作る電場を見事にコントロールしているのだ。

とはいえ、ダーウィンが、ミゲル・ワットソンとそのツイートについてどう思うかは、誰にもわからない。

電場は奇妙なもの

ありがたいことにデンキウナギは、電荷、電圧、電流など、電気についての重要な概念に、私たちを徐々に親しませてくれた。しかし、デンキウナギがどうやって方向を知るかを説明した際、ある用語を説明なしに導入してしまっていた。それは、電場という言葉である。「場」は、第3章でナビエ - ストークス方程式について述べたときに少し触れた概念だ。ナビエ - ストークス方程式は、ある流体のなかのすべての点について、それがどんな速さでどちらの向きに動いているかを与える、ややこしい式だ。場とは、実のところ、そのようなものなのだ。つまり、空間の任意の点でその値がはっきり特定できるような量のことなのである。コンピューターを使ってナビエ - ストークス方程式を解くと、何千本もの矢が、各点でその流体がどの方向に流れているかを示しているマップが得られる。その矢の長さがスピードに対応する。これらの矢をつなぎ合わせれば、テレビの天気図で風を表す等圧線のように、その流体の場を可視化する想像上の線ができあがる。これと同じで、電場は、デンキウナギの正に帯電した頭と、負に帯電したしっぽのような、2つの物体のあいだに働く電気力の、強さと方向を示してくれる。そして電場も、デンキウナギの一方の極からもうひとつの極へと流れる線によって可視化することができる。

電気力は、ある意味、重力（第2章を参照）と似ている。2つの物体のあいだに働く重力は、物体どうしの距離が2倍になると4分の1に弱まるが、2つの電荷のあいだに働く電気力も、これと同じ「逆2乗法則」に従う。だが、大きな違いが2つある。1つ目。おおざっぱな比較だが、電気力は重力の1澗《かん》倍（10の36乗倍）強い。私たちが重力の効果を感じるのは、大きな物体の場合だけだ（原子という小さなレベルで支配的な電気力に比べた場合）。たとえば、携帯電話が手からするりと抜けて、地球の重力によって引っぱられ、舗道に落ち、画面が割れてしまうときのように。2つ目の大きな違いは、重力は常に物体どうしを引き付けるが、電気力は正負が逆の電荷どうしを引き付ける一方で、同種の電荷どうしは反発させるという点だ。電子は電子を遠ざける。陽子――原子の原子核の内部に隠れている正に帯電した粒子――はほかの陽子を遠ざけるが、電子を引き付ける。そうだと知って、電場は奇妙なものだと思われたかもしれないが、もっと奇妙なもうひとつの場を紹介しよう。第3章で登場した、ある動物に再び注目する。この動物にはさらなる秘密があるのだ。

E - フラワーとハナバチ

セイヨウオオマルハナバチが1匹、ブンブン羽音を立てながら、一面に広がる緑のなかで、紫の花から花へと飛び回っている。いくつかの花は無視して、さっさと通り過ぎていく。他の花にはとまって、長い舌を使って液体を吸い上げる。セイヨウオオマルハナバチは何の疑問もなさそうだが、これらの花にはどこか妙なところがある。どれも完全に同じに見えるのだ。色合いの違いもなければ、自然に生じそうなばらつきもない。どれもまん丸で、真っ平らだ。これらは人工的に作られたペチュニア（*Petunia integrifolia*）の花、いわゆるE-フラワーである。どれも紫色の樹脂の円盤でできていて、裏側には鋼鉄が張ってあり、緑の粘着テープで覆われた床の上に置かれた緑の木製のテーブルに、円盤面が平らになるように刺さっている。巨大なレゴ作品、あるいはイギリスの幼児向け番組『テレタビーズ』の一場面のようだ。どのE-フラワーの上にも、小さな白いお椀がのせてあり、なかには液体が満たされている。また、各テーブルの下からは、1本の黒いコードが、床の上をくねくねと伸びている。

ここで研究者がスイッチを切り替える。見たところ、これといった変化は認められないが、セイヨウオオマルハナバチは、いくつか選んだ花に、ほんのしばらくとまるだけになってしまった。おまけに、ときおり不快そうに首を振っている。ハナバチはそもそも、花蜜を真似たショ糖液を求めて花から花へと飛び回っていたのだが、スイッチ操作後は、合成キニーネが口いっぱいに入ってくるだけになってしまった。キニーネは、ハナバチの口には苦く感じる（この点に関しては、私たちもそうだ）。スイッチ操作前は、このセイヨウオオマルハナバチも、被験者仲間のほかのセイヨウオオマルハナバチたちも、10回試せばそのうち8回は糖を見つけていた。今では、その半分の回数しか甘いご褒美にはありつけない。

さて、スイッチを操作していた人物、イギリスのブリストル大学の動物知覚の専門家、ダニエル・ロバートは、いったいどうやってハナバチが望みのものを見出せなくしたのだろう？　それに、こんな奇妙な人工庭園を、なぜ作ったのだろう？　ロバートは、映画『ヤギと男と男と壁と』に刺激されて、密かに実験を行っている、ハチ洗脳の達人なのだろうか？　また、もっと根本的なことだが、そもそも本物の花は、なぜハナバチに食べ物を提供するのだろう？

　花は何の見返りもなしにハチに食べ物を提供して、慈善活動をしたり、社会的使命を果たしているわけではない。無料のランチなど存在しない。たしかに、花はタンパク質に富んだ花粉（花のオスの種）のかたちでハチに食べ物を渡し、それがハナバチの幼虫を養うのに使われる。また、花蜜も提供する。巣に戻ったハチは、この花蜜を吐き戻すが、それがハチミツとなる。ハチミツは基本的に、ハナバチの吐しゃ物だという事実を、マーケティング担当者がパッケージ上で強調することはない。吐しゃ物とはいえ、おいしいことは間違いないのだが……。それにしても、花粉をハナバチの幼虫に食べられてしまうなんて、植物が子孫を作るのには役立たない。実は、食べ物をもらったお返しに、ハナバチは花粉をすべて巣に持ち帰るのではなく、その一部を、同じ種類の別の花に配らなければならないのだ。植物とは違い、ハナバチは移動でき、1日のうちにたくさんの花を訪れることができる。

　ハナバチが花粉を体に付けて持ち去り、どこかで落としてくれる確率を高めるため、花はその男性生殖器、女性生殖器、そして花蜜をすべて1ヶ所に、つまり、花のど真ん中に配置している。植物の種類によって、花にはオスメス両方のパーツかある場合と、どちらか一方のパーツしかない場合とがある。ハナバチが甘い飲み物を求めて、オスのパーツがある花のなかに入ると、ハナバチは花粉で覆われた葯《やく》に自分の体をこすりつけることになる。葯は多くの花の中央部にある、花糸《かし》の先端についている黄色や茶色のふくらみで、裸眼でも見ることができる。ハナバチが花蜜を飲んでいるあいだ、数千個の花粉の粒が、毛で覆われたハナバチの体に移る。その後ハナバチは身づくろいをし、花粉の粒を脚にある「花粉かご」という部分に集め、黄色いふわふわのパンタロンのようにも見える「花粉だんご」を作る。だがハチは、自分の背中についた花粉には届かない。ハナバチが、同じ種の花で、メスのパーツを持っているものを訪れると、背中についた花粉の一部がその上に落ち、胚珠と合体し、種《たね》になる。私たちが知っているものとは違うが、これもセックスなのだ。

ハチは花の電場をとらえている

要するに、ハナバチは食べ物がほしい一方、花は胚珠と花粉が合体するセックスを望んでいるわけである。ハナバチにとっては、花が実験室内で研究者によって作られた人工的なものであっても、この図式は変わらない。さて、そろそろ「偽ペチュニア」でロバートが何をやっていたのか、明らかにしよう。「われわれはハナバチに、『糖というご褒美がある花がどれか、君たちにわかるかい？』と尋ねていたんですよ」とロバートは言う。そして、ハナバチたちの答えは「イエス！」だ。彼らは電場の助けを借りて、これをやってのけるのだ。

テスト開始時、ショ糖を含むE‐フラワーには30ボルト、キニーネを含むE‐フラワーは0ボルトの電圧がかかっていた。訓練のため、ハナバチにはこれらの電圧がかかった花を50回訪れさせたが、その訓練が終わるころには、1匹のハナバチが期待どおりのことを学習してくれた。30ボルトの花は良くて、0ボルトの花はだめ、と。そのハナバチが80パーセントの成功率でショ糖を含む花を見つけたことから、研究者らはそう推論したわけである。ハナバチが単にE‐フラワーの位置を記憶したに過ぎないのではないと確認するため、ロバートと彼のチームは、ハナバチが次に訪れる前に花の位置をランダムに変えた。さらに、ハナバチが信号として残した可能性のあるフェロモンを除去するためにエタノールで花を拭き、また、キニーネの痕跡を消すために水で拭いた。だが、ハナバチが電圧以外の何かを使って甘い花を見つけていたとしたらどうだろう？　匂いやそのほか、人間としての貧弱な知覚しか持たない研究者らには見分けられない何か微妙な違いなどを？　ハナバチの秘密を暴くため、チームは電源を停止した。「案の定、電圧をオフにすると、ハナバチは甘い花を見つけられなくなり、行き当たりばったりのやり方に戻ってしまいました」とロバート。「それがわかったとき、学生たちは大喜びで、実験室のなかで飛んだり跳ねたりしていましたよ」

ハナバチは、自分たちは電場を使って、学習し、意思決定することができるのだということを、ロバートとその同僚らに示した。ハナバチの脳のサイズを考えれば、これはすごいことだ。ハナバチは、電場の存在のみならず、電場のパターンも感知できる。さらなるテストで、ロバートは、外周が20ボルトで中心が－10ボルトの異なる円形の電場をかけた、甘いE‐フラワーを作った。その際、キニーネのほうは、全体を＋20ボルトにしたE‐フラワーに置いた。このときも、ハナバチたちは期待どおりの学習をし、50回の訓練のうち、最後の10回に至るまでに、70パーセントの正解率に達した。また、電圧をオフにしたときには、ハナバチはこの芸当を再現できなかった。

電気に関する能力――電場を知覚する能力、電場を生み出す能力、あるいはその両方――を持つ動物は、水中には比較的多い。ハナバチは、空中で電場を感知することがわかった最初の動物だ。ハナバチは、あるE・フラワーを訪れるべきか否かを決定するために電場の情報を使うことをロバートは証明した。自分が発見したことを2013年に『サイエンス』誌で発表した彼はこう言う――「2000年にわたってほぼ途切れることなく注目を集めてきたある生物に、新しい意味を発見したことに、興奮しています――私たちの食卓にのぼる食べ物の多くが授粉から直接もたらされたのですから」

ロバートと同じく、私たちもすっかりハナバチに魅了されてしまった。種として近いカリバチ、スズメバチと共に、ハナバチは人間が最も注目している動物だ。イヌ、ヘビ、アリ、蚊などが共に、これに続き2番目に注目されている。しかし、本書は科学の本なので、単にものごとを賞賛するだけではだめで、それらがどのように機能しているかを明らかにしなければならない。重要な問いが2つある。電源につながっていない野の花が、いかにして電場を生み出すのか？　そして、ハナバチはその電場をいかにして感知するのか？　この2つだ。

花はどのように電場を生み出すか？

動物が電場を生み出すことは驚くにあたらない。私たちも、神経細胞のなかで電気インパルスを使っているし、それで筋肉を動かしたりしている。しかし、植物が筋肉を動かすことはないし、植物に脳はないので、植物がどのように、どんな理由で電場を作るのか、よくわからない。それにそもそも、植物自体はほとんど電場を作ることはないのである――ただ、溶解したイオンが植物の全体を移動して微弱な電流とポテンシャルが蓄積することがあるにはあるが。

植物が作る電場の秘密は、植物を取り囲む大気にある。快晴の日、花は世界各地で毎日起きている２０００～３０００件の激しい雷雨などで生じた電場に囲まれている（大気電場などと呼ばれる、晴天時でも大気中に電場が存在している現象）。嵐雲の底部では、氷の結晶が互いにこすれ合い、電子、すなわち、負の電荷が蓄積する。電荷が大量になると、地面に向かって放電が起こる。こうして電子がいなくなると、大気の正味の電荷は正になる。この状況で、電位は――デンキウナギのところで使った水流の比喩をもう一度使うと、電位は「山の高さ」に相当する――地表ではほとんどゼロで、地上30～50キロメートルの高度でピーク値の約30万ボルトとなる。このとき、花の高さの電場は、約１００ボルト毎メートル（V/m）だ。ロバートが模倣したペチュニアの高さは約30センチなので、天気のいい日には、ペチュニアの花は約30ボルトの大気電位に囲まれていることになる。ロバートはちょうどこれと同じ電位をE-フラワーにかけたというわけだ。だが、ペチュニアの茎と根が、ペチュニアを「接地《アース》」しているので、ペチュニアの電位は地面と等しくなる。地面の電位は、晴天の日には常に大気よりも低い。なぜなら、地中にはとてもたくさんの電子が存在するからだ。そのようなわけで、花とその周囲の大気のあいだには、約30ボルトの電位差があることになる。大気中の正電荷も、花の表面に負の電荷を誘導するので、地中の電子が花のほうに引き寄せられ、花で電流を起こし、花に蓄積する。だが、雨が降ると、すべてが「ちゃら」になってしまう。水滴は空気よりも電気をよく通すので、蓄積していた余剰な電荷が取り除かれて、雨が降っているところの大気電場はほぼゼロになってしまうのだ。

毛深いので

以上が、どうして花に電場があるかの説明だ。さて、次の疑問に移ろう。ハナバチはどうやって花の電場を感知するのか？という問いだった。「花粉を運ぶ動物は、かなり毛深いことが多いということに、大勢の人が昔から気づいていました」とロバート。「彼らはフワフワです。おかげで彼らは人間に好かれています」。毛はハナバチの人気を高めているほかに、ハナバチが電場を感知するのを助けているのだと、ロバートは考えている。「静電気が起こりにくい薄型テレビが登場する前、テレビの前を通ると、体にパチパチ電気が飛ぶのを感じたものです」とロバートは言う。「それと同じ原理です。スクリーンや、美術の展覧会のアクリルペイントの作品に近づくと、前腕の毛が逆立つのを感じますよね。毛はそのためにあるのではないが、自分の毛が逆立つのはわかります」

しかし、何かが動いているからといって、それが何かを感知しているとは限らない。「テーブルの上に小石を1個乗せ、ラウドスピーカーで騒音を出し、レーザーを使って、その小石が振動していると示すことはできます」とロバート。「それで、小石が音を聞いているということになるでしょうか？　たぶんそんなことはないですよね。この落とし穴にはまってはなりません」。ハナバチの毛が電場に反応したとしても、ハナバチはその情報を使っていないかもしれない。だからこそロバートはE‐フラワーの実験を行ったのだ。「自分と花のあいだに静電気による相互作用があるということをハナバチが感知しているかどうか、ハナバチに示してもらおうと考えたわけです」とロバートは言う。そして、ハナバチはそのとおりのことを示してくれたのである。

ハナバチが帯電した花のそばを飛ぶときいったい何が起こるのかは、ハナバチ自身も電荷を持っているため、とても複雑だ。たいていのハナバチは正に帯電していることが1980年代から知られているが、ロバートはマルハナバチの約6パーセントはタイプが逆で、負に帯電していることを発見した。「ハナバチは人間に似ています」とはロバートの弁。「ポジティブ（電荷：正、人間：積極的）なのもいれば、ネガティブ（電荷：負、人間：消極的）なのもいるのです」。これらポジティブな、正に帯電したハナバチの場合、飛びながら空気の分子とのあいだで起こす摩擦が、体の表面から電子をたたき出し、おかげで体に正の電荷が余分にたまってしまう。一方、埃が多い空気のなかを飛ぶと、埃によって体から電子が拭い去られてしまうかもしれない。これもまた、摩擦の効果だ。

ロバートの学生、ドム・クラークは、大いに名声に値する。彼はハナバチが帯びている電荷の量を正確に測定した最初の人物なのだ。それは困難な作業だ。ハナバチは興奮すると刺すので、あまりちょっかいを出したくない。とはいえ、ロバートはハナバチ研究に携わった4年間で一度も刺されたことがない。「彼らは私が大好きか、嫌いかのどちらかなんですよ」とロバート。「どっちなのか私にはわかりません」。マルハナバチは物静かだ——「かわいいやつらですよ」。それでもハナバチは飛び回る。だが、ありがたいことに、19世紀に製本職人から科学者に転身したマイケル・ファラデー（1791〜1867年）が編み出した技法が、救いの手を差し伸べてくれたのである。

ファラデーは、ピューター（スズを主成分とする合金）製の氷入れを使って、あるデモンストレーションをした。それは、帯電した物体を棒の先端に付けて、金属製のバケツ形のものの内側に入れて保持すると、バケツの外側の面に、その物体の電荷とほぼ等しい大きさで、符号——正または負——も同じ電荷が現れるという現象だ。一見奇跡のようだが、純然たる物理である。アーサー・C・クラークが言った、「十分に発達した科学技術は、魔法と見分けがつかない」という例だ。ファラデーの19世紀の技術は、もはや最先端ではないので、私たちはそれをちゃんと説明することができる。バケツの内側に正に帯電したハナバチがいるとすると、ハナバチはバケツの電子をたくさん、バケツの内側の表面に引き付ける。その結果、バケツの内側の面には、ハナバチの電荷と同じ大きさの負の電荷が出現する。これにより、バケツの外側は正に帯電する。この正の電荷はハナバチの電荷と大きさが同じで、符号も同じだ。超自然的なところなどまったくなく、これもまた巧妙なトリックなのである。

　そんなわけで、もしもあなたが、ハナバチを1匹、何かの糖を使って誘い、バケツのなかに入らせたとすると、ハナバチの電荷をどうやって測定しようかというあなたの悩みはすべて、大したことではなくなってしまう――高感度電流計を、ハナバチではなくてバケツに接続すればいいだけになるのだ。初期の研究者たちは、ハナバチの電荷を測定するのに電位計を使っていたが、ファラデー方式を採用してバケツを使うことで、すべての電荷を確実に測定できるようになったわけだ。バケツと電流計を組み合わせて使うことで、クラークとロバートは、平均的なマルハナバチは1兆分の1クーロンの32倍（32×10^{-12}）の正の電荷を帯びていることを見出した。これは、１０００～２０００個の電子を失ったのに相当する電荷だ。ものすごい量だと思われるかもしれないが、平均的な大きさのハナバチはおそらく、この１０００京《けい》倍（10×10^{18}）の電子を持っているはずだ――したがって、数千個失ったところで大したことではない。どれくらいのものか実感していただくために説明すると、25秒間にエネルギー効率のいい９ワットの電球を流れる電荷が1クーロンである。一方、典型的な稲妻は、15クーロンの電荷を地面に移動させる。

花蜜の「在庫切れ」表示

ここまでの物理の話で、花は少し負に、ハナバチは正に帯電していることがわかった。ならば、両者を合体させると、花とハナバチは打ち消し合って、時空のなかに小さなハナバチの形をした穴を残して消え去ってしまうのだろうか？　クエスチョンマーク付きの見出しが往々にしてそうであるように、この問いの答えは「ノー」だ。何も消え去りはしない。しかし、結果は驚異的になり得る。ハナバチが花に近づくにつれ、黄色い花粉が煙のようにふわっと飛んで、ハナバチの一番後ろの脚に飛び乗るのが見えるかもしれない。これが、花粉を移動させる方法のなかでも「最高のもの」だ。というのもこれは、あなたの買い物リストに載っている商品が、あなたの買い物かごに自ら飛び込むのを目撃するようなものだからだ。これもやはり魔術ではなく、静電気である。ハナバチと花粉が近づくにつれ、両者が帯びている逆の電荷どうしが引き付け合う力がどんどん大きくなり、ついには、花粉の重さと、花粉を葯にくっつかせている力に十分打ち勝つまでになり、花粉をハナバチに向かって加速させるのである。

ハナバチと花が接近すると何が起こるのか、詳細を明らかにするため、ロバートは1輪のペチュニアの茎を電極につないだうえで、木製のケージのなかに設置した。ロバートがこの実験を撮影したビデオでは、ペチュニアは見捨てられたように見える。だだっ広い空き地に1輪だけ咲いているポピーのように。だが、1匹のハナバチが近づいてくるだけで、ペチュニアの茎の電位は上昇しはじめる。茎の電位変化は動画で見ることができる。10ミリボルトから徐々に減少するが、やがてハナバチがブンブン羽音を立てながら接近してくると、上昇する。ハナバチは頭からさかさまに、花の中央の筒状の部分に潜り込んで見えなくなり、しばらくそこにとどまって、やがてブンブンと飛び去る。ハナバチが行ってしまったあとも2、3秒にわたり花の電位は上昇を続け、最高で40ミリボルトに達したあと、ゆっくりと低下してゼロに戻る。ハナバチが花に滞在する時間は普通たったの4秒だが、茎の電位は約1分のあいだ、前より高い状態を維持する。このすべてが、のんびりした雰囲気で進む。スイッチを入れて電流を流すとすぐに、豆電球が点灯するような、単純な電気回路とは違うのだ。「何かが猛スピードで起こっているのが見えるはずだと思ってしまうのですが、そんなものは見えません。それはとてもゆっくりしたプロセスです」とロバート。学ぶべきことはまだまだあるのだ。

ハナバチが1匹訪れると、ペチュニアの茎は前より約25ミリボルト、電位が正の側に上がったことをロバートは確認した。その後2、3匹別のハナバチが訪れたあと、ペチュニアの茎の電位はいっそう正の側に上昇した。正に帯電したハナバチが訪れるたびに、電子が何個か花からハナバチへと移動し、ハナバチの正電荷は低下し、花の負電荷も減少する。それぞれの訪問で、どれだけの大きさの電荷が移動するかについて、あるいは、すべての電荷ではなく一部だけが移動するのはなぜかについては、ロバートもまだわかっていない。電気的な測定器が触れる瞬間に電荷は全部取り除かれてしまうので、測定は極めて困難だ。

先に見たように、ハナバチは花の周りの電場を感知し、そこから情報を得る。だが、花にとって、そんな電場を発生させることにどんな利点があるのだろう？「ペチュニアである私は、もしもあなたが、その後一日中ポピーのところに行ったきりなら、あなたに来てもらう意味なんてないの、ってことですよ」とロバート。すべてはマーケティングの問題なのだ。植物には、ハナバチが、自分というブランドに忠実である、つまり、自分の花だけを訪れてもらうことが必要だ。ハナバチが主にひとつの種から花粉を集めることが、花にとって極めて重要なのである。顧客であるハナバチたちに忠実でいてもらうためには、花は虚偽広告を避けねばならない。1輪の花にたくさんのハナバチが訪れれば、花の蜜はなくなってしまい、補充のために休まねばならない。色鮮やかで甘い香りがするという魅力的な外見が、実際はそうではないのに、自分には甘くておいしいものがたっぷり入っていますよという誤ったメッセージをハナバチに対して送るという事態があまり頻繁に起これば、ハナバチは別のところで、もっと信頼できそうな別の種の花から、花蜜を探そうとするかもしれない。「あるスーパーマーケットに行って、半脱脂有機牛乳の小パックが3日連続で在庫切れだったら、ふーむ、別のスーパーマーケットに行こう、と思いますよね」とロバート。

花がいちばんやりたくないのは、ハナバチをがっかりさせることだ。しかし花は、ハナバチを引き付ける色や香りをすぐに変えることはできない。その代わりに花は、自分は今休んでいるが、花蜜販売はすぐに再開しますよとハナバチに知らせるための、物理トリックを進化させたのだ。

花は自分の電場を変えることによって、一時的に在庫切れになったとハナバチに知らせているのだとロバートは考えている。それは、花の蜜がなくなるとすぐに点灯するデジタル式の「売り切れ」表示のようなもので、ていねいに手書きしなければならない掲示板ではない。ロバートが次のように表現するとおりだ。花は、「私の色も香りも、あなたが好きな蜜を約束していますが、5分のあいだだけ、蜜が足りないのです。あとでまた来てください。でも、私の色と香りを好むというあなたの方針は変えないでください。お隣にいる、同じ種の友人たちのところに行ってください」と言っているのだ。

というわけで、ほかのハナバチがついさっき訪れたばかりの花から2、3センチ以内のところを通過しているハナバチはおそらく、その花は異常に高い正電荷を持っていて、しかも電荷のパターンも普段と違うことを感じ取れるので、またあとで来ることに決めるだろう。「どのハナバチも、自分の痕跡をその花に残します」とロバートは言い、さらに、電荷の変化は、「別のハナバチが存在した名残」なのだと言い添える。花とハナバチは協力して、ほかのハナバチたちに対する電気メッセージ（ハナバチのメールだから「ビー・メール」？）を素早く掲げるわけだ。これで、空腹のハナバチたちはより素早く花蜜を見つけられるし、花はハナバチのブランド忠誠心を維持できる。ウィン-ウィンである。

これは、ミツバチにとってはとりわけ重要だ。というのも、ミツバチは、訪れた花畑が一定の水準に達していなければ、まっすぐ巣に帰ってしまうからだ。帰ってきたミツバチは、この悲しい知らせを、尻振りダンスで仲間に伝え（これについては第6章で詳しく論じる）、その結果、採食者全員が、どこかよその、もっと期待できそうな場所へと流れていってしまうかもしれない。これとは対照的に、マルハナバチは情報伝達のためのダンスもしなければ、ミツバチのように頻繁に巣に帰ることもない——彼らは一晩よそで過ごすことまである。

次々と出てくる疑問

植物は、ハチの動きのみならず、人間の動きにも反応する。自分の研究について多くの人にどんどん知ってもらいたいロバートは、セントポーリアをワイヤーで電圧計につなぎ、それに向かって自分の手を振るという実演実験をときどきやる。花が「動物のように」反応するのを見るのはちょっと気味が悪い。セントポーリアの電位は、ロバートの手が近づいてくると変化するのだ。これは、あり得ないことを信じ切っているのか、しゃれのつもりかわからないが、野菜嫌いが菜食主義者への言い訳に使う、「ニンジンって、つまみあげると、悲鳴を出す」説の世界に近い。植物がどうやってこのような電気的な応答を行うのか、私たちにはまだわかっていない。だがここでもまた、摩擦電気が利用されている可能性がある。

ハナバチがいかにして電場を感知するかについては、まだ研究が始まったばかりで、わからないことがたくさんあり、ロバートも研究を続けている。ハナバチは、花蜜の状態以外の情報を感知するために、自分が持つさまざまな能力を使っているのかもしれない。高度が上るにつれ増加する大気電位を感知して、自分が今飛んでいる高さを知るのかもしれない。また、雲に含まれる水滴は電気を通すので、ハチは頭上や前方に存在する雲なども、電気によって感知できるのかもしれない。これらのことを念頭に、ロバートは現在、異なる気象条件のもとで、巣を離れるミツバチの個体数を測定している。

ほかの昆虫も、電場を感知できるのかもしれない――ロバートによれば、バクテリアの電場感知能力も確認されるかもしれないという。では、人間はどうなのだろう？「もしも私がイギリスのクイズ番組、『マスターマインド』に出演していたとすると、その質問はパスしますね」とロバート。「自分は電気を感じるという人がいますが、どうでしょうか。私自身は、電気は感じていないと思います。私は彼らに、電場のどの成分を感じるのか尋ねるんですが、彼らには答えられません。それでも彼らは、自分は電気を感知していると思っているんですよね。面白いとは思いますが、私はほかにやりたいことが山ほどあるんですよ」

動物が持つほかの知覚——視覚、聴覚、触覚、味覚、嗅覚——について、どれだけ理解が進んでいるかに比べれば、電場感知能力については、ハナバチなどの陸上動物に関する研究は約150年遅れている。「今は、とてもわくわくできる時期です。すべてがまだオープンで、何も確定していませんから」とロバート。「答えが出るよりも速く、いろいろな疑問が、次々と新たに出現しています。研究にとってはいい兆候ですが、ときどき、『いいか、深呼吸しろ。今度はどの疑問を選ぶ？』と、考えなければなりません。見えているウサギをすべて追いかけることはできませんから」

地球発電機と動物

次の話に入る前に、2つの物体のあいだに働く電気力は、物体どうしの距離が2倍になるたびに4分の1に弱まることをお話しした。このルールを、クーロンの法則と呼ぶ。あのエッフェル塔に名を残すクーロンにちなんで名づけられた。クーロンは、1780年代、パリにあった自分の研究室で、帯電した金属球を使って実験を行っていた。だが、クーロンの法則は、帯電した物体が静止しているときにしか当てはまらない。物体が運動している場合は、電気力も、その物体がどのように運動しているかに依存する。運動に依存する成分が、磁力と呼ばれるものだ。

電気と磁気は同じ1枚のコインの裏表である。1821年にファラデーがこれを発見したとき、それは革命的な大発見だった。ロンドンの王立協会の自分の研究室で研究していたファラデーは、1本のワイヤーに電流を流し、近くに磁石を置くと、ワイヤーが動くことを発見した。これは要するに、電気モーターの原理である。逆に、ワイヤーの近くで磁石を動かすと、ワイヤーに電流が流れた。これは、発電所のタービンや、自転車についている旧式のダイナモなどの発電機の原理だ。こうして、必要に応じて電気を生み出す方法を手にしたおかげで、人間は世界各地に明かりと電力をもたらすことができた。これはデンキウナギにとっても朗報だ。彼らはもはや電気の源として珍重されることもなくなり、南米の川のあたりでひっそり暮らしていられるだろうから。

というわけで、電流が流れているワイヤーのそばに磁石を持ってくれば、ワイヤーが動くわけである。だが、その磁石はどこから持ってくるのだろう？ 昨今では、それは難しいことではない（ネットショッピングで、アインシュタインの顔写真がついた、冷蔵庫に貼る磁石を購入することもできる）。だが大昔、磁石がほしければギリシアに住んでいなければならなかった。なぜなら、ギリシア東部のマグネシア地方では、野原、森、そして浜辺の下に、酸化鉄でできた黒い岩があったからだ。古代ギリシア人たちが最初に気づいたように、「磁鉄鉱」と呼ばれるこれらの岩は、鉄やほかの磁鉄鉱の小片を引き付ける（ちなみに、マグネシアで取れた石なので、英語では「マグネット」と呼ばれている）。さらに、一片の磁鉄鉱を、自由に揺れるようにして吊り下げると、磁鉄鉱＝磁石は南北の線に平行になって静止する。これを利用して、方位磁針が発明され、中国の船乗りたちは12世紀から使っていた。目印になる海岸線も星も見えない大海原を航行するときに方位磁針は不可欠だ。

しかし、方位磁針が南北の向きに静止するのは、地球そのものが巨大な磁石だからだということに誰かが気づいたのは、ようやく16世紀になってからのことだった。気づいたのは、イギリスの科学者ウィリアム・ギルバート（1544〜1603年）。この、当時は過激だった考え方が、ギルバートの名著、『磁石（および電気）論』（仮説社）の最重要テーマとなっている。磁気の科学はこの本から始まったのだ。ギルバートは自分の考えを強く確信していたので、自己資金から5000ポンド——当時は巨額の金だった——を支出して、それを証明する実験を行った。地球がなぜ磁石として振る舞うかについては、彼も皆目見当がつかなかったのだが。

ほとんどの人は、磁場を感知することはできない（これについては後に詳しく説明する）が、磁石の上に紙を敷いて、その上から砂鉄をふりかけると、磁場の様子を見ることができる。砂鉄は瞬く間に、磁場がなす磁力線に沿って並ぶ。棒磁石の場合、砂鉄が落ち着くと、棒磁石の両端——磁石のN極とS極——にそれぞれ、「電気ショック」に遭った時の髪型のような模様ができる。さらに、棒磁石の長い辺に沿って、砂鉄の髪の毛が両端から伸びてきて、合体しているように見える。磁力線は、磁力磁石のN極から出てS極に向かっているように表示するのが慣例だ。

地球も同じだ。磁力線は南半球から出て、ぐるっと回って北半球に向かう。私たちが地球の北極と呼ぶものは、磁石としてはS極だ。だからこそ、棒磁石のN極が北極を指すわけだ。電荷の場合と同じく、極性が逆のものどうしが引き付け合うのである。磁力線は、北極と南極のあいだで弧を描くので、赤道付近では、地球の表面に平行になっている。磁力線の傾斜角がゼロ度ということだが、地理学者たちは、この角を伏角《ふっかく》〔地磁気が水平面に対して傾いている角度〕と呼んでいる。赤道から遠ざかるにつれ、伏角は大きくなる。北極と南極では、磁力線は地面に対して垂直なので、伏角は90度だ。ギルバートが『磁石』のなかで指摘したように、伏角を感知できれば、自分の緯度――赤道から北または南にどれだけ離れているか――が何度かを判定できる。

ギルバートは、何が地球の磁気を生み出しているのか知らなかったが、私たちは知っている。それは、地球の核に含まれる鉄だ。地球の中心部にある内核は固体で、摂氏5700度という超高温だ。これが外核に含まれる液体状の鉄を熱し、鉄は対流を起こして循環する（第1章の風呂のお湯のように）。この対流に、地球そのものの自転が加わり、小さい円形に循環する渦がたくさんできる。こうして、融けた鉄の沸き立つ渦が、南北の方向に並ぶ。この「地球発電機《ジオダイナモ》」についてはまだよくわかっていないが、運動する金属は電流を発生させ、その電流が磁場をもたらしている。

地球はとても大きいが、この磁場はとても弱い。最も弱いのは南米のあたりで、そこでは、1000万分の1テスラの25倍の磁場しかない。テスラは、セルビア生まれのアメリカ人で電気技師のニコラ・テスラ（1856～1943年）にちなんで名づけられた単位だ。テスラが科学に進んだきっかけは、少年時代にマカクという名前の飼い猫をなでると火花が出ると気づいたことだった。地球の磁場は、最も強くなる北極と南極でも、最低値の3倍――1000万分の1テスラの65倍――でしかない。あなたがネットショッピングで購入したアインシュタインのマグネットは、これより1000倍以上も強い磁場を持っている（0・01テスラ）。だからこそ、そのマグネットは南極と北極の近いほうに向かって飛んだりせず、あなたの家の白物家電にくっついているのだ。脳腫瘍、がん、その他の病気を診断するために病院で使われるＭＲＩ（核磁気共鳴画像法）スキャナーは、とてつもなく高い、1・5テスラの磁場を持っている。医療スタッフは、ほかの磁性体がスキャン室に入り込まないよう細心の注意を払わねばならない。さもないと、磁性体がものすごいスピードで装置に飛んでいき、患者の命を奪ってしまいかねない。地球の磁場がそこまで弱いと聞けば、皆さんは、地球の磁場が動物に役立つかもしれないとは期待しないだろう。しかし、じつは役に立つのだ。とりわけ、あなたがカメだったなら。

なぜカメは長距離の旅から帰ってこれるのか？

少し昔の話になるが、たしか1915年のことだったと思う。ケイマン諸島からやってきた漁師のグループがニカラグア北部の海岸沖でアオウミガメを捕獲していた。慣習に従って漁師たちは、獲ったカメに自分のイニシャアルの焼き印を押し、アメリカのキーウェストに向かう小船に積み込んだ。ところが、フロリダキーズ沖で大嵐が発生し、小船はキーウェストにたどり着くことができなかった。というのも、転覆してしまったからで、カメはみな海へ逃げてしまった。数か月後、同じ漁師たちがやはりニカラグア沖で操業していると、網にかかったカメのうち2匹に、自分たちのイニシャルが記されているのに気づき、びっくり仰天した。逃亡したカメたちは、1150キロは離れているフロリダから、捕まえられたときにいた餌場にわざわざ戻ってきたのだ。

カメ漁グループの船長が、ウミガメ調査の先駆者でフロリダ大学に所属していたアーチー・カー（1909〜87年）に、このときの経験を話すと、カーは大喜びした。カーはこの話を、1956年に出版した『風上に向かう道：遥かなるカリブ海の海岸にてナチュラリスト冒険す（*The Windward Road:*

Adventures of a Naturalist on Remote Carribian Shores)』に詳しく記した。この本がきっかけとなり、やがてアオウミガメ協会という団体が設立されることになる。この組織は現在では、ウミガメ保護委員会と名称を変更している。

「アーチー・カーの研究の前から、世界各地の漁師たちは、カメが長距離にわたって回遊することを知っていました。しかし、科学界には知られていなかったのです」と、アメリカのノースカロライナ大学の生物学者、ケン・ローマンは言う。ローマンはこれまでに、回遊するカメが方角を知る方法にかかわる多くの謎を解決している。「カメが実際に長距離を回遊し、毎年巣作りするために、同じ場所に戻ってくることを確証するためには、カメにタグを付け、再び捕獲するという、カーたちが行った注意深い調査が必要でした」

だが、カメはどうやって自分の巣の場所を見つけるのだろう？　カーとその仲間のカメ研究者たちは、いくつかの説を考えていた。物理を含む説ばかりだ。方角が知りたければ、カメは「宇宙に訊く」、つまり、星や太陽を使うことができるはずだ。あるいは、偏光パターンを使うこともできるだろう（第6章を参照）。しかし、ほとんどの説に欠点があった。ひとつには、カメは水中を泳ぐので、夜空をはっきり見ることはできない。そして、仮に見られたとしても、雲があるのだから、いつでも星が見られる場所などそうそうない。おまけに、南半球を回遊するカメにとって、夜空でほぼ静止して北極または南極の方向を常に示している星などない。「カメが完璧な視力を持っていて、星のパターンを見ることができたとしても、どちらが北なのか、明確に示すものは何もありません」とローマンは説明する。一方、太陽を使って方角を知る方法は、暗いときや、カメが光の届かない海底にいるときには役に立たない。科学者たちは、カメはこれらとはまったく違う戦略を取っているに違いないと薄々感じていた。だが、それが実際にどんな戦略なのかをローマンが証明したのはようやく1990年代になってのことだった。長年にわたり、実はそうではないかと思われていたのではあるが。

カメは方位磁針を持っている?

ローマンは、ロブスターとウミウシがいかにして方角を感知するかを研究したのに続き、カメの研究に乗り出した。もともと短期プロジェクトとして始めたものだったが、25年以上経った今も、彼はこのテーマに熱心に取り組み続けている。ローマンが自分の仕事を楽しんでいることは間違いない。「カメの研究はとても楽しいですよ」とローマン。「カメにはカリスマ性がありますね。卵から孵ったばかりの子ガメは可愛いですよ。目が大きくて、そしてもちろん、かみつかないのも助かります――彼らは本質的に無防備なのです」。だが、カメはいつまでも小さなままではない。巣作りをする大人のメスは体長1・2メートルを超え、体重も110キロ以上だ。「彼らは巨大で、ちょっと先史時代の雰囲気がありますね。生きた恐竜の研究をしているみたいな感じがしますよ」

ローマンは、アカウミガメ(*Caretta caretta*)の研究で、この分野の専門家として躍進した。アカウミガメは頭が大きいため、英語でロガーヘッド・タートル(loggerhead turtle)と呼ばれている。カメは普通、骨と同様の材質からなる甲羅を持っているが、アカウミガメの甲羅は赤茶色だ。顔とヒレの上側の皮膚は、茶と黄色のまだらで、下側は淡い黄色である。アカウミガメの最大の営巣地が、フロリダの東海岸のビーチにある。ローマンが本拠地とする大学からは1000キロ以上南に離れている。ローマンが研究しているビーチでは、1シーズンのあいだに、40キロメートルに及ぶ海岸線に沿って1万7000個ほどのカメの巣が営まれ、1つの巣に100個以上の卵が産みつけられる。しかし、アライグマ、キツネ、スナガニなどが、大量の卵を猛烈な勢いで食べつくしてしまう。ローマンが、生き残った子ガメは無防備だと言うのは的を射ている。体長たった5センチの子ガメは、夜のあいだに、小さなヒレを使って砂の上で自分の体を繰り返し前に押し出し、海鳥に攻撃される危険をおかしながら、必死に海に向かって降りていく。海にたどり着いたとしても、子ガメは決して安全ではない。生まれたばかりの子ガメを嬉々として貪る魚たちが水面下に潜んでいる。卵から孵った子ガメ4000匹のうち、大人になるまで生き残るのはたった1匹だ。

「小さなカメにとって最も危険な場所は、陸に近い岩礁の上の、透き通った浅い水辺です――カメを下から見上げている捕食魚と、上から見下ろしている海鳥がたくさんいますから」とローマン。「子ガメには、逃げ切るためのいい方策がないのです。彼らは、体が浮きやすく、海面から1メートル以上潜ることができません。また、泳ぎも遅く、魚から逃げられません。これほど分が悪いところで自分の身を守るために、生まれたばかりの子ガメたちは頭からザブンと海の荒波に飛び込み、死にものぐるいで泳いで、大海原まで出るのです。陸から遠く離れれば、これらの鳥や魚の手中に落ちる危険もなくなるでしょう。捕食者たちは海岸から50キロより外には行きませんから」

フロリダの東岸で生まれたアカウミガメにとって、子ども時代を過ごすのに最適な場所は、大西洋のなかでも暖流が流れているサルガッソー海だ。そこまで行くために、生まれたばかりの子ガメたちは、まず東に向かい、それからアメリカの南東岸に沿って北上し、その後、イギリスに暖かい海水を運ぶメキシコ湾流に乗る。最初子ガメたちは、海岸に寄せてくる波に向かって正面から泳いでいき、道を探り出す。だが、沖に出たあとは、正しいコースから逸れないためには、別の方策が必要だ（これについては後で詳しく論じる）。メキシコ湾流に乗った子ガメらは、北大西洋海流という亜熱帯性の大きな循環する流れに組み込まれたことになる。子ガメたちは彼らの生涯の最初の5～10年をここで過ごし、巻貝、イソギンチャク、クラゲなどの無脊椎動物をたらふく食べる。子ガメを襲う鳥は多くはないし、捕食魚もめったにいないし、また敵に遭っても、身を隠す海草がいくらでも浮かんでいる。

そのあいだ多くのカメが、成長しながら、全長1万5000キロに及ぶ、一生に一度の周遊旅行で大西洋を一巡する。「カメたちは、泳いだり漂ったりしながらサルガッソー海をぐるりと回り、スペインやポルトガルの海岸に至り、アフリカの北岸沿いに南下し、さらにぐるっと回って北米に戻るのです」とローマンは説明する。「体長60センチほどに成長すれば、彼らを食べることができる敵はあまりいなくなり、カメは浅い海に戻っても安全です」。青年期、あるいは大人のアカウミガメを食べられるほど大きな動物は、大型のサメくらいのものだ。こうして大西洋周遊の大仕事を終えたカメはみな、巨体の青年ガメになって、北米の沿岸から、南はニカラグアに至る餌場へと向かう。

だがカメは、ただ流れに乗っていれば大西洋を回遊できるわけではない。循環する海流の外に流されてしまってはならないのだ。北に行きすぎれば、冷たい北極海で凍死してしまうだろう。南に行きすぎれば、南半球の海流に引き込まれ、どこに着くかは神のみぞ知る、だ。問題は、海流が毎年変わることにある。「無事に海を回遊して最短時間で戻ってくるには、メキシコ湾流の流れの芯にいるべきですが、ある年に芯はどこにあるのか、カメは知らないので、芯に存在し続けるのは極めて困難です」とローマン。「おそらく、純然たる幸運で、芯の近くにいる一部のカメは、大西洋を素早く一周し終えるけれど、ほかのカメたちは、芯から外れて最適コースより少し北に押しやられてしまって、本流まで泳いで戻ってこないといけないのでしょう」。ローマンは、まったく同じ経路をたどるカメは2匹といないと考えている。たしかに、5年で戻ってくるカメもいれば、のんびり10年かけて戻ってくるカメもいるのは、それで説明できる。しかし、どの方向に行くべきか、カメはどうやって知るのだろう？　方位磁針を持っているわけでもなさそうだし。いや、もしかすると、方位磁針を持っているのだろうか？

生物版ＧＰＳ

カメが地球の微弱な磁場を感知できるかどうかを確かめるため、ローマンは直径1・22メートルの円形タンクを作り、周囲にワイヤーを輪にして張り巡らせた。ワイヤーに電流を流すと、地球上のどこの磁場でも再現できた。「私たちはただ、まさに回遊を始めるところだった、生まれたばかりの子ガメを捕まえ、小さな水着のような布製の胴着を着せただけなのです」とローマン。「プールに放てば、彼らは泳ぎ続けます」。ローマンの研究論文に掲載されている写真には、サイクリング・ベストのような蛍光色のライムグリーンの胴着を着た子ガメが1匹写っている。最近では、ローマンの研究チームは、ノースカロライナ大学チャペルヒル校のスクール・カラーのひとつ、「カロライナ・ブルー」の明るい青色の胴着を子ガメに着せている。

ローマンがフロリダの東海岸の磁場を再現すると、カメたちは東に向かって泳いだ。カメが巨大な子ども用プールではなく、海にいたのであれば、メキシコ湾流に乗れる方角だ。カメにかかる磁場を逆向きにすると、ほとんどのカメはターンして、逆の方角に泳いだ。「これが、カメは磁場を感知できることを示す最初の証拠となりました」と彼は回想する。

ほかの方角特定手段で使われる、太陽、星、あるいは光とは違い、地球の磁場は昼夜を問わず利用でき、地球上のほとんどどこでも存在する（ただし、磁性を持つ岩があると、地球磁場が乱されることがある）。磁性による方角特定は、光が届かず、空も見えない深い海溝の底でも、鳥が飛べる最高高度の空でも、問題なく使える。おまけに、磁場は天候や季節によって変わったりしない。とはいえ、歳月の経過によって、地球の磁場は実際に少しずつ変化していく。あとで紹介するが、この現象のおかげでローマンは、カメの方角特定法について、さらに興味深い発見をする。

「若いカメには、外海で特定の磁場に出会ったときどうすべきかという指示が生まれつき備わっています」とローマン。たとえば、ポルトガル北部付近の磁場は、カメをアフリカに向かって泳ぐように仕向ける。「海に入ったことがないカメを、実験室でこれと同じ磁場のなかに入れると、カメはそれに反応して南に向かって泳ぎます」と彼は説明する。アフリカの沖まで来ると、今度はまた別の磁場があって、カメはそれに反応して泳ぐ方向を西向きに変え、生まれた大陸へと戻っていく。

ローマンは、カメは地球の磁場を2通りの方法で利用していると考えている。「最も単純な方法は、方位磁針として使うことです。私たちが手持ちの方位磁針を使うのとほぼ同じやり方ですよ」とローマン。「生まれたばかりの子ガメは、間違いなくこの方法を使っています——彼らは、磁場の方向を判別でき、自分が、たとえば北と南のどちらに向かって泳いでいるのかを特定できるのです」。しかし、方位磁針だけでは不十分だ。カメがどの方角に進めばいいかを判断できるためには、そもそも自分が今どこにいるのかを知らなければならない。だが、ありがたいことに、地球は方位磁針だけでなく、地図も提供してくれる。ローマンは、カメは主に緯度によって変化する、地球磁場の傾斜角（伏角）のみならず、地球全域で変化する地球磁場の強度も感知するということを示した。これら2つの特性を感知することによって、カメは地球磁場を一種の「磁気マップ」として使うことができるのだ。この磁気マップ、生物版GPS（全地球位置発見システム）と呼べるだろう。ただし、電波ではなく磁場に基づくシステムだが。

地球の地図に、海水面からの高さの違いを示す等高線があるのと同じように、磁気マップには、「等伏角線」と呼ばれる、磁場の伏角が同じところをつないだ線と、「等磁力線」と呼ばれる、磁場の強度が同じところをつないだ線とがある。世界のほぼすべての場所で、等伏角線と等磁力線は平行ではない。このため、どの海域も、磁場が少しずつ違っている――伏角と強度の組み合わせは場所ごとに違うので、これを「磁場のサイン」として、場所の特定に使えるわけだ。

卵から孵ったばかりの子ガメと、成熟したカメは、磁気マップを少し違う目的で使っている。幼いカメは、地域ごとに異なる磁場のサインを、方角特定用の標識として使う。それぞれが、カメにコースを修正するよう教えてくれるわけだ。彼らにとって一番重要なのは旅だ。子ガメには、大西洋をぐるりと巡る長旅が必要なのだ。アメリカ沿岸の餌場に向かう前に、この長旅のあいだに成長するわけである。彼らの頭のなかには、特定の行先などない。大切なのは、海流のシステムの外に出ないことだ。だが、大人になると、カメは自分が生まれたその砂浜に戻ることに狙いを定め、そうしたいと思うようになる。

故郷にたどり着く

1万5000キロの旅を数年かけて終えたあと、カメたちはそれに負けず劣らず驚異的なことを行う。このとき重要なのは、距離ではなくて正確さだ。「やがて、20歳ぐらいになると、彼らは完全に成熟し、巣作りができるようになります。そうなると、出発したまさにその海岸線のエリアに戻ってきます」とローマン。成熟したメスは、餌をどれだけ食べているかに応じて2、3年ごとに、5～8月にかけて北に向かい、生まれたビーチに戻る。メスのカメは、後ろのヒレを使ってビーチに穴を掘り、100個ほど卵を産み付け、砂で覆う。そして15日ほどすると、この作業をもう一度行う。オスのカメは、メスと交尾するために毎年戻ってくるのかもしれないが、オスは生涯、海中で過ごすので、ほんとうのところはよくわからない。

大西洋の海盆をぐるりと回って、それから、生まれた場所、またはその付近に戻ってくるなんて、わざわざそんなことをする理由はどこにあるのだろう？　ひとつの説は、カメが目でビーチを見ても、そのビーチが子ガメを生まれさせるのに適した条件かどうかはわからないので、生まれたところに戻るのが無難、というものだ。自分自身が、生まれ故郷のビーチは少なくとも一度は成功した場所だという生きた証拠なのだから、馴染みのないビーチを選ぶ危険をおかすことなどなかろう。険しすぎたり、岩が多すぎたり、泥ばかりだったり、捕食者だらけだったり、卵が孵るのに不適切な気温かもしれないのだ。帰還するカメが、どこまで正確に生まれた場所にたどり着くのかは、まだよくわかっていない。「フロリダ南部で巣作りするカメは、フロリダ北部で巣作りするカメとは遺伝的に異なりますが、カメはおそらく、その程度の違いよりもずっと厳密に場所を特定できるのでしょう」とローマン。

では、カメは北米や中米の海岸から数百キロメートル離れた餌場から、どうやって自分の生まれた場所を見つけるのだろう？　大西洋を輪を描いて泳いでいる生まれたばかりの子ガメにとって、特定の海域の磁場のサインを感知して、どちらに向かえばいいかを知るのは、うまい方法だ。もっとも、自分の回遊ルートに沿って漂ったり泳いだりする子ガメたちは、旅を終えるまで、どの場所にたどり着かねばならないということはない。そして、旅を終えるときにしても、長い海岸線に沿って、餌場を探すだけのことだ。しかし、成熟したメスのカメが自分の生まれたビーチを目指して戻ってくるときは、ちょうどいいタイミングで、正しい場所に到着しなければならない。彼女は方角特定というゲームをもっと有利に進めなければならないのだ。

大人のカメがどうやって故郷にたどり着くかを明らかにするため、ローマンは、地磁気の長年にわたる変化、すなわち永年変化を利用した。地磁気マップは、地球のなかに巨大な棒磁石があって、そのS、Nの極が、地球の自転軸に対して約10度傾いているとした場合と同じ形状をしている。このずれのせいで、地磁気のN極――地磁気の磁場の伏角が90度上を向く点――は、地理的な北極とは一致しない。しかも地磁気のN極は、地球の核にある溶融した合金の動きにしたがって、少しずつ動いていく。この180年間、地磁気のN極は北西に向かって動いている。また、移動のスピードも変わる。1900年代初頭、地磁気のN極は毎年約10キロ移動していたが、2000年代の初頭には、その4倍

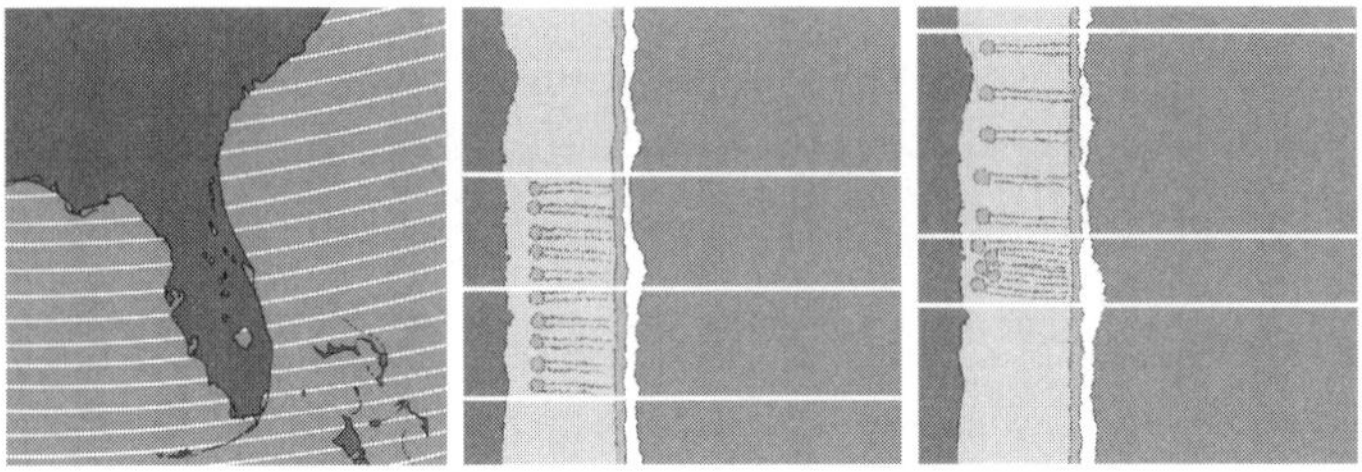

図5-3 カメの帰還
左図：フロリダ沖の等値線。中央：フロリダ東海岸のカメの巣（小円）。子ガメの進んだ経路が、東側の海へと伸びている。右図：約20年後。等値線が北に向かって移動しているが、場所によって移動のスピードが異なる。

のスピードで移動していた。ときおり、地磁気の極は完全に逆転し、N極が南に来ることがある。最後にこれが起こったのは78万年前だ。だが、ここで私たちが注目するのは、もっと最近に起こった変化である。

この20年間、フロリダの東海岸では等値線――等伏角線と等磁力線をまとめて呼ぶ名称――は、徐々に北に移動している。このエリアでは、等伏角線も等磁力線も、ほぼ東西に伸びている。これは、海岸線に沿って北に向かうほど、地磁気が強まり、伏角が大きくなることを意味する。しかし、これらの線は、均等に北にシフトしたわけではない。他の部分よりも余計に北に移動した部分がある。もしも海岸線に沿ったある範囲で、南側の等値線が北に向かって大きく動いたのに、北側の等値線はほんの少し動いただけだったとしたら、この2本の等値線にはさまれたエリアは、面積が狭くなっているはずだ。その結果、このエリアの「磁場のサイン」は、もとよりも狭くなったところに押し込められてしまう。また、別の地点で、さっきの例とは逆に、北の等値線は大きくシフトしたのに、南の等値線はほとんど動かなかったなら、このあいだにはさまれたエリアは広くなり、その「磁場のサイン」は、もとより広い範囲にわたるはずだ。

ビーチの磁場を「刷り込む」

ローマンとその仲間たちが1993年から2011年にかけて、フロリダ東海岸のカメの営巣地を分析した結果、等伏角線が収束して間隔が狭まったところでは、カメたちが作った巣の間隔も狭いことがわかった。一方、等伏角線の間隔が広がったところでは、巣もまばらだった。等磁力線に関しては、フロリダでは線どうしの間隔は広がるばかりで、巣もそれと連動するように、ますますまばらになった。ローマンは、これはカメが生まれ故郷のビーチ特有の「磁場のサイン」を使って、その位置を見つけ出している証拠だと考えている。

卵から孵ったばかりの子ガメは、そのビーチの磁場の強度と伏角を「刷り込み」として覚えてからビーチを去る。カモなどのヒナが、最初に見た動物を親と思い込んでしまうのと同じだ。「幼いカメは、生まれ故郷のビーチの磁場のサインを学習し、その情報を持ち続け、数年後大人になってから、方角を探りつつ戻ってくるのに利用します」とローマン。20年後帰還すると、地磁気の変化により、故郷の面積が広がっていて、巣作りの場所がたっぷりある不動産宝くじに当たったようなカメもいれば、それほど幸運ではないカメもいるだろう。不運なカメの場合、磁場によって決まる故郷が縮小しており、ほかのカメたちの近くで産卵せねばならない。さて、これで証明は終わりだ。ローマンはまたもや、長年にわたってカメ研究者たちの関心を集めてきた謎を解決したのだ。

目的地の「磁場のサイン」を知っているのはいいことだ。だが、どうやってその磁場サインを見つけるのだろう？　フロリダの海岸付近では、等伏角線と等磁力線は緯線とほぼ平行に並んでいるので、カメが自分がいる場所の経度を判別するのは難しいだろう。しかし、フロリダの海岸、そして、カメにとって素晴らしい営巣地である他の海岸——たとえばアフリカ西海岸など——は、南北に伸びているので、海岸線上では経度はほぼ一定なわけで、何ら問題はない。カメは、その海岸を見つけさえすれば、海岸線に平行に泳いで、北または南を目指せばいい。自分の生まれ故郷の磁場サインとぴったり一致する場所を探し求めるカメに、磁場の伏角と強度の変化が、正しい向きに泳いでいるかどうかを教えてくれる。

カメがどうやって磁場の強度と伏角を感知するかは、ローマンがまだ解決していない謎だ。しかし彼は今、これに取り組んでいる。だとすると、あらためて痛感されるのは、生物学者たちがそこそこ理解している、動物の視覚、聴覚、嗅覚、味覚、触覚に対して、カメの磁場感知能力は、ハチの電場感知能力と並ぶ、未知の特別な知覚だということだ。一説に、カメの脳内もしくは神経系と結びついたところには、小さな磁鉄鉱の結晶があるというものがある。磁気の話の最初に紹介したように、磁鉄鉱は方位磁針に使われている酸化鉄だ。カメの体内の磁鉄鉱は、地球の磁場に平行に並ぶと、補助的な受容器を刺激し、どの方角が北なのかという信号を送るのかもしれない。これは筋が通っている。だが、この説には問題点がひとつある。１９９０年代の研究で、ウミガメの体内に磁性があることは発見されているが、十分な証明はまだ行われていないのだ。ローマンは、ＭＲＩスキャナーを使って、カメの体内に磁鉄鉱の結晶がないか探っている。これまでのところ、まだひとつも見つかっていない。「あったとしても、とても小さいのです」とローマン。「ほんの小さな粒があったとしても、それはほんの小さな磁場しか生み出さず、MRIで検出するには強度が足りないかもしれません」

カメがいかにして磁場を感知して方角判定するかに関するもうひとつの説は、カメはクリプトクロムと呼ばれる色素分子を使って磁場を感知するというものだ。クリプトクロムは、青色の光を受容するタンパク質で、ヨーロッパコマドリ、カメ、そして人間も含まれる、多くの動物の眼球の後ろにある網膜のなかに存在している。地磁気は、これらの色素が関与する化学反応に影響を及ぼす。つまり、カメは、私たちが見るものをそこそこ見ることができるほか、自分がどちらの方角を向いているかで変化する光または色のパターンも感知できるというのだ。「磁北を向いている鳥は、視野の上に、巨大な光のアーチのようなものが重ね合わされており、その鳥が次に東を向くと、光のアーチは小さくなるとか、あるいは、2つに分かれる、などのパターンの変化があるのかもしれません」とローマン。

人間による磁場の乱れ

だが、人間はどうなのだろう？　人間は磁場を感知できるのだろうか？　1980年代、イギリスのマンチェスター大学のロビン・ベイカーは、学生たちに目隠しをして車に乗せ、田園地帯まで連れていった。君たちのキャンパスがあると思う方角を、指さしてごらんと言うと、被験者にされた学生たちは、驚くべき正解率で正しい方角を指した。しかし、ベイカーが棒磁石を学生のこめかみに近づけると、そうはいかなかった。この結果をまとめ、彼は『人間の方向感覚：磁気を感じる脳』（紀伊国屋書店）

という本を書いた。しかし、そこに書かれたベイカーの発見を再現できた人は、これまでにほとんど誰もいない。「1980年から1990年までの約10年間、一連の論文で、これに対する反論と擁護の応酬がありましたが、その後みんな、この論争に疲れてしまったのです」とローマンは語る。「それ以降、私が知る限り、何も新しいことは出てきていません」

ローマンは、人間が磁気を感知するという説得力のある証拠はまだまったく存在しないと考えている。「しかし、ベイカーは興味深い説を提案しました。それは、私たちの日常生活で、磁場環境は著しく乱されているという説です」と彼は続ける。「私たちが住んでいる家には、鉄骨が使われていることが多いですし、電気を使うものはすべて、電磁場を生み出します。もしかしたら、私たちは磁気を感じるのかもしれないけれど、成長する過程でその能力を使っていないので、もはや磁場を意識することがなくなっているのかもしれません」

人間が原因で生じる、このような磁場の乱れは、カメも混乱させているかもしれない。海岸の電線や、風力タービンから電気を運ぶ海底ケーブルのほか、ビーチに建てられた分譲マンションやホテルの鉄骨も、磁場を生み出すだろう。アライグマが近づかないようにカメの巣を保護するための鉄のケージさえも、卵や孵ったばかりの子ガメが感じる磁場を乱して、大人になったときに、そのビーチに帰り着けなくしてしまうかもしれない。

人間が乱しているのは、カメが感じる磁場だけではない。これらのホテルのせいで、メスのカメは巣作りがしづらくなるし、孵ったばかりの子ガメたちは、大きな建物の明るい照明に引き寄せられて、海ではなくて、ホテルに向かって急いで近づいていく。子ガメは、人工的な光を、海面で反射している月や星の光と取り違えてしまうのだ。そのうえ、海にはプラスチックごみがいっぱいだ。海に浮かぶレジ袋が、カメには好物のひとつであるクラゲのように見える。ところが、消化不可能なプラスチックで胃がいっぱいになると、カメはやがて餓死してしまう。風船にしても同じだ。チャリティーで好まれる風船飛ばしは、価値ある目的のために行われるが、カメにとっていいことは何もない。また、爬虫類ではよくある話だが、一度に産みつけられた卵から孵るオスとメスの数の比率は、卵がどれだけ熱くなるかに応じて変化する。アカウミガメの巣の温度が摂氏28度だったとすると、オスしか孵らない。30度だとオスメス半々だ。一方、32度の巣では、メスしか孵らない。つまり、気候の変動により気温の上昇が続くと、オスのアカウミガメは――そしてひいては種そのものが――絶滅してしまう恐れがあるということだ。ホテルの高層建築は、この点に関してだけはカメを助けてくれる可能性がある。つまり、カメの巣を日陰にして、熱くなりすぎないようにしてくれるのだ。

カメが持つ優れた磁場感知能力について知ることは、カメの保護に役立つかもしれない。もともと巣作りをしていたカメたちがいなくなってしまったビーチに、新たにそこで巣作りをするようにカメを促して移動させた者は、人間にしろ、同種のカメにしろ、これまでのところまったくない。最もよく知られている例はバミューダだ。「1600年代には、バミューダで巣作りしていたカメが何千匹もいました」とローマン。「カメからは肉が簡単に手に入るので、人々は毎年カメを捕獲し続け、やがてカメは全滅してしまいました。今では数百年が経過していますが、アオウミガメは、バミューダではまったく巣作りしていません」。孵ったばかりのカメと卵をコスタリカから移住させる試みは、失敗に終わった。カメは、バミューダに帰ってこなかった。「理由については、誰もわかりませんでした」とローマン。「ですが、少なくともひとつ可能性があるのは、カメを導入する際、カメが、新しい場所の磁場を、自分に刷り込めるような配慮はされなかったということです。今の時点では、すべて仮説にすぎませんが、役に立つかもしれません」

カリバチと量子力学

さて、ここまで見てきたように、アカウミガメは生まれつき方位磁針を持っているおかげで、大西洋を周遊したあとでも生まれ故郷に戻ることができる。ありがたいことに、私たち人間は、もっといいものを持っている。宇宙に設置された人工衛星に乗せられた原子時計に信号を送って位置を特定する、GPSを車に搭載しているのだ。素晴らしい夏の日に、ハンプシャー州のモティスフォント（第4章を参照）に車で向かう私たちが、道に迷うことなどあり得ない（音声ガイダンスを無視しないかぎり）。今日は少し遠出して、夏のピクニックを楽しもう。歴史ある建物を見下ろす芝生の上に日陰を見つけて、ブランケットを広げ、チーズサンドを取り出し、ポテトチップスの大袋を開け（私たちはとても上品なのだ）、紅茶を注ぎ、そしてメインディッシュを包みから出す――自家製スコーン、クロテッドクリーム（牛乳から作るイギリスの伝統的なクリームで、スコーンにはつきもの）、それにイチゴジャム。完璧だ。

運悪く、私たちのほかにも客がきた。カリバチだ。最初は1匹。次にもう1匹。続いて3匹目。私たちの周りを狂ったように飛び回り、甘いごちそうを探している。シッシッと追い払おうとするが、何の効果もない。カリバチはどんどんやってくる。ジャムの上を這いまわっているのが1匹。クリームにとまったのが1匹。なんて迷惑な。私たちは飛び上がって、後ずさりしながらサンドイッチを踏んづけてしまうし、紅茶はひっくり返すし、体をせわしなく揺する。頭上をブンブン羽音を立てながら飛び回るカリバチは増える一方で、計画を変更するしかない。一切合切バスケットに突っ込んで、車に駆け戻るのだ。

カリバチは、地球で最も嫌われている動物のひとつだ。ファンはほとんどおらず、敵は大勢いるが、実はカリバチは（少なくともその一部は）電気を熟知しており、また、量子力学の専門家なのである。具体的にどういうことなのか説明する前に、カリバチを弁護しておこう。第一に、黄色と黒の縞模様のカリバチがいなければ、私たちはアブラムシとブヨにまみれていただろう。ガーデニング愛好家は、これらの害虫を貪って、キャベツをいい状態に保ってくれている、地元のカリバチに感謝すべきだろう。第二に、カリバチの種の多くは社会的動物で、巨大なコロニーで暮らし、目標はたったひとつしか持っていない。それは、巣に食べ物を持って帰ることである。カリバチが攻撃するのは、刺激されたとき、あるいは何かが急に動いたのが見えたときだけだ。したがって、新聞を丸めてカリバチを叩こうとするのはやめたほうがいい。そして、大事なことをお教えしよう。カリバチの巣のそばにいるときは、じっとしていること。騒ぐと、カリバチは、何が起きているのか確認しようとすぐに飛び出してくる。彼らが一番気にかけているのは、自分の群れによそのカリバチが侵入してくることだ。そんなことになれば、仲間のカリバチが部外者を取り巻き、そして飛びかかり、羽をかんでむしり取り、針でとどめを刺す。そんな目には遭いたくないでしょう。なので、カリバチのことはカリバチに任せ、かかわらないように。

カリバチには数万の種があるが、私たちが注目するのはオリエントスズメバチ（*Vespa orientalis*）だ。

アフリカ北東部、中東、そして東南アジアの多くの地域に生息している。体の大部分は茶色だが、頭部に2本、そして腹部にも2本の黄色い縞模様がある──近づくなという、捕食者への警告サインだ。オリエントスズメバチは、体が大きいのも特徴のひとつである。体長は2〜3センチほどもある。このカリバチが本書に登場するのは、彼らはただ花蜜を集め、昆虫をあさるだけではなく、電気と磁気の研究から生まれた、物理学の1分野を活用しているからだ。それは、量子力学という分野である。

朝より昼のほうが活動的なのは？

普通の力学は、第2章で見た蚊やシャコなど、日常的な世界の大きなものが対象で、それらのものが力の作用のもとでいかに動き、変化するかを説明する。一方、量子力学は、原子や分子のレベルで世界を記述する。そしてそれは、実に奇妙なのだ。20世紀初頭に、ニールス・ボーア、ポール・ディラック、アルベルト・アインシュタイン、ヴェルナー・ハイゼンベルク、エルヴィン・シュレーディンガーなど、最高の物理学者たちによって構築された量子力学は、コンピューター、レーザー、スマートフォン、その他、多くの電子デバイスの核心にある。量子力学がなかったなら、現代社会は意味をなさなくなるだろう（1週間、携帯電話なしで生活してみればおわかりいただけるはずだ）。

量子の世界は直感とは相容れない。たとえば、1個の電子は、同時に複数の向きにスピンする。だが、電子のスピンの向きを測定しようとすると、電子はもともとたったひとつの向きにスピンしていたかのように見えるだろう。また、あなたが梯子を使いたいとき、梯子のどこにでも立てるわけではなく、横木のひとつに立つしかないのと同じように、電子はどんな大きさのエネルギーでも持てるわけではない。特定の値のエネルギーしか許されないのだ。もうひとつ、とても妙なことがある。たとえば、ある粒子の位置と運動量など、特定の組み合わせの2つの物理量を同時に、完全に正確に測定することは、どんなに高度な測定機を使おうが、絶対に不可能なのだ。ある電子の位置を絞り込んだとしよう。すると、その電子の運動量については、ほとんど何もわからないことになる。逆に、運動量を特定したとしよう。すると、今度はその電子がどこにいるのか、ほとんど見当もつかない羽目になる。ハイゼンベルクの不確定性原理と呼ばれる、この量子力学の「教義」は、おかしな物理ジョークの源になっている。たとえばこれ。ハイゼンベルクがスピード違反で交通警官に捕まる。警官は彼に、自分がどれだけのスピードで走っていたかわかっているかと尋ねる。「いいえ」と偉大な男は答える。「でも、少なくとも、自分がどこにいるかはわかりますよ」。皆さんがこれを読んで笑えなかったとしても気にしなくていい……物理ジョークは、ユーモアの質はあまり高くないのだ。もうひとつ披露しておこう。2個の原子が出会いがしらにぶつかる。「電子を1個なくしちゃったみたいだ！」とひとつの原子が言う。「ほんとうかい？」ともうひとつが応じる。「うん。僕、ポジティブだもん！〔原文"Yes, I'm positive!"は、普通には「うん、絶対間違いない！」の意だが、ここでは電子を1個なくして、電荷がプラス（positive）になったというのとかけた、言葉遊び〕」

私たちはまだ量子力学の奇妙さと格闘しているが、オリエントスズメバチは、とっくにその応用段階に到達している。このハチは、私たちよりもはるかに昔から量子の原理を利用しているのだ。彼らがなぜ、また、どのように量子力学を利用しているのかを知るためには、このカリバチの住処がどんな具合になっているのか、覗いて見なければならない。オリエントスズメバチは、コロニーと呼ばれる家族集団のなかで暮らす。コロニーには、1匹の女王バチが君臨している。女王バチは、夏に1匹もしくは複数のオスバチと交尾し、その精子を冬のあいだ貯蔵する。初夏になり、冬眠から目覚めると、女王バチは、紙のように薄い壁で囲まれた6角形が集まった巣を作る。そして女王バチは、そのなかに卵を産み付ける。これらの卵は、卵を産まないメスの働きバチになる。生まれてきた働きバチは、協力して、女王バチのために尽くし、女王バチが数百、あるいは数千個の卵を産み付けられるように、彼女を中心に巣をどんどん大きくしていく。これがコロニーだ。働きバチはさらに、食べ物をあさり、巣を守り、幼虫の世話もする。

晩夏になると、女王バチは再び卵を産むが、これらの卵はやがて生殖能力のあるメスとオスになる。オスたちはよそへ飛んでいって、ほかのコロニーからやってきた若いメスと交尾する。そのメスは、新しい女王バチとなる。このようにして、カリバチの王朝は絶えることなく続く。これは集団としての成果で、紀元前4世紀ギリシアの哲学者アリストテレス以来、研究者の関心を引き付けてきた。スズメバチは花蜜だけを食べるのではないことに気づいたのは、アリストテレスだった。スズメバチは昆虫も殺す。殺した昆虫をかんでスラリーと呼ばれる粥状のものにし、巣のなかで成長しつつある幼虫に与える。

オリエントスズメバチのありがたいところは、このハチが人間の家に巣を作ったりしないことだ。また、木立や茂みに巣が見つかることもない。オリエントスズメバチは、複雑に入り組んだ地下の巣穴で暮らしているからだ。この巣穴、働きバチたちが、顎で少しずつ掘って作る。掘った土を口に含んで、働きバチは巣の出口に向かい、それから飛び立って、巣から10メートルほど離れたところまで飛ぶ。空中で土を捨てたら、巣穴に戻ってさらに掘り進める。

スズメバチのほとんどの種は、早朝に飛ぶ。飛行する時間をそのように制限することで、涼しくすごし、また、暑くなる時間帯の強力な紫外線によるダメージから体を守るのだ。ところが1967年、イスラエルのテルアビブ大学に所属していたヤコブ・イシェイは、オリエントスズメバチが土を捨てるために巣から飛び立つ頻度を調べていくなかで、このカリバチは早朝以外にも活動することに気づいた。オリエントスズメバチは、真昼の日差しが大好きなのだ。紫外線がたくさんあればあるほど、オリエントスズメバチは土をたくさん掘り出し、頻繁に巣を離れるようになる。太陽崇拝者のようなこのハチは、朝よりも昼のほうが100倍も活動的になれるのだ。

イシェイは、このスズメバチが太陽を好むのは、彼らが何らかの形で、太陽光を自分たちに都合よく使えるからではないかと推測した。長年にわたって、この説は何の根拠もない単なる憶測でしかなく、イシェイはオリエントスズメバチが持つもうひとつの奇妙な特徴に関心を抱き、そちらへ脱線してしまった。それはこのハチの巣作りに関することだ。オリエントスズメバチは常に、まず小さな芯を出発点とし、そこから下に向かって巣を作っていく。この理由を探るため、1992年、イシェイは200匹以上のオリエントスズメバチをNASAのスペースシャトルに載せて、地球を周回する軌道に上げた。シャトル内では、下向きの重力はほとんどない。この無重力状態で、オリエントスズメバチが地球上とは違う行動をするかどうかを確かめたいとイシェイは考えたのだ。また、この実験で、宇宙飛行士が宇宙で吐き気を感じるのは、重力がないために、方向感覚を失うからなのかどうかもはっきりするかもしれないと彼は期待した。宇宙飛行士たちにとっては残念なことに——しかし、スズメバチが嫌いな人はうれしいかもしれない――、実験の水系統が故障し、意味のある結果が何も出ないうちに、イシェイのハチはほぼすべて死んでしまった。

生きて呼吸する太陽電池

宇宙にオリエントスズメバチを連れて行くのはもうこりごりだ――というわけかどうかはわからないが、ハチは太陽光を自分たちに都合よく利用しているというイシェイの仮説がついに正面から取り上げられることになった。だが悲しいかな、それは２００９年、彼が亡くなったあとのことだった。そのとき、彼の教え子だったマリアン・プロトキンが、オリエントスズメバチの体の硬い表面に注目したのだ。彼とその仲間たちは、ハチを観察するのに、あまり詳細な観察ができない通常の光学顕微鏡ではなく、原子間力顕微鏡を使った。原子間力顕微鏡の要《かなめ》となるのは、対象の表面をスキャンする、小さな尖ったチップだ。指でブライユ点字を読むのと少し似ている。チップはカンチレバー（片持ち梁）の先端に取り付けられていて、カンチレバーはチップとその下にある対象物の原子とのあいだに働く力の大きさに応じて、上下方向に大きく、あるいは小さく動く。オリエントスズメバチの体表の多くの点でこの力を記録することによって、プロトキンは奇妙なことを発見した。

先に、オリエントスズメバチの外皮、すなわちクチクラには、茶色と黄色の２つの部分があることをお話しした。プロトキンは、この２つの部分は大変違っていることを発見した。茶色の部分――茶色いのは、人間の皮膚にあるのと同じメラニン色素が含まれているからだ――の表面は平らではなく、トタン屋根や、波型カットのポテトチップスのように見える。このように表面に起伏が繰り返されていることで、太陽光は皮膚で反射せずに、内部に取り込まれやすくなる。盛り上がった畝《うね》状の部分の下では、クチクラは約30の層になっていて、層に含まれる1000分の1よりも小さな桿状の細胞で、さらに光が捕らえられる。プロトキンは、畝構造とその下の層構造が相まって、茶色の部分が平らだった場合よりも99パーセントも多くの光を蓄えられるようオリエントスズメバチを助けていると考えている。

黄色い部分に関しては、プロトキンの原子間力顕微鏡による観察で、表面は起伏があり、多数の卵型の膨らみが凝集した構造をしていることがわかった。それぞれの膨らみには、少なくとも1つ、小さな窪みがある。この窪みにどんな意味があるかはまだわからないが、ハチの外皮の黄色い部分は、周囲の茶色い部分に負けず劣らず太陽光をよく捕らえることができる。黄色い色は、表面の下にある、樽型の微小体からなる層のせいだということがプロトキンの観察でわかった。微小体には、蝶の羽や人間の尿にも含まれるキサントプテリンという黄色い色素が含まれているのだ。キサントプテリンは太陽光の吸収にかけてはピカイチで、オリエントスズメバチはこれを使って光を電気に変えているのではないか――言い換えれば、このハチは、生きて呼吸をする太陽電池なのではないだろうか――と、彼は推測した。

分子がどうやって光を電気に変えるのかを理解するには、量子世界の奇妙な特徴のひとつを思い出さねばならない。電子は特定のエネルギーしか持つことができないというのがそれだ。これらのエネルギーを梯子の横木にたとえれば、電子はどれかひとつの横木の上にしか乗れない。横木と横木のあいだにとどまることはできないのだ。だが電子は、光の助けがあれば、低い横木から高い横木へと飛び上がることができる。ただし、このとき光は、電子がこのギャップを越えられるのに十分なエネルギーを電子に与えなければならないのだが。キサントプテリン分子1個がこのような電子のジャンプを起こすためには（どの電子がジャンプするかは私たちにはわからないが）、波長386ナノメートル以下の紫外線を吸収しなければならない。だが、こうしてたくさんの電子が動きはじめると、電流が生じるまでもう一息だ。

キサントプテリンはほんとうに太陽光を電気に変換できると証明するには、プロトキンはただこの色素を電気回路につなぐだけでよかった。エネルギーを与えられた電子が電極に流れ込めば、電流が流れる。そして、人間がキサントプテリンから電流を生じさせることができるなら、オリエントスズメバチにもそれが可能なことはほぼ確実だ。必要なのは、十分なキサントプテリンと十分な光だけだと証明される。

2010年、プロトキンは、キサントプテリンの薄膜を2枚のガラス電極ではさんだ、人工太陽電池を作成した。ガラス電極の一方には、塗料や日焼け止めに使われている半導体、二酸化チタンがコーティングされていた。このデバイスにランプの光を当てると、光子1000個につき約3個が、キサントプテリン内の電子1個を、より高いエネルギーレベルへと励起することがわかった。励起された電子は、半導体である二酸化チタンのなかを通って、コーティングなしのガラス電極へと移動したのだ。光の0・3パーセントを電気に変換しただけなんて、大したことない――あなたが庭の照明の電源に使っている太陽電池は、普通、光子の10パーセントを電気に変換するのだから。だが、それにもかかわらず、プロトキンの成果は素晴らしいブレークスルーだった。「光合成を行うバクテリアや藻の一部が、光を化学エネルギーに変換して自分の燃料にすることは、何十年も前から知られていました。今私たちは、動物も光を別の形のエネルギーに変換できることを世界で初めて示したのです」

オリエントスズメバチは、茶色の色素も太陽電池として使っていると、プロトキンは考えている。だが、これを確かめる実験は彼もまだ実施していない。「このハチはおそらく、メラニンとキサントプテリンの性質を、この光変換プロセスのなかで結びつけているのでしょう。ですが、その効果の全容は今のところまだわかっていません」と彼は言う。それに、オリエントスズメバチがなぜ生まれつき太陽電池を持っているかは、謎のままだ。電流は、このハチが飛ぶときに追加の動力源として働くのかもしれない。あるいは、電気は体が過熱しないように冷やすために使われるのかもしれない。昆虫には汗腺がないので、体温が上がりすぎることもあるのだ。

これらの謎を解き明かしたいと思っている方がおられたら、十分気を付けたほうがいい。オリエントスズメバチを使った実験は難しく、危険だ。プロトキンも4度刺されたことがあるという。「それは恐ろしいですよ」と彼は回想する。「このハチの毒はほんとうに強力で、毎回、回復するのに数日かかりました」。しかし、驚いてしまうのだが、刺されれば刺されるほど、プロトキンは徐々に心地よく感じるようになったという。「これはあまり科学的な分析ではありませんが、オリエントスズメバチの研究をしてきた4年間、私は一度も病気になったことがないんですよ」

まとめ

本章では、人間が自然現象を自分たちに都合よく利用するようになるずっと前から、動物たちはそうしてきたということを学んだ。デンキウナギは、警察のテーザーガンのように、高電圧パルスを連続で発射して獲物を気絶させる。ハチは、古代ギリシア人が毛皮と琥珀をこすり合わせて静電気のトリックを使うようになるずっと前から、電荷を利用していた。そしてアカウミガメは、地球の磁場を感知できる方位磁針が体内にあり、それを使って方角を特定し、海を回遊していた。そして本章の最後では、オリエントスズメバチが生まれつき太陽電池を持っており、それで日光から電気を生み出しているのを見た。しかもそのとき、量子力学の奇妙な世界を利用していたのだった。

本章には、それ以上に重要なことがある。ファラデー、アンペール、そしてその他の科学者が19世紀前半に気づいたように、電気と磁気は1枚のコインの裏表なのだ。だが、この2つの現象をひとつの理論形式にまとめあげたのは、スコットランドの物理学者ジェームズ・クラーク・マクスウェル（1831〜1879年）で、彼は1860年代にこれを達成した。物理学者の用語を借りるなら、マクスウェルは電気力と磁気力を統一して、電磁力にまとめたのである。

こうして私たちはスムーズに本書の最後の物理トピックへと進むことができる。マクスウェルが発見したように、電場と磁場が共に空間を伝わるとき、それなしには地球上に生き物が存在できない、あるものが生まれる。それがなければ、植物もオリエントスズメバチも、マクスウェルの愛犬トビー——イギリス、エジンバラのジョージ・ストリートにあるマクスウェルの銅像の足元に、このイヌの像は飾られている——もあり得なかった、重要なものだ。

それは、光である。

第6章 光

サバクアリからダイオウイカまで

・偏光で方向を知るアリとミツバチ　・カッコウの派手なヒナ
・スネルの法則がわかっているテッポウウオ
・赤くなるにはわけのあるタコ　・巨大な目のダイオウイカ

アリは巣へ戻る最短経路を知っている

スーパーマーケットに行く。最初に迎えてくれるのが——疑り深そうな警備員の次にだが——、店内ベーカリーから漂ってくるらしい、おいしそうに香る暖かい空気だ。こんな香りを送り出して、店長はじめ店のマネージャーたちは、ほかの商品の前を歩いているあなたを、アーモンド・クロワッサン、固焼き丸パン、台車の車輪ほどある大きなクッキーなど、店の奥で売られているパンや焼き菓子へとおびき寄せ、衝動買いをさせようと誘惑する。お金とポイントカードを使うことを除けば、私たちはこの点に関して、多くの種のアリと何ら変わりはない。アリは触角を使って、食べ物を「嗅ぎつける」のだから。自分の巣を出たアリたちは、フェロモン——ほかのアリたちが残した化学物質——の痕跡をたどって、食べ物の在りかに到達し、そこからまた巣へ戻るのだ。

だが、北アフリカの砂漠では、事情はまったく違う。食べ物は乏しく、フェロモンの痕跡は暑さのなかですぐに消えてしまう――そもそもアリが痕跡を残すとしての話だが。ウマアリ属（*Cataglyphis*）に分類されるサバクアリは、フェロモンを残さない。このアリたちは、昆虫やクモの死骸を探して、あちらこちらに走りまわる。このアリたちの経路を描いてみると、ほどけかけてぐちゃぐちゃになった糸玉のようで、極めて非効率とわかる。個体によっては、巣から100メートル以上もくねくね歩くものもいる。だが、この体重わずか10ミリグラム、体長約6ミリの黒い体のサバクアリが、その経路から想像されるような散漫な者たちだと考えるのは大間違いだ。食べ物を見つけると、彼らはうろつきまわるのをやめる。その道筋はぴんと張った直線になる――まっすぐに巣に戻るのだ。サバクアリたちは、巣から外へ向かって歩くあいだ、何らかの方法で、巣からどの方向に、直線距離にしてどれだけ進んだかを常に把握しているのである。まるで、生まれつき体内に巻き尺と方位磁針が備わっていて、巣に戻る際には最短経路を特定できるかのようだ。

アリがどうやってこんな離れ業をやってのけるのかを明らかにするには、私たちもチュニジアからドイツへ、そしてオーストリア、イギリスを経由して再びドイツを訪れる、遠回りの旅をしなければならない。最初にこれに取り組んだ専門家が、必要なツールを持っていさえすれば、この探究はもっと早く完了していたかもしれない。実際には80年以上かかり、また、ほかの昆虫――ミツバチ――の助けも必要だった。この発見への道では、出発点から目的地まで、アリからミツバチへ、そしてそこからまたアリへと進むのだが、その途中、ミツバチに楽しいダンスを教わることになる。

太陽光を利用している？

サバクアリが持つ素晴らしい帰巣能力を最初に研究したのは、一匹狼の医療従事者フェリックス・サンチ（1872〜1940年）だ。彼は、患者の目から銅のメスで白内障を切除する名人だった。しかし、高校も卒業していなかったので、母国スイスでは開業することができなかった。このため彼は1902年、現在のチュニジアにある古代都市ケルアンに移住した。この地でサンチは、朝と夜に医術を施し、午後はアリの研究者として活動した。彼が2000種近いアリの種、亜種、変種、亜変種に関して発表した科学論文は、200件を超える。ほかのほとんどの科学者から遠く離れて暮らし、論文の多くを無名なフランス語の専門誌に投稿していた彼は、死後長い歳月が経つまで、注目されることはなかった。彼の発見が、私たちをもっと短いルートでアリの真実に導いてくれたかもしれないことを思うと、それは実に残念なことである。

『アントウィキ（AntWiki）』というウェブサイトに掲載されているある写真に写るサンチは、金属の鋲が紋章を描くように並べて打ち付けられた古い扉の、鉄製の輪の取っ手を握っている。黒っぽいスーツのジャケットを白い開襟シャツの上に羽織り、いかにも医者らしく、一番上のポケットからペンを覗かせている。顎髭には白いものが混じり、あまりにたくさん小さな虫を無理に見つめすぎたかのような目をしている。長年にわたる研究から、彼はサバクアリが化学的な痕跡を追いかけているとはまったく考えていなかった。もしもサバクアリがそんなことをしていたならなぜ、巣から出ていくときはあちこち回って歩くのに、巣に帰るときには直線を進んだりするのか？　サバクアリは化学物質ではなく、自分の周囲の世界に関する何かに注目しているはずだとサンチは推論した。それは葉、石、あるいは――ヘンゼルとグレーテルのように――パンくずで残した道筋などではない。そんなものは風で吹き飛ばされるか、動いてしまうか、食べられてしまうだろう。アリは、砂漠のどこにでも存在しているあるものを使うのではないかとサンチは考えた。それは太陽である。

1911年サンチは、ケルアン近郊で自分の説を検証した。アリたちに鏡に映った太陽を見せ、空の上の太陽が、あるはずのない場所に見えているかのような錯覚を起こさせたのだ。多くの種のアリが混乱し、即座に進路を変えた。それまで何の問題もなく巣に帰っていたアリたちが、巣から遠ざかる方向に進みだしたのだ。サバクアリは、太陽を指標に使っているようだった。この結果を噂で知ったごくわずかな人数の科学者たちは、サンチの所見は物議を醸すと感じた。太陽は空を横切って移動している。そんなものに頼るより、陸上にある建物など、近くの目標物を目印にすればいいではないか。家への帰り道を見つけるために、アリがわざわざ天文学者になることはないだろう、というわけである。

それよりもっと奇妙なことがあった。一部の種、とりわけサハラサバクアリ（*Cataglyphis bicolor*）は、サンチが太陽を「動かした」ときも、進路を変えたりせず、まっすぐ巣に帰り続けたのだ。これらのアリは、太陽を標識として使ってはいなかった。彼らは太陽の光を、何か別の方法で利用していたのだ。サンチの助手が、厚紙で作った直径50センチ、長さ25センチぐらいの円筒を、進んでいくアリに沿って動かし、アリたちの視野を制限して、この「窓」からしか空が見えないようにしたときも、アリたちは目正しく巣の方向に進んでいった。鏡に映された太陽すら直接見えていなかったのに、このアリたちは目的地にちゃんと到着したのである。

サンチが1923年の論文で問いかけたことを、再びここで問おう。「この小さな筒から見える空のなかで、何がアリを導いて巣に戻らせているのだろう?」。サンチは、アリは太陽光の強度、おそらく、人間には見えない紫外線(UV)領域の周波数における強度の変化を利用して、方向を判定しているのだと考えていた。それは妥当な推測だったが、ひとつ問題点があった――つまりそれは、間違っていたのだ。アリを水銀灯から出る紫外線に当てれば、この仮説を検証することはできたのだが、当時チュニジアの真ん中にランプ屋はあまりなかった。そんなわけで、サンチによるアリの方位判別能力研究への貢献はここで終わりとなってしまった。1940年にサンチが死去したとき、アリは恒星の位置のほか、太陽光も利用して方向を特定していると彼が示したことを認識していた科学者はほとんどいなかった。しかし、ケルアンの住民たちは、サンチをたいへん尊敬し、医療と動物学という2つの分野で尽力した彼を「アリのドクター」というニックネームで呼んでいたのである。

太陽が見えなくても大丈夫!

チュニジアの砂漠でサンチは、アリがいかにして方向を感知するかを発見するところまで、ほんとうにあと一歩という惜しいところまで到達した。しかし、実際にその答えを見出したのは、別の昆虫を研究していた別の科学者だった。オーストリア生まれの動物学者カール・フォン・フリッシュ(1886~1982年)である。彼が動物好きだったのは間違いない。ある写真は、スーツにネクタイという姿で座っているフォン・フリッシュに、耳が垂れたイヌが抱いてもらおうと飛びついている瞬間をとらえており、イヌがぶれて写っている。ほかの数枚の写真では、フォン・フリッシュはもっとくつろいだ服装で、白いシャツにオーストリアの伝統的な刺繍が施されたズボン吊りを身に着けている。人生の大半をドイツのミュンヘン大学で過ごしたフォン・フリッシュは、セイヨウミツバチ（*Apis mellifera*）は同じ巣の仲間に花粉と花蜜の在りかを教えるためにダンスをすることを発見した。このダンスのなかに、ミツバチの方向感知の秘密が隠されている。そしてそれは、アリの方向感知の秘密でもある。そう、ミツバチは、アリとまったく同じ方法で、方向に関するデータを収集するのだ。

フォン・フリッシュは次のようなことを明らかにした。1匹の働きバチが巣から50メートル以内のところに食べ物を発見したとすると、巣に帰ったそのハチは、巣の上で、小さな円を描いて2回ぐるりと飛び、次に反対向きに2回飛ぶ。働きバチは、まるで壊れた時計の長針のように、この左右反転「ラウンドダンス（円舞）」を数分間続ける。ラウンドダンスは、「私たちの巣からそう遠くないところに食べ物があるよ。花蜜を探しに飛び立っていく。他のハチたちは、このハチが飛んだ跡をたどったあと、花蜜を探しに飛び立っていく。ラウンドダンスは、「私たちの巣からそう遠くないところに食べ物があるよ。その香りは、今私にくっついている食べ物と同じだよ。でも、それがどの方向にあるかは私は教えない。行って、見てきてごらんよ」と告げているのだ。

もっと遠く、巣から15キロ以内のところに食べ物があるというニュースを伝えるミツバチは、もっと複雑なダンスをする。この場合、ハチはまず直線に沿って這い、次に半円を描いて出発点に戻り、また直線に沿って這い、続いてさっきの反対側に半円を描く。このハチの経路は、大文字のDが2つ背中合わせにくっついたような形をしている。直線を這うとき、ハチは体を左右にゆすり、「尻振りダンス」

をする。ほかのハチたちに食べ物がどれだけ離れたところにあるかを教えるため、ダンスするハチは1周分のダンスの大きさと時間を調節する。暗号は単純だ。食べ物が遠くにあるほど、尻振りダンスの周回数を減らす、というのがルールである。たとえば、ディナーがあるのが100メートル離れた場所だったとすると、報告者は15秒間に短いバージョン（急に転回する）のダンスを10周分踊る。だが、食べ物が300メートル離れている場合は、同じ15秒間に、もっと長いバージョンのダンス（ゆっくり転回する）を3周踊る。ほかのハチたちは、これを注意深く見守る。数匹の報告者たちのダンスを観察し、それぞれのダンスから推測される距離の平均値を取ることもある。いわばミツバチ版クラウドソーシングだ。フォン・フリッシュは、距離と尻振りダンスの周回数の関係が極めて厳密で、ストップウォッチでダンスの時間を測れば、食べ物がどれだけの距離にあるか、突き止められることに気づいた。これこそ動物による至高のロジックの例である。

　食べ物を取ってくるために自分がどれだけ遠くまで行く必要があったかを知るために、報告者のハチは、飛行で消費したエネルギーの量を確認する。いわば「燃料メータ」を見るわけだ。しかし、食べ物までの距離だけを他のハチたちに告げても、大して役には立たない。ダンスでは、どの方向に飛べばいいかも説明しなければならないのだ。家に遊びに来た友人に、道沿いに1マイル行った先のパン屋でパンを1斤買ってきてくれと頼むとする。このとき、距離のほかに方向も告げないと、あなたの友人はあちこちさ迷い歩き、手ぶらで戻ってくる可能性が高い。ではミツバチはどうやって方向を把握するのだろうか？　フォン・フリッシュとサンチという2人の偉大な科学者は、この同じ問題に取り組んでいたのである。フリッシュがサンチの研究のことを人づてに聞いたのは、サンチが死んだ8年後のことだったのだが。

そのころには、フォン・フリッシュはすでにオーストリアに戻っていた。というのも、第2次世界大戦の空爆でミュンヘンの動物学研究所は破壊されてしまったからだ。彼はグラーツ大学で、ハチの巣の六角格子の上でダンスするミツバチたちを観察した。ハチの巣は、蝋でできた六角形の個室（セル）が並んでできており、ハチはこの個室のなかに蜜を蓄え、卵を産み付ける。フォン・フリッシュは、ミツバチは食べ物がどれだけ遠くにあるかを巣の仲間に告げる秘密の暗号を持っているだけでなく、どの方向に飛べばそこに行けるかも伝えるのだということに気づいた。観察用のハチの巣箱には、たくさんの個室が垂直に立ち並んでいる。ハチが尻を振りながら這うとき、この巣の鉛直線（おもりを糸で吊り下げたときの糸が示す重力の方向の直線）に対して何度の角度で這うかが、食べ物と巣と太陽がなす角度に対応していることをフォン・フリッシュは発見したのだ。巣、食べ物、太陽がすべて一直線に並んでいるとき、ハチは尻振りダンスの際、鉛直線に上向きに進む。しかし、たとえば、食べ物と巣を結ぶ直線が、巣と太陽を結ぶ直線に対し、反時計回りに60度をなしているときは、尻振りダンスの直進の向きは、鉛直線に対して反時計回りに60度の傾斜をなす。言い換えれば、ハチは自分の体に働く重力が下向きに引くのを感知して知ることのできる鉛直線の方向を、太陽の位置を象徴するものとして使うわけだ。報告者のハチは、食べ物の位置をこの鉛直線の方向に関係づけることによって、その太陽に対する相対的な位置を告げるのである。尻振りダンスのおかげで、ミツバチのコロニーは、個々のハチがてんでんばらばらに餌の在りかを探すのに苦労して時間を浪費しなくても、新しい餌場からたっぷり食べ物を収穫できるのだ。

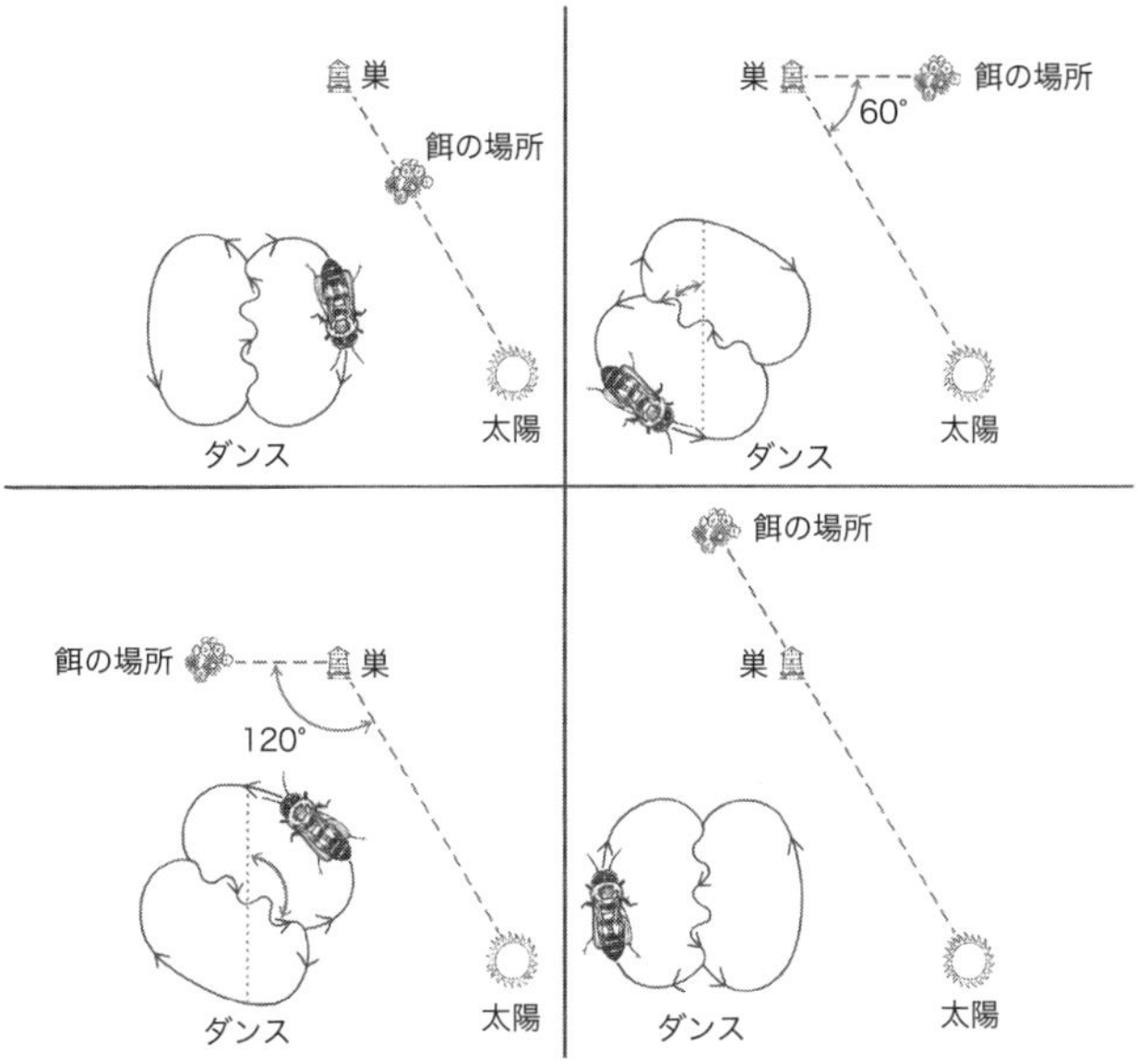

図6-1 餌の場所を教える
ミツバチは尻振りダンスを使って同じ巣の仲間に餌の場所を教える。尻振りダンスの直進方向が鉛直線となす角度が、太陽、巣、餌のなす角度に関連づけられている。

ハチの巣を、窓のない真っ暗な巣箱のなかに水平に置くと、ミツバチたちは混乱してしまう。鉛直線を参照することができなくなって、ダンスのパターンが崩れてしまうのだ。しかし、非常に明るい電灯の光で巣箱のなかを照らしてやると、ミツバチたちは元どおりのダンスを再開する。直線で進む尻振りダンスの電灯に対する角度は、巣から餌への道が巣と太陽を結ぶ線となす角度と同じである。つまり、ミツバチは電灯を参照点として使うわけだ。ここで疑問が生じる。ミツバチは、太陽そのものを見る必要があるのだろうか？　それとも、サンチのアリのように、太陽は含まれない空の一部が見えればそれでいいのだろうか？

曇っているときや、太陽が山や木の陰にあるときでも、ミツバチは、どちらの方向に飛んで行ったら餌を見つけられたのか、ちゃんとわかるのだろうか？　1948年の夏、フォン・フリッシュは、これを解明する実験を行った。巣箱に窓を作り、水平に置いたハチの巣にいるミツバチたちが、その窓を通して青空の小さな一部が見えるようにしてやったのだ（1920年代チュニジアで、サンチが厚紙の円筒を使って、太陽は含まれていない空の一部をアリに見せたのと同じだ）。巣に帰ってきたミツバチは、巣箱のなかから見える空はわずかに10度の範囲にすぎないにもかかわらず、尻振りダンスで同じ巣の仲間たちに、餌がある方向をちゃんと教えていたのである。

偏光とは？

空には、人間に見えている以上のことがあるに違いない。調べてみよう。手始めに、空はなぜ青いのだろう？　私たちは運がいい。というのも、まずは易しい問題からスタートしたからだ。塵や煙などの分子や粒子は、太陽光のうち、周波数が低い光よりも、周波数が高い光のほうをよりよく散乱する。はるかによく散乱する――散乱光の分量は、周波数の4乗に比例して増加するのだから。したがって、空気は青色の光（波長は短く、周波数は高い）を、赤色の光よりも、約10倍強く散乱する。粒子が細かい煙や霧が青く見えるのもこのためだ。おまけにこの散乱光は、偏光になっている。

何だって。「偏光になっている」？　それ、いったい何のこと？　そうだね、これを説明するには、ロープを何本か持ってこなくては。さっきのアリがたどった道筋のようなこんがらかったロープではなく、もつれていない長いロープを、縄跳びをするときのように2人の人間に端を片方ずつ持ってもらい、いろいろな揺すり方をしてもらわないといけないのだが。まずは、19世紀、スコットランドの物理学者ジェームズ・クラーク・マクスウェルが、計算の結果、彼自身びっくり仰天しつつ、磁場と電場の時間的変動は光速で動いていくことを発見したときまで時代をさかのぼろう。彼は、光は電場と磁場が組み合わさってできた波動とみなすことができるのだと気づいた。これが電磁波だ。物理学者たちはマクスウェルの方程式が大好きで、第2章でも触れたように、『フィジックス・ワールド』誌が実施した、これまでに出現した方程式のなかで一番好きなものに投票するコンテストで、マクスウェル方程式は別の方程式と同じ数の票を獲得してトップに選ばれた。先にお話ししたように、3位となったのは、F=ma（ニュートンの運動の第2法則）だった。だがマクスウェルにはボーナスポイントを1点贈りたいところだ。というのも、こんなエピソードがあるからだ。あるとき、物理の天才アルベルト・アインシュタインは、「あなたは数々の偉業を成し遂げられましたが、ニュートンの肩の上に立っているにすぎません」と言われて、「いいえ、私はマクスウェルの肩の上に立っているのです」と言い返したのだ。物理学者たちは「肩」を話題にしてきた。このエピソードの何百年か前、ニュートンはライバルだった科学者ロバート・フックに書いた手紙のなかで、自分の光学研究について、「もしも私が、より遠くを見ることができているとすれば、それは巨人たちの肩の上に立っているからだ」と述べている。

光をなす電場と磁場の強度は、軸に沿って、互いに直交する面内で、上下に変動する。電場を左右に揺れるロープで表したとすると、磁場は上下に揺れる別のロープで表される。偏光ではない光の場合、電場は常に変化している。ロープの比喩で言い表すと、最初水平に揺れていたが、次には水平に対してある角度をなして揺れ、また次には、違う角度をなして揺れ、という角度変化を続け、1秒間に10の14乗回、揺れる方向を変える。磁場も同じで、これを電場と直交する方向で行う。一方、偏光の場合、電場は常に同じ方向で揺れる。電場が垂直方向に上下に振動するなら、私たちはそれを「垂直方向の偏光」と呼ぶ。電場が水平に振動するなら、「水平方向の偏光」だ。

ミツバチは偏光パターンで方向を知る

太陽からの光は、偏光していない状態で、地球大気の最上部に到達する。しかし、進み続けるにつれ、太陽光は大気中の分子に散乱され、散乱の角度に応じて、さまざまな角度にさまざまな強度で偏光し、その結果空には、特徴的な「偏光パターン」ができる。人間の目が、偏光を、偏光でない光と区別することはほぼ不可能だが、空の個々の点において、光がどの方向にどれぐらい偏光しているかを明らかにしてくれるカメラを使うことができる。（春分の日と秋分の日の）正午の赤道上の地点のように、太陽が真上にあるとき、偏光の方向は、太陽を中心とした同心円状になる。同心円上の各点で、偏光は円周への接線の方向になる。円をぐるりと回るにつれ、出発点に戻るまで、偏光の向きもちょうど1回転する。太陽が西に沈むときには、非常に強い偏光を示す帯が北から上昇して天空の頂上を通り、南へと降りていく。

友人の物理学者ハンス・ベンドルフ（1870～1953年）から偏光について教わったフォン・フリッシュは、小さな窓からわずかに空が見えるだけの巣箱のなかに水平に置かれた巣の上でミツバチに尻振りダンスができるのは、偏光を利用しているからかもしれないと思いついた。つまり、ミツバチは、太陽そのものが見えないときには、空の偏光パターンを使って方向を知るのではないかと考えたのだ。これを確かめるため、フォン・フリッシュは、水平に置かれた巣の上でダンスしているミツバチたちの頭上に位置するように、巣箱に開けた窓に、１枚のポラロイド・シートを張った。ポラロイドのシートは、ポリエチレンやポリスチレンのような高分子化合物の、長いスパゲッティのような分子が、すべてひとつの向きに並んだものだ。ポラロイド社の創業者エドウィン・ランドが１９３０年代に開発したこの樹脂フィルムは、それを作っている分子の方向に偏光した光は吸収するが、ほかの方向に偏光した光は透過する。その結果、ポラロイド・シートは偏光板として機能する。フォン・フリッシュがポラロイド・シートを回転させて、ハチの巣に届く光の偏光方向を変えると、ミツバチは尻振りダンスの方向を変えた。これで証明は終わりだ。やはりミツバチは偏光パターンで方向を知るのだ。

　ヴァイキングも偏光を利用していたという伝説がある。羅針盤が発明される前、ヴァイキングたちは、ロングシップと呼ばれる細身の高速帆船を航行させるのに、「サンストーン」という石を通して空を見て方向を判断していたというのだ。サンストーンは、偏光の度合いに応じて、光を異なる大きさで曲げ、２つの像を作り出したらしい。だがこの伝説は、ヴァイキングが角《つの》付きの帽子を被っていたという話と同程度の信憑性しかないだろう（彼らはそんな帽子など被っていなかった）。ミツバチの研究でも、やはりまだまだ明らかにしなければならないことがたくさんある。そもそも、ミツバチがどうやって光の偏光を感知するのかさえ、まだ十分わかっていないのだ。フォン・フリッシュが、１９５０年に出版した『ミツバチの不思議』（法政大学出版局）のなかで、「ミツバチの暮らしはまるで魔法の井戸だ。何かを引き出せば引き出すほど、ますます水がわいてくる」と述べたとおりである。

基本に立ち返る

ミツバチは偏光を使って方向を知るということをフォン・フリッシュが発見したのを受けて、イギリスのオックスフォード大学のデイヴィッド・ヴォールズは、サンチが行ったアリの研究をさらに深めようと決意した。1950年のある晴れた夕方、ヴォールズはアリを観察する場所を求めて、チャーウェル川の隣にある平らな牧草地へと出かけた。アリの視界を円筒で制限する実験を行って、彼はテムズ峡谷に生息するフタフシアリの仲間ミルミカ・ラヴィノディス（*Myrmica lavinodis*）が、太陽の含まれない空の一部だけを使って方向を感知することを示し、サンチがチュニジアのアリで行った研究を確かめた。これに続いてあることを行い、ヴォールズはそれを疑問の余地のないものと確定した。そのあることとはこうだ。彼は実験室に戻り、水平な面の上にいるシワクシケアリ（*Myrmica ruginodis*）に、偏光していない光を1枚のガラスを通してあてた。アリはうろうろしはじめ、ひとつの向きに4センチ以上進まなくなった。しかし、ヴォールズがポラロイド・シートを通して光をあてたところ、アリはやがて直線上を最長20センチも進んだ。アリが5センチ進んだあと、ヴォールズがポラロイドのシートを鉛直軸に対して時計回りに30度回転すると、アリはもとの進行方向から30度時計回りに逸れた。回転角を変えても結果は同じだった。ミツバチと同じように、アリも偏光を使って方向を感知していたのだ。こうして、サンチの研究から30年ほどが経過してようやく、アリの方向感知の秘密がついに完全に解明されたわけである。さて、私たちも、これから旅の最後の行程へと進もう。

アリは体内歩数計を持っている

太陽の偏光パターンは、どの方向——北、南、東、西——に進んだかということしかアリに教えてくれない。巣に戻る最短ルートをアリが計算するためには、方向を変えるたび、その方向にどれだけの距離を進んだかも知らなければならない。アリがどうやってこれを成し遂げるのかがわかったのは、サンチの死後60年以上、そしてヴォールズの実験から50年以上経った2006年のことだった。その年、ドイツのウルム大学のマチアス・ヴィットリンガーとハラルド・ヴォルフ、そしてスイスのチューリッヒ大学のリューディガー・ヴェーナーが、この謎の最後の部分を解決するために、アリの脚に細工するという手間のかかる作業を行ったのだ。

砂漠を模すため、ヴィットリンガーと彼のチームは、長さ10メートルの金属製の溝を作り、内側を灰色に塗装し、細かい灰色の砂を敷き詰めた。溝の一端に、サハラサバクアリ（*Cataglyphis fortis*）の巣を置き、反対側の端に、砕いたビスケットが入った容器を置いた。アリたちが食べ物を発見すると、チームは、ビスケットを口にくわえたままのアリたちを捕まえて、この溝に並行して設置したもうひとつの溝の一端におろした。この第2の溝は、最初の溝よりも10メートル長いだけで、それ以外はまったく同じに作られていたが、遠いほうの端にアリの巣はなかった。アリたちはそんなこととは露知らず、偽の溝をどんどん進んでいった。約10メートル進んだところで、アリたちは右往左往しはじめ、自分の巣の入り口はここだったはずだと思うあたりを探り続けた。どういうわけか、アリたちは、科学者らに騙されたあとも、巣に帰るにはどれぐらいの距離を進まねばならないか知っていたのだ。

ヴィットリンガーとその同僚たちは、アリがこれを成し遂げる方法としては2つの可能性があると考えた。アリには体内時計があって、それが、巣から餌まで歩くのにどれだけの時間がかかるかを教えてくれるという可能性がひとつ。ただし、これがうまくいくには、アリが帰り道でも同じペースで歩く必要があるが、その限りにおいては、帰り道で時間に注意していればいいだけになる。もうひとつ、アリが往路で自分の歩数を数え、同時に歩幅も把握しているため、復路をある歩幅で進むとしたら、何歩必要か計算できる可能性がある。アリの秘策が時間の計測か歩数の勘定かを突き止めるため、研究者らは、砕いたビスケットにたどり着いたアリの脚のそれぞれに、ブタの剛毛を糊付けした。こうして、6本の脚すべてに、ブタ毛の「竹馬」をはかせて、脚を1ミリずつ長くしたことで、アリの1歩が大きくなるというわけである。アリが歩数を数えているのなら、脚が長くなっている分、自分の巣の位置を実際よりも遠くにあるように見積もってしまうはずだ。「この実験で最も難しいのは、竹馬の上にアリを糊付けすることだけではなく、実際にそうなったアリたちに『違和感』を持たさずに、処置後もビスケットの破片を持ち帰るモチベーションを維持させることでした」とヴィットリンガーは語る。「このテストに使えるのは、食べ物を運んでいるアリだけです。なぜなら、モチベーションの状態が確実にわかるのは、そのようなアリに関してのみですから」

竹馬をはかされたアリたちは、長い第2の溝に入れられると、予想どおり、見えなくなってしまった巣を5メートルと少し行きすぎた。これによって、アリは歩数を数えて距離を測定していたが、人間に長くされた歩幅の補正はしていないと証明された。念のために再確認しようと、チームは、竹馬をはかされたアリたちを2日間巣に戻し、第1の溝に沿って、餌まで歩き、また巣に戻るという動きを何度も繰り返せるようにしてやった。突然食事を邪魔され、再び第2の溝に放り込まれると、アリたちは約10・5メートル歩いたところで、巣を探しはじめた。アリたちは、長くなった脚で必要な歩数を学習していたのだ。距離は正確ではなかった――巣は、餌から10・2メートルのところにあったので、10・5メートルは行きすぎだ。このずれは、竹馬をはいたアリが歩く速さが少し違うためだと研究チームは解釈した。ヴィットリンガーが気づいたとおり、アリは歩数だけを頼りにすることはできない。アリの暮らしも複雑で、歩幅の大きさも把握していなければならないのだ。「歩幅は、歩くスピードによって変化します」とヴィットリンガーは指摘する。「餌に向かうときと、巣に戻るときでスピードは違うことが多く、そのため、歩数も違ってくるのです」

とはいえ、結論ははっきりしている。アリが持っているのは体内時計ではなく、体内歩数計で、これを偏光感知能力と結びつけて、餌を見つけるために自分がどれだけの距離、どの方向に歩き回ったかを知るのだ。それに続き、何らかの方法で、巣に戻る最短ルートを計算するのである。この最後の段階は、アリにとっては普段よりも少しだけ大きな1歩だが、動物の方向感覚に関する人類の理解にとっては、大きな跳躍だった。しかもそれは、ちょうど1周して、私たちを出発点の、サンチがチュニジアの砂漠で観察したアリの奇妙な行動に連れ戻す。彼が水銀灯を持ってさえいれば、科学者たちはアリの方向感知の秘密を発見する、直行ルートを進むことができたかもしれない。だが実際には、答えを求めてあちこち探し回らねばならなかった。まるで、巣から出て、餌を求めてさまようアリのように。

アリとミツバチは、はるかに長い旅の始まりにすぎなかった。今日私たちは、ハエ、クモ、甲虫、そして、ほかの昆虫たち、さらに、タコ、コウイカからモンハナシャコに至るまで、多数の海生動物も、偏光を感知することを知っている。動物たちは、彼らの世界での方向感知、捕食者の発見、自分のカムフラージュ、そしてコミュニケーションなど、あらゆることに偏光を使っているのかもしれない。どれだけ多くの動物に偏光を見る能力があるのか――あるいは、その能力がない動物がどれくらいいるのか――は、まだよくわかっていない。このあとすぐご紹介する、イギリスのブリストル大学のシェルビー・テンプルに言わせれば、「偏光による視覚を理解する取り組みでは、私たちは古代ギリシア語を学ぼうとしている幼稚園児のようなもの」なのだ。

可視光の外でも

私たちは偏光視覚の縁《へり》でよちよち歩き回っているところかもしれないが、色の研究には昔から取り組んでいる。1704年ニュートンは――そろそろ、ニュートンは間違っていたとか、アインシュタインはニュートンよりマクスウェルのほうが好きだったらしいとかの話ではなく、ニュートンをちゃんと再登場させるべきときだ――、著書『光学』（岩波文庫ほか）のなかで、クジャクの羽のさまざまな色は、色素によるものではなく、羽からの光の反射の違いによるものではないかと考えた。とは言うものの、物理学者たちがこの現象を利用し始めたのは20世紀後半になってからのことだった（「構造色」と呼ばれる現象で、それを応用した構造発色繊維などが開発されている。本書「おわりに」も参照）。

動物は、食べ物を見つけるため、交尾の相手を引き付けるため、攻撃者から隠れたり逆に脅したりするため、自分の健康状態を知らせるため、あるいは、お尻がきれいに色づく霊長類の場合は、自分の繁殖力を示すため、そして、さらにさまざまな目的に色を使う。物理用語としての色は、光波をなしている電場と磁場の振動の波長である。本書で使っているロープの比喩では、波長は、ロープが山から谷になって再び山になるまでの長さに対応する。人間は、波長が400ナノメートル（紫）から700ナノメートル（赤）までの範囲の光を見ることができる。ニュートンが発見したように、光にプリズムを通過させると、7色——赤、橙、黄、緑、青、藍、紫——に分解することができる。これは、ガラスが波長の異なる光を少しずつ違う度合いで曲げるからだ。このことがわかるまで、色は光の性質ではなく、人間が見ているガラスやその他の物体によって何らかの方法で生み出されるものだと考えられていた。ニュートンの視覚研究への打ち込みようにはすさまじいものがあった。彼は自分の目の裏側に物体を挿入して、眼球を押して変形したときに視覚がどう変化するかまで調べた。それによって色が生じたのだが、ご家庭では決して真似しないでください。彼が1687年にラテン語で出版した名著『プリンシピア』に比べれば、『光学』は英語で刊行され、比較的読みやすい本だったようで、少なくともそれを説明できる人に賞金が提供されたという記録はない。

賞について言うなら、マクスウェルは、好きな物理方程式の投票でニュートンを破っただけではなく、世界初のカラー写真も作っている。スコットランドの地主でもあったマクスウェルだが、1861年、彼はタータンチェックのリボンを、青、赤、緑の光で順番に照らして、1枚ずつ白黒写真を撮影した。続いて、この3枚の写真を、照らしたのと同じ色の光を使って、重ね合わせて投影した。こうして、見事に色が再現されたリボンの画像ができたのである。また、電磁放射には、人間に見えるよりもたくさんの波長があることに気づいたのもマクスウェルだった――彼が1868年にまとめた4つの方程式は、電波、X線、その他さまざまな波長の存在を示唆していたのだ。私たちが可視光と呼ぶ、人間の目に見える電磁放射の、外側の波長範囲にほかの光がたくさん存在する。可視光よりも長波長のものは、第1章で論じた赤外線のほか、マイクロ波（波長1ミリから1メートル）と、電波（波長100キロメートルまで）がある。これらの波はすべて、光の速度で伝搬するので、波長を長くすると振動数が低下し、波のエネルギーも低下する。振動数が上がる短波長側には、可視光より波長の短い紫外線（UV）、次にX線（波長0・01〜10ナノメートル）、そして最後に、放射性物質から発生するガンマ線（波長0・01ナノメーター以下）がある。第1章では、赤外放射としての熱を感知する動物をいくつか紹介した。なかでも最も感受性が高いのはファイヤービートルだった。私たちの目そのものが、人間は可視光を感知できる証拠だ――「可視光」の名称そのものがこのことを示しているのだが、お気づきでない方々のために言い添えておこう。だが、ある種の動物たちは、可視光のスペクトルの範囲の外側に位置する光、紫外線も見ることができるのだ。

赤い口のヒナ

くたくたに疲れ切って、薄茶色の羽もぐちゃぐちゃ。食べる暇もなければ、羽づくろいするゆとりなどさらさらない。そんな姿のメスのヨーロッパカヤクグリ（*Prunella modularis*）が、小枝と苔でできた自分の巣に戻ってくる。くちばしに、小さな甲虫をくわえて。スズメほどの大きさのこの鳥を待ち受けているのが、お腹を空かせた5つの口。大きく開いて、明るい赤橙色の口の内側の表皮が見えている。どの口を選ぼうか？　これは難しい選択だ。餌をいちばんたくさんもらったヒナが最もよく育つ。しかし、供給される餌は限られているので、ほかの兄弟と競争しなければならない。ヒナのなかに、ほかのヒナよりも少し余計に大きく口を開き、少し余計に鮮やかな赤色を見せているヒナが1羽いる。親鳥はそのヒナを選んで、甲虫を口に放り込み、呑み込ませてやる。それは賢明な選択だ。というのも、口の色がより鮮やかなのは、そのヒナは健康だというサインかもしれないからだ。それは「正直な表示」である。というのも、より鮮やかな色素を作るには、余計にエネルギーを使ったはずなのだから、そのヒナは、エネルギーを蓄えておける良い健康状態を維持してきたという確たる証拠だからだ。コストをかけずに鮮やかな色を作って、うそをつく方法など決してない。だが一方、鮮やかな赤を示すヒナは、空腹だという可能性がある。餌を十分もらったヒナは、消化を助けるために胃に大量の血液が必要だ。しかし、おなかがからっぽのヒナは、血流を口に向かわせることができる。したがって、赤い口は、そのヒナには食べ物が必要だという正直な信号なのかもしれない。

そこから少し離れた、別のヨーロッパカヤクグリの巣には、ヒナは1羽しかいない。しかし、そのヒナは巨大で、開いた口は、普通以上に鮮やかな赤だ。どういうわけか、この巣の親鳥は、気味が悪いほど大きなヒナに、できるかぎり頻繁に餌を与えている。この巣の親鳥は、ヒナが5羽いる近所の親鳥よりも、ずっと努力をして餌を探しているようだ。やがて、食欲旺盛なヒナは親よりもはるかに体が大きくなり、体長30センチ近くになる。巣のサイズに対してあまりに大きすぎる——頭と尾が左右の端からはみ出している。皆さんもうお気づきだと思うが、このヒナはヨーロッパカヤクグリではない。それはカッコウ（*Cuculus canorus*）だ。

よりけばけばしく

よその巣に居候するのはカッコウの派手なヒナだけではない。鳥の種の約1パーセントがこのような行動をする。彼らは「絶対的托卵鳥」と呼ばれる。自分の卵を別の鳥の巣に産むのは、至高の保育所を使うようなものだ。1日24時間、週7日世話をしてもらえるし、待機児童リストもないし、保育料を支払う必要もない。ベビーチェアに座っていた他人の赤ん坊を投げ捨てて、代わりに生まれたばかりの自分の子をポンと座らせ、そのままパブに直行して二度と迎えにいかないようなものだ。メスのカッコウは、選んだ仮親の巣から卵を1個捨て去り、その場所に自分の卵を産む。カッコウの卵が最初に孵ったなら、そのヒナはライバルになるはずのほかの卵をすべて巣の外に押し出してしまう。こうしてこのヒナは、おいしいところを独り占めしてしまう——新しい仮親の関心のすべてを勝ち取るのだ。また、仮親のヒナが先に孵ったとしても、カッコウのヒナは、継兄弟《ままきょうだい》たちを縁に押しやって落とし、死なせてしまう。これは一種の『シンデレラ物語』だ。ただし、醜い姉が最後に勝ち、助けてくれる妖精もいない。

だが、ライバルたちを片付けたからといって、カッコウのヒナに気がかりがなくなるわけではない。カッコウのヒナは、ヨーロッパカヤクグリの仮親が期待するよりも、はるかに多くの餌が必要なのだ。仮親はあくまでヨーロッパカヤクグリのヒナを育てていると信じ込んでいる。生物学者たちは、仮親の実の子どもになりすましているカッコウのヒナの、とりわけ鮮やかで、とても大きな口は、スズメの大きさのヨーロッパカヤクグリではなく、体長30センチの大人のカッコウになるために余計に必要な餌を仮親に運ばせることを目的とした、「超正常刺激」ではないかと考えている。

超正常刺激はほかの動物でも見られる——たとえば、メスのミヤコドリ（*Haematopus ostralegus*）は、異常に大きい卵を抱くのが好きだし、また、人間（ホモ・サピエンス）の多くが、整形手術で作られた恐ろしいほど大きなバストに引き付けられる。一方、マーケティング担当重役たちは、商品を実物より大きく表示し、けばけばしく色付けした、けたたましいコマーシャルを作って、私たちにますます多くの買い物をするよう誘惑する。超正常刺激という言葉は、ほかの動物の反応を大きくする目的で作られた、普通より強力で、普通よりけばけばしい、あるいは、普通よりやかましい信号のすべてに当てはる。ある刺激が超正常のレベルと認められるには、普通よりも強い信号であると同時に、増強された反応を引き起こさねばならない。スーパーマンは、自分の寝室に隠れているかぎり、「スーパー」ではない。では、カッコウのヒナが大きく開いた口は、この2つの要件を満たす、超正常刺激と呼ばれるにふさわしいものなのだろうか？

さまざまな生物学者が、ヨーロッパカヤクグリ、コマドリ、そしてヨーロッパアシキリなど、仮親の実の子どもたちの喉を赤い染料で色付けすることにより、このことを調べてきた。細工されたヒナたちは、普通よりも赤い口を開けていたにもかかわらず、親鳥から余計に餌をもらったりはしなかった。彼らの染料で着色した喉は、普通より大きな反応を引き出さなかったため、超正常かどうかチェックするテストに落ちたわけだ。ならば、ディナーを余計にもらわないのだとすれば、なぜカッコウのヒナは、わざわざエネルギーを消費して、自分の喉の色素を鮮やかにするのだろう？　イギリスのエクセター大学に在籍するマーティン・スティーヴンスに訊いてみよう。彼はガや毛虫が使うカムフラージュや警告サインに魅了されて、鳥の視覚の研究を始めた。ガや毛虫などの無脊椎動物は、鳥から身を隠したり、鳥を追い払ったりすることが多いので、鳥が何を見ているかを知ることは極めて重要だ。スティーヴンスは、ヒナの喉に着色する実験については疑問を抱いていた。「研究者らが口の色を変えた方法は、鳥が物をどう見るかではなく、人間が物をどう見るかに基づいていました」と、スティーヴンスはこれらの研究者を批判する。「ですから、そんな実験から、何かの結論を出すのはちょっと難しいですよ」。スティーヴンスは、自分の考えを検証するには、日本の山地に行って、鳥とかくれんぼをしなければならなかった。

鳥の視覚、人間の視覚

鳥の視覚を研究する人々が、鳥が何を見ているかを人間にわかりやすく可視化するのは難しい。鳥の目は、人間の目とは機能のしかたが違う。多くの鳥は、波長が４００ナノメートルよりも短い紫外線を感知することができる。スティーヴンスによれば、このことは１９７０年代に「納得のいく形で示された」という。鳥以外にも、一部の種の昆虫、爬虫類、両生類、そして魚類など、多くの動物が紫外線を見ることができる。ある発見が１８９０年代になされて以来、アリの視覚が紫外線に対しても機能することはよく知られている。発見者は、銀行家、科学者、そして自由党の政治家だったジョン・ラボック

（1834〜1913年）だ。彼の肩書は珍しい取り合わせだが、このおかげで、1882年に風刺週刊漫画誌『パンチ』に、飛んでいる昆虫の頭に彼の顔を描いた漫画が載った。そこには、「働きバチのように忙しい銀行家が、銀行が休みの日に奇妙な虫や野生の花を研究しているが、貴重な時間をいったいどうやってやりくりしているんだ！」という言葉が添えられていた。サンチの研究でも見たように、アリの世界は、アリのように多忙ではない仕事を生業とする熱烈なファンを引き付ける。ラボックはケント州ダウンでチャールズ・ダーウィンの隣人だった。ダウンは、小さな動物にとってはあまり暮らしやすいところではなかったわけだ——博物学者のコレクションにされてしまう可能性は普通より高かっただろうから。

　博物学者であろうがなかろうが、人間は3種類の錐体《すいたい》細胞を持っている。錐体細胞というのは、目の奥にある、光を感じる薄い膜状組織、網膜に並んでいる光受容体だ。それぞれの錐体細胞には、赤い光（波長が長い光）、緑の光（中くらいの波長）、青い光（短い波長）に最もよく反応する色素が含まれている。鳥の目はこれよりも優れている。鳥には赤、緑、青の錐体のほかに、種に応じて、紫の光または紫外線に反応する錐体があるのだ。つまり、人間は3色型色覚しかないのに、鳥には4色型色覚があるわけだ。一部の人間は、4色型色覚で、ほかの人間よりも多くの色を見ることができる。しかし、これらの幸運な人々が持っている余分な錐体が、どのように脳とつながっているかはまだよくわかっていない。一般的に、人間の錐体も紫外線を少し感知できるが、感度はあまり高くない。おまけに、私たちの目のレンズは、紫外線の大部分を、網膜に到達しないように遮ってしまう。そんなわけで、私たちはおびただしい数の花のパターンや動物のマーキングを見逃しているのだ。

鳥も人間と同じように見ているという間違った思い込みが、鳥の生物学的理解を遅らせてきた。視覚研究者は、自分の視覚を使うのではなく、全体像を見せてくれる新技術を採用しなければならない。「私たちは、鳥の世界をほぼすべて見逃がしているのです」とスティーヴンス。「鳥がどんな種類の視覚情報を使えるのかを理解するには、多数の専門的な装置が必要です。おかげで、研究は格段に面白くなりますが、難しくもなるのです」

富士山でバードウォッチング

最初の疑問に戻ろう。カッコウのヒナは、超正常刺激を使うのか？という疑問だった。これをはっきりさせるため、スティーヴンスは、日本の富士山の斜面に向かった。日本の理化学研究所の田中啓太が立教大学と共に取り組む、ジュウイチ（*Cuculus fugax*）というカッコウ科の鳥の研究を手伝うためだ。スティーヴンスの中心テーマであるカッコウと同じように、ジュウイチも同じ巣のなかのほかのヒナや卵をすべて殺してしまう。ジュウイチのヒナが口を開けると、少なくとも人間には、口内は黄色に見える（仮親のヒナは橙がかった黄色だ）。さらにジュウイチは、口の色を細工するだけでなく、一歩進めて、あることを行う。ジュウイチのヒナは、翼の下側の皮膚に、黄色い斑点があるのだ。おかげで仮親はすっかりだまされ、餌をやらねばならない口がほかにもあると思い込んでしまう。田中が、ヒナの翼の下の黄色い斑点を黒く塗ったとき、仮親たちが運ぶ餌の量は減少した。翼の下の黄色い斑点は、口の形をしていないにもかかわらず、仮親がヒナの口なのだと信じ込むあまり、そこに餌を詰め込もうとすることもある。「仮親は、巣を暗いところに作ります」とスティーヴンス。「彼らは、植物に覆われた（地面に掘った）穴が好きなので、口を開けたときの形を真似る必要はないのかもしれません。（斑点は）要するに黄色い丸なのです」

この翼の斑点は、おそらくジュウイチ固有の特徴だろう。だが、それは超正常刺激なのだろうか？田中は難問に直面した。彼はジュウイチの仮親が何を見ているのかを明らかにしなければならなくなったのだ。そこで、彼とそのチームは、物理のツールの助けを借りることにした。まず彼らは、黄色い翼の斑点または開いた口から反射してくる光（の「反射スペクトル」）を、分光光度計で測定した。分光光度計は、どの波長の光が存在しているかを非常に正確に解析できる。田中は分光光度計を、ヒナが開いた口、もしくはヒナの翼の下の斑点のそばにかかげ、反射された光を記録した。言葉で説明すると簡単なことと思われるかもしれないが、実際にははるかに大変な作業だ。日本で最も人気の観光地のひとつでバードウォッチングなんて、のどかな夏休みのようだが、ジュウイチという鳥、「ほんとうに、ほんとうに、見つけるのが難しいのです」とスティーヴンスは語る。「彼らは、高山地帯という研究しにくい場所に生息していますし、種としての個体数も限られています。1シーズン野外活動をやって、6羽見つかるかどうか」。スティーヴンスが、2010年、富士山を2000メートル登ったところにある田中の主要な観察地を初めて訪れ、3週間過ごしたとき、田中には長年の経験があったにもかかわらず、チームで見つけたジュウイチはたった2羽だった。

森のなかに棲み、植物に覆い隠された地面の穴に卵を産む珍しい鳥を追跡するには、巣がありそうな場所を、植物の種類を手がかりに見つける方法を学ばねばならない。「そのうえで、そのような場所を探し始めるのです」とスティーヴンス。「仮親の巣をできるだけたくさん見つけ、ジュウイチが、そのどれかを見つけてくれるようにと願うのです」。また、巣を行き来する鳥を注意深く観察する方法もある。「でも、基本的には、しらみ潰しに探して試してみる、ということなのです」

巣がひとつ見つかると、田中はヒナを1羽ずつ取り出し、光学測定を行い、そのあいだにスティーヴンスは、紫外線感度デジタルカメラで写真を撮影した。ジュウイチのヒナは、巣立つときには90グラムにもなることもあるが、しばしばジュウイチの仮親になるルリビタキ（*Tarsiger cyanurus*）のヒナは、せいぜい17グラムだ。田中は、合計10羽のルリビタキのヒナ（5つの巣から）と、6羽のジュウイチのヒナ（5羽はルリビタキの巣から、残る1羽はオオルリ［*Cyanoptila cyanomelana*］の巣から）を調べた。仮親のヒナの調査には1年、6羽のジュウイチのヒナを見つけるには3年を要した。

鳥の目になる

これらの現地調査で、仮親の目に感じられる光の波長が特定できた。だが、まだ全容は明らかになっていない。これらの鳥は何を見ていたのか？　これがわからなければ。超正常刺激と見なせるための要件その1を満たすためには、ジュウイチのヒナの開いた口と翼の斑点が、仮親の目に、自分のヒナの開いた口よりも強い刺激をもたらしていたのでなければならない。鳥が何を感知するかは、その鳥の錐体細胞と桿体《かんたい》細胞（暗い光をよく感知するが、色は識別しない）が、異なる波長の光にどんな感受性を持っているかによる。それは色覚異常のない人が、緑の点に埋もれた赤の点で記された数字をすぐに見つけられるのに対し、まったく同じ波長の光が目に届いていても、赤と緑を区別できない人は、その数字を見つけることができないのと同じだ。

研究者たちに必要だったのは、彼らの分光光度計に記録された波長を、鳥の目で見たときの画像だった。スティーヴンスの助言で、田中は鳥の視覚の数学的モデルを構築した。どの波長の光が鳥の網膜に到達するのか、鳥の網膜にはどのような種類の錐体細胞があるのか、そして錐体細胞が色ごとにどのような感度を持っているのかを知ることにより、研究者たちは鳥が何を感知するかというモデルを作成し、その鳥にとって、世界（あるいは、ヒナの開いた口や、翼の斑点）はどのように見えるかを推測できるのだ。

紫外線の役割

スティーヴンスは、仮親の異なる波長に対する感受性は、近い親戚のホシムクドリ（*Sturnus vulgaris*）のものと同じだろうと期待していた。ホシムクドリについては、他の視覚研究者らがすでに測定していた。具体的には、この鳥の錐体細胞の内部の視覚色素に細い光線を当て、反射して戻ってくる光の量を測定する実験が行われていたのだ。「このような測定を行い、さらに、これに関連するいろいろなことをやって、それぞれのタイプの光受容体が、異なる波長ごとに、どれだけの光を吸収するかを計算できるのです」とスティーヴンス。また、最近の遺伝子工学の技術も、内部にどの種類の色素タンパクが存在するかを示すことによって、錐体細胞の感受性を示すことができる。

田中の分光光度計による測定の結果、ジュウイチのヒナの開いた口と翼の斑点は、ルリビタキのヒナの開いた口とは異なることが明らかになった。ジュウイチの口と翼の斑点は、波長が長い光をあまり反射せず、その結果、人間の目には黄色が強いと感じる。しかし、紫外線をより多く反射するので、その結果、ルリビタキの暗い巣穴のなかで、開いた口と斑点が目立つのかもしれない。これらの測定結果を視覚モデルに入力すると、ジュウイチのヒナが口を開いたときのほうがルリビタキの親にはよく見え、自分のヒナの口よりも、錐体細胞をより強く刺激することが示された。翼の斑点でも基本的に同じことが示されたが、斑点のほうがなお強く刺激した。托卵鳥のヒナは、ライバルのルリビタキを出し抜いていたのだった。

「(ジュウイチのヒナの開いた口は) ほんとうのヒナの黄色い口よりも明るく、鮮やかなのです」とスティーヴンス。「これは、超正常刺激であるための2つの要請のひとつです。まず最初に、定番の刺激――ここでは開いた口――の誇張版でなければなりません。そして次に、仮親がそれを理由に、より多くの餌を運ぶよううけしかけなければならないのです」

翼の斑点は、確かに、仮親たちにより多くの餌を運ぶように誘う。これは田中が斑点を塗りつぶした実験で示したとおりだ。しかし、間違いなく超正常刺激だと確かめるには、弱められたバージョンではなく、誇張版の刺激に対して仮親がどのように反応したかを確認する必要があるだろう。紫外線の役割もまだよくわかっていない。だが、別の手がかりがある。ただしこれは、物理に基づくものではなく、生物学的なものだが。翼の斑点をよく見せるため、ジュウイチのヒナの翼の下側には羽が生えてこない。そのためヒナは、体温の維持が難しくなる。おまけに、斑点を見せようと、ヒナは翼を揺らすのだが、これには多くのカロリーを消費しなければならない。そもそも、翼の下側であれ、口の内部であれ、鮮やかな色にするためにも、余計にエネルギーを消費しなければならない。つまり、栄養から鮮やかな色素を生み出すわけだが、その栄養は、体の別の部位を作るのに使えたものなのだ。そのようなわけで、超正常刺激であろうがなかろうが、ひときわ鮮やかな口と翼の斑点は、これらのジュウイチのヒナたちに、少なくとも何らかの優位性をもたらしている可能性が高い。さもなければ、彼らはわざわざそんな努力をしないだろう。

田中の測定と、スティーヴンスの支援のもとで行われた視覚解析によって、ジュウイチは少なくとも超正常刺激と判定されるための要件を半分は満たしていることが示された。そして、私たちにとっては、それで十分だ。研究者は、紫外線が見える鳥が見る世界は、どれほど違うのかを認識することによってのみ、仮親を操り、コソ泥のようにちゃっかりタダで育ててもらうジュウイチが、いかにしてそんなことを成し遂げるのかという真実に至ることができるのだから。ジュウイチの研究の結果からは、カッコウのヒナの鮮やかな口も超正常刺激として働いているかもしれないと推測される。とはいえ、それに関する確実な科学的証拠はまだないのだが。答えは、ありふれたことのなかに潜んでいるのかもしれない。

ここまで、カッコウ、アリ、そしてミツバチについて、その光に関する能力を見てきた。一見したところ、彼らには目立った共通点はなさそうだ。しかし、視覚研究の最前線では、これらの動物には共通点がある。みんな、紫外線を見ることができる。だが、もっと重要なポイントは、彼らはみな、空気中を伝わる光を見るということだ。その点、人間もそうである――泳いでいるとき以外は。そう、水中となると、事態はまたわかりにくくなる――音と同様に、光も水中では、空気中と同じようには振る舞わないのだから。

スネルの窓

焼け付く太陽の下、干し草用の牧草地は花盛り。小鳥たちは湖畔で歌っている。だが、あなたにその歌声は聞こえない。花の香りもしなければ、顔に当たる日差しを感じることもできない――あなたは水に潜って、自分ひとりの世界にこもっているのだから。なにしろ、あなたは今ダイビングに夢中なのだ。日差しを味わう唯一の方法は、水中から空を見上げることである。すると、静かな水面に、空全体が明るい円のなかに押し込まれているのが見える。その外側は暗闇だ。まるで、暗い大聖堂の天窓を見上げているようだ。もっと科学的に言い表せば、水の上側に存在する、半球分の世界がすべて、頂角が97・2度（垂線の両側に48・6度ずつ）の光の円錐のなかに圧縮されたのだ。水面に見える明るい円は、「スネルの窓」と呼ばれている。これは、光が水に差し込むとき、光がどれくらい曲がるか――あるいは、どれくらい反射するか――を説明する法則を発見した、オランダの天文学者兼数学者、ヴィレブロルト・スネル（1580〜1626年）にちなんで命名されたものだ。

スネルは、異なる物質どうしの界面で、光が進む向きを変えるという現象を理解しようとした最初の人物ではない。その栄誉は古代ローマ帝国のエジプトで活躍したギリシア人、プトレマイオスのものだ。西暦150年に彼は、光が水面に入る角度と、水中を進む角度との関係を表す方程式を作った。光がひとつの媒質から、別の媒質へと入り、それらの媒質中での光速が異なるとき、入る角度が垂直でな

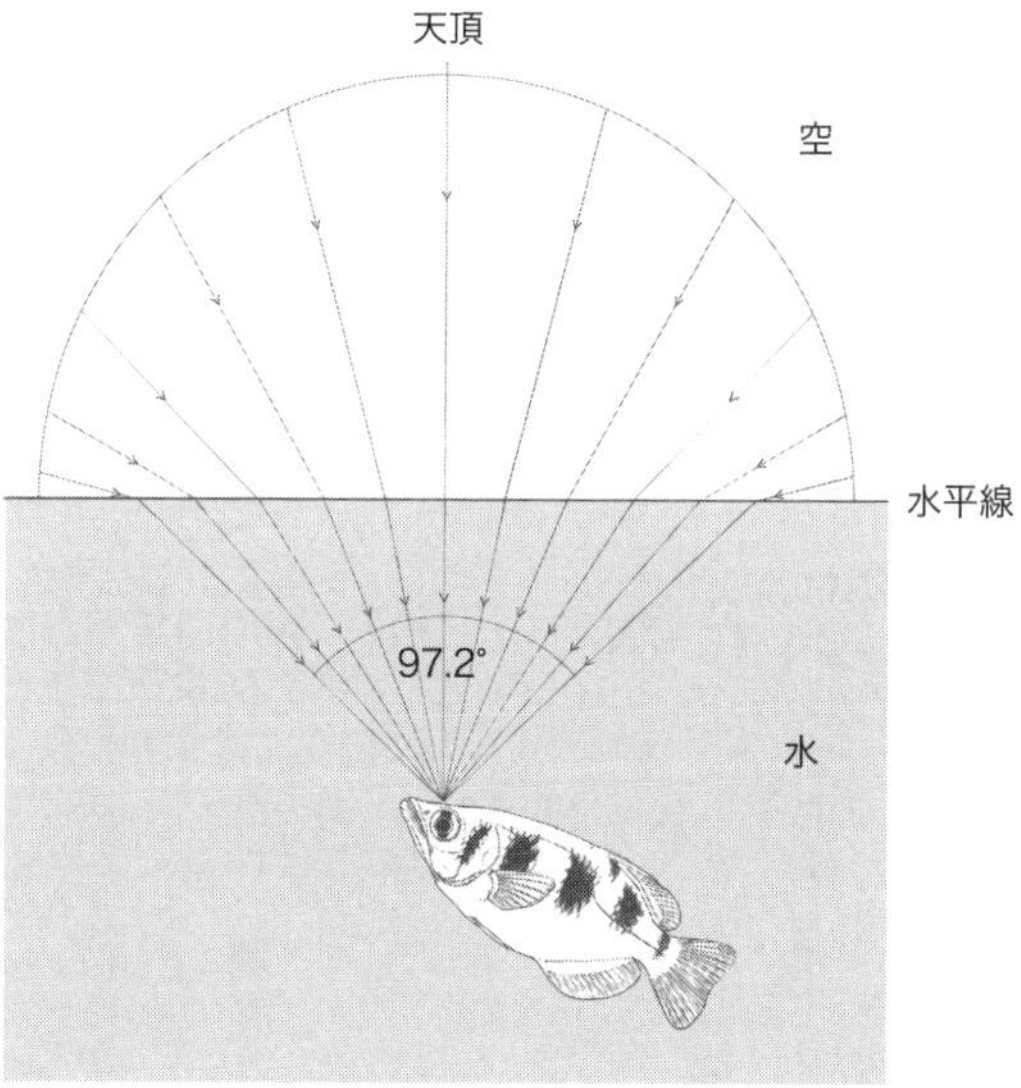

図6-2 スネルの窓
光は、空気から水に入るとき、曲がる。これを物理の言葉では「屈折する」という。この屈折のおかげで、「スネルの窓」ができ、ダイバーや水中の動物は、頭上の明るい円のなかに、空全体が押し込められているのを見ることになる。

いかぎり、光は屈折する。空気中の光は、およそ秒速30万キロメートルで進む。これより速いものは存在しない——アインシュタインの偉大な洞察のひとつだ。しかし水中では、光の速度は毎秒22万5000キロメートルまで落ちてしまう。空気と水の界面を、光が斜めに通過すると、光のスピードが低下するために、光は水面への垂線に近づくように曲がる。言い換えれば、光はより急角度で下向きに進むようになる。

なぜそうなるかを頭のなかで思い描きやすくするために、光線を、まったく同じゾンビが無数に、足を引きずって歩いている状態という比喩で表すことにしよう。ゾンビたちは、まったく同じ長さの腕を、直前のゾンビの肩に

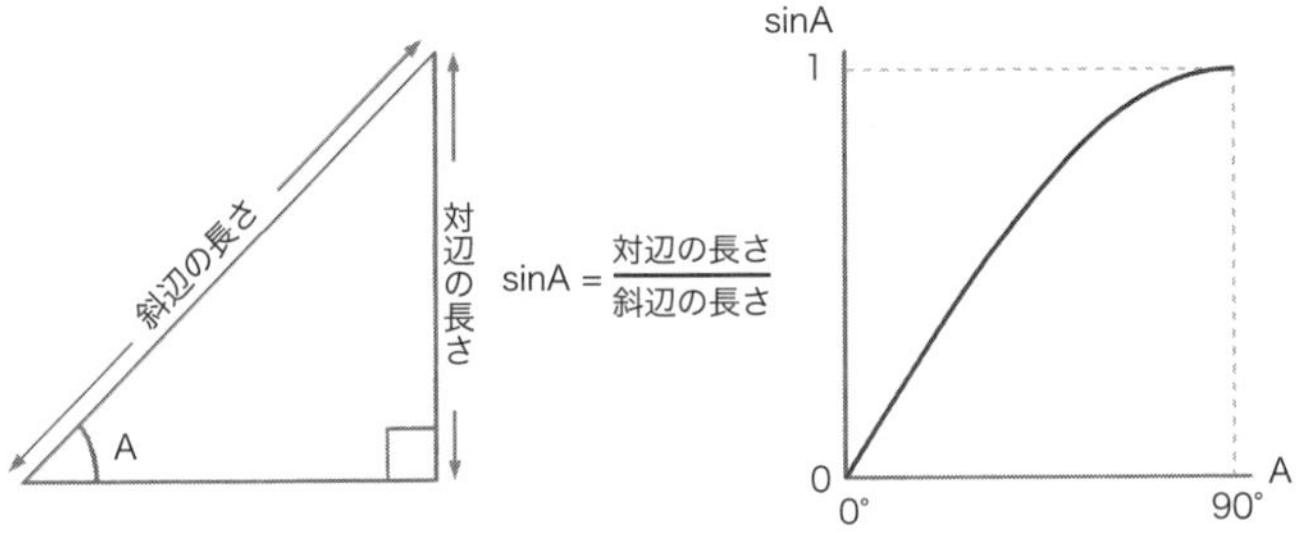

図 6-3 三角関数について
鋭角のサイン（sin）は、右図に示すように、0から1までの値を取る。空気中を通った光線が水に入るとき、どれだけ屈折するかを知る上で重要である。

載せているとする。この虚構の世界では、それぞれのゾンビは、光の波の山と谷のように、同じ距離ずつ離れていなければならないというのがルールだ。しばらく、ゾンビたちはうめき声をあげたり、包帯をほどいたりはするものの、何の問題もなく行進を続けるが、やがて彼らが、床の上に引かれた1本の直線に、ある角度で近づいてくると状況が一変する。先頭のゾンビがこの直線をまたぐと、私たちの理解を超えた複雑なゾンビの性質のせいで、そのゾンビは進むスピードを落とさなければならないのだ。ほかのゾンビたちは、そんなことはお構いなしで、自分がその直線に到達するまで、スピードを変えることなく進み続ける。スピードが速いゾンビたちを腕1本分後ろにとどめ、同時に、ゾンビの玉突き事故を避けるため、先頭のゾンビは、進む向きを変えて、元の進行方向からずれざるを得なくなる。次のゾンビが件《くだん》の直線を越えると、そのゾンビもやはりスピードを落とし進行方向を変えなければならない。そしてゾンビの行列は、1匹1匹、床の直線で進行方向を変える。ところが、ゾンビたちが床の直線に対して正面からまっすぐ近づく場合には、直線を越えてもゾンビたちは進む向きを変えたりしない。前に進むゾンビたちに続いて、彼らはただ、足を引きずってまっすぐ同じ向きに進むだけだ。

おそらく、ゾンビに出会ったことがなかったからであろう、プトレマイオスの方程式——光が水に入射する角度と、その光が水面で屈折する角度の関係を表した式——は間違っていた。正しい式を発見した功績は、10世紀ペルシアの天才、イブン・サフルに帰せられるべきだ。だが、現実にはそうなっていない。彼の式は、100年後に同じ式にたどり着いた人物にちなみ、スネルの法則と呼ばれている。空気中から水中へと進む光に対して、スネルの法則は、入射光が水面におろした垂線となす角度のサイン（正弦）は、その光が水中で垂線となす角度のサインの1・33倍だとする。角のサインの値は、0度のときの0から、90度のときの1まで変化する。そのため、スネルの法則により（また、ゾンビのルールにより）、垂直に水に入る光は曲がらない〔入射光が水面への垂線となす角度が0度で、サインが0になるため〕。

では、これは、あなたがダイビングしている湖にとってどんな意味を持っているのだろう？　計算してみるとわかるのだが、水面に法線から30度の角度で入射した光は、水中では法線から22度の角度で進む〔法線：曲線上の1点において、その点での接線に垂直な直線。また曲面上の1点で、その点での接平面に垂直な直線〕。入射角が60度なら、水中では法線に対し41度の角度で進む。そして、光が水面にほぼ平行に進む場合、水中での屈折角は48・6度だ。このため、水中で、あなたに見えるすべての光は、あなたの頭を中心にした、頂角97・2度の円錐のなかに入ってしまい〔48・6×2＝97・2〕、スネルの窓になるわけだ。

水鉄砲の名人、テッポウウオ

屈折は、メガネやコンタクトレンズを使っている人にはありがたいものだ。これらのレンズに入射する光がうまい具合に屈折してくれるからこそ、網膜の上に焦点の合った像が結ばれるのだから。しかし、水の世界と空気の世界がぶつかる境目にいる人たちには、屈折は厄介な問題を引き起こす。プールの底から水泳パンツを拾い上げようとした人や、取っ手が付いたジャムの瓶でトゲウオを捕まえようとした人や、マスを素手でつかもうとした人ならおわかりのとおり、あなたが狙っているものは必ず、あなたが思っているより深いところにある。私たちの目と脳は、屈折が起こるということを認めようとしない。人間の目と脳は、水泳パンツや魚から来た光は、まっすぐ進んできたと思い込んでおり、水から出たあと空気中を進んだときの角度で、水中も進んできたのだと決めてかかっているのだ。

しかし、東南アジアとオーストラリアの川、入り江、湖に生息するテッポウウオ属（*Toxotes*）の7つの種は、目が水面下にある状態で、空中の葉や小枝にとまっている昆虫を正確に射止める。乳白色の体の側面に、焦げ茶色の斑点、もしくは縦じま模様のある体長10〜15センチのテッポウウオは、口に含んだ水を、正確に狙いを定めて高速で飛ばす。光が屈折するにもかかわらず、テッポウウオはほぼ毎回目標に命中させ、虫は水にまっすぐに落ち、生きたまま丸呑みされる。テッポウウオは水鉄砲の名人だ。水滴を自分の体長の10倍の距離まで飛ばすことができる。人間で言えば、口から水を20メートル飛ばすようなものだ。『ギネスブック』が認定する、人間が口から物を飛ばした最長記録は、本書執筆時において、33・62メートルだ。これはアメリカのミシガン州のブライアン・「ヤング・ガン」・クラウスの記録で、彼は国際サクランボ種飛ばし選手権大会で何度も優勝している。

だが本書では、最高の吹き飛ばし名人は、テッポウウオだ。水中から狙って、木にとまっている小さな虫を打ち落とすほうが、サクランボの種を「だいたいまっすぐ」に飛ばすよりもはるかに難しいからである。テッポウウオにとってなお大変なことに、水面での屈折のおかげで、標的は実際よりも高いところに見える（獲物が真上にいるのでないかぎり）。私たちが魚をジャムの瓶で捕まえようとがんばるときの、ちょうど逆である。虫からの光が鉛直線に対して25度の角度で入射したとすると、そこで屈折し、水中では鉛直線に対してちょうど10度の角度で進む。大した違いではないと思えるかもしれないが、テッポウウオが、自分の目に到達した25度で、光がずっと進み続けていたと思い込むなら、虫は実際よりも上に見えてしまうだろう。たとえば、水面から1メートルの高さにいる虫が、それより35センチも上にいるように見えるはずだ。

命中率が高いわけ

ならば、なぜテッポウウオは、自分の真上にいる虫を狙わないのだろう？　それなら、屈折は起こらないし、獲物は目で見て「そこだ」と思える位置にちゃんといるのに？　テッポウウオは確かに真上の虫を狙うこともあるが、そうはしないのが普通だ。それは、虫が自分の頭に落ちてくるのがいやだからではなく、真上に水を飛ばそうとすると、テッポウウオは全身で上を目指さなければならなくなるからだ。それは姿勢としては危険である――もしも、上空を飛ぶ鳥（あるいは、自分の下側にいるライバルの魚）に見つかったら、テッポウウオに逃げ道はない。それより水平に近い姿勢でいられれば、テッポウウオは素早く逃げられる。テッポウウオは45度から110度のあいだの任意の角度で水を飛ばす能力があるが、水平線に対して75度の角度がお気に入りだ。真上ではなく斜めに水を飛ばすことには、もうひとつメリットがある。水平な枝の上にいる虫に水を命中しやすくなるのだ。

どの角度で飛ばそうと、テッポウウオは素晴らしい射撃の名手だ。ほぼ必ず、最初の一発で獲物を射止める。テッポウウオ属の1つの種は、命中率94パーセント以上を誇る。一度撃ち損じてから、狙いを修正して撃つというのは、テッポウウオのやり方ではない。しかし、なぜそんなに命中率が高いのだろう？　テッポウウオは、屈折に対抗するスキルと、自分が飛ばした水の経路を湾曲させる重力の働きを見越す能力とを、生まれつき備えているのだろうか？　それとも、生まれてから学習するのだろうか？その答えを知るために、ブリストル大学のシェルビー・テンプルに話を聞いてみよう。

生まれつきか、学習か？

1980年代のこと。カナダに住む8歳の少年だったテンプルは、イギリス最高の野生生物ドキュメンタリー映像制作者、ディヴィッド・アッテンボローが出演する、テッポウウオがテーマの番組をテレビで見た。「彼はボルネオのどこかにいたんですが、私は番組を見ながら、もう矢も楯もたまらず、テッポウウオをこの目で見たいと思ったのです」とテンプルは回想する。「テッポウウオは近くのペットショップで買えるのだとわかったのは、ようやく12歳になったときのことでした」。幸い、それがわかったからといって興味が削がれることはなく、テッポウウオの秘密を暴こうと探究を続けた彼は、とうとうカナダを離れ、オーストラリアへ行くことになった。

ブリスベンのクイーンズランド大学で、テンプルと同僚たちは、テッポウウオの一種、トクソテス・カタレウス（*Toxotes chatareus*）が優秀な射手なのは、その網膜が水と空気の界面付近の生活に適合しているからだということを発見した。網膜の下部には、5万個にも達する光受容細胞が1ミリ四方の面積にひしめき合っている。それ以外の部分の10倍の密度だ。このテッポウウオは、スネルの窓に押し込められた、水の上からやってくるすべての光が、この超高感度な網膜の部分に到着するように進化したわけだ。おいしそうな虫を見つけると、テッポウウオは、目をできる限り動かさないようにして、獲物の像を網膜のこの部分にぴったり結像させる。それと同時に、体を回転して、水を飛ばす目標の位置に正確に合わせる。また、網膜の超高感度部分は、赤、緑、青を感知するので、葉の上にいる虫を見つけやすい。一方、網膜の残りの部分は、テッポウウオ自身が攻撃されるのを防ぐ機能がある。水面近くにいる小さな魚にとって、この危険は決してあなどれない。空から簡単に接近できるし、明るく照らされるので、下に潜む敵にも見つかりやすいからだ。網膜の中間部は、青と赤の光に感度が高く、青空を背景に鳥の影を見つけやすい。一方、網膜の最上部は、緑と黄色の感度が最も高い。このためテッポウウオは、自分より下側の濁った茶色い水のなかの捕食者などを、その色調の明暗にかかわらず発見することができる。

オーストラリア滞在中、テンプルは、テッポウウオが射撃の名手なのは、生まれつきなのか、それとも学習によるのかを突き止めるには、生まれて初めて水を飛ばすテッポウウオを観察するしかないと気づいた。テッポウウオが初めて水を飛ばすときに標的に命中させるなら、彼らの能力は生まれつきのものに違いない。第5章で見た孵ったばかりのウミガメの子どもがまっすぐ海に向かうことや、毛虫が繭を作ることや、鳥が巣を作るのと同じだ。新参者のテッポウウオが何度か試さないと命中できないのなら、彼らは試行錯誤によって学習するに違いない。

最後の1匹

しかし、生まれたばかりのテッポウウオをどうやって手に入れるのか？　テンプルは、次のように解決した。オーストラリアの東海岸のほぼ中央、クイーンズランド州の南東にある彼の研究室から出発して、はるか北を流れるローラ川に行き、そこで地元の魚養殖業者と共に、トクソテス・カタレウスを捕まえたのである。テンプルは捕まえた魚を研究所に送り、産卵を待った。やがて35匹の稚魚が生まれたが、件のうさんくさい業者に稚魚の大部分を譲る約束だったので、手元に残ったのは9匹だけだった。この9匹に、水槽をひとつずつ与えた。扱いに困るほどの数ではないし、いよいよ結果を出さねばと、意欲が高まった。テッポウウオは、生後約1週間で体長約2センチになれば、水を飛ばすことができる。それまでに稚魚が水を飛ばしたりしないように、各水槽の水面に気泡シートを敷いた。時が来ると、ビデオカメラを録画待機状態にしたうえで、彼はひとつの水槽の気泡シートをサッと外し、水面から10センチ上にある葉にミバエを載せた。緊張の一瞬である。それまでに一度も水を飛ばしたことのないテッポウウオは、標的に命中できるだろうか？　それとも、外してしまうだろうか？

結果はまったくつまらなかった。水がアーチ状に見事に飛ぶ、なんてことは起こらず、ただちょろちょろと勢いもなく水が出ただけだった。「水は、水面からわずかに1センチ上がっただけでした」とテンプル。「でも、見たこともないような可愛らしさでした」。だとすると、テッポウウオは、最初は下手な水飛ばしの技を、徐々に磨いていくのだろうか？　まあ、そんなに急いで結論しないで。じつはテンプルは、魚はたいてい、環境が許す大きさにしか成長しないということを忘れていたのだ。水槽は小さかったので、その魚は標準的なテッポウウオからすればまだ「チビ」だった。おかげで実験は無効になってしまったのだ。確かなことを知るには、十分大きくなったテッポウウオが必要だった。ところが、困った事態になっていた。最初いた9匹のうち7匹が、獲物を取るために、水を飛ばすのではなく、気泡シートの上に飛び乗るか、虫に向かってジャンプしてしまったのだ。残るは1匹である。その1匹にすべてがかかっている。テンプルはそのテッポウウオに名前は付けなかったが、私たちはアーチーと呼ぼう。

テンプルはアーチーを大きな水槽に移し、さらに2、3ヶ月待った。ついにその大切な日がやってくると、彼は気泡シートを外し、そして……アーチーは最初の一発で標的に命中させた。最後に残ったこのテッポウウオは、有名になり、オーストラリアのテレビ番組に2度出演した。では、テッポウウオは、生まれて初めて水を飛ばすときに、屈折を補正して、正確に飛ばすことができるということなのだろうか？　残念ながら、そう断言することはできない。科学では、たったひとつの例から結論を出すことはしない。そしてテンプルには、もう魚は残っていなかったし、補助金も底をついてしまった。「まだ議論は終わっていないわけで、私は今も、テッポウウオは正確に水が飛ばせるように進化したのだという直感を捨てていません」と彼は言う。「学習して身に着けるのではありません」。テッポウウオが光の屈折にいかに対処しているかは、謎のままだ。

青い光に赤くなるタコ

ほかの水生動物のほとんどは、テッポウウオよりも深いところで生活しており、空中から水に入る光の屈折など気にする必要はない。だが、彼らには別の問題がある。

水が満たされた桶のなかで、小さなナツメダコ（*Japetella heathi*）が、照明を消した実験室の暗闇で、じっとしている。この実験室、じつは、南アフリカ西岸沖に浮かぶ船のなかにある。体長約5センチのナツメダコは、おもちゃのミスター・ポテトヘッド〔映画『トイ・ストーリー』に登場するジャガイモの顔をした人形〕のように見える。ずんぐりした楕円形の体に2つの大きな目が突き刺さっているようで、足はぐちゃぐちゃの髪の毛にも見える。ナツメダコは、突然青い光に照らされると、色が赤く変わる。まるでディスコで顔を赤らめている十代の少年である。

このタコが色を変えられるのは、別に驚くようなことではない。生物学者たちは、何年も前から知っている。タコは変装の名人だ。アメリカのデューク大学で海洋生物の視覚を専門に研究するセンケ・ジョンセンによれば、タコは怒ると、蒼白になるという。両眼を囲む黒い円を除き、全身が白くなるそうだ。「それはもう、恐ろしい姿ですよ」とジョンセン。また、タコは攻撃をしかける直前に、茶色から黒に変色する。そして、メスに求愛するコウイカは、がんばって、体の色を、さざ波のような縞模様に変化させる。もっと印象的なことには、この海のカメレオンと呼ぶべきコウイカは、完全に体の片側だけを美しく変化させてアピールする。つまり、交尾できるかもしれないメスの反対側は、目立たないカムフラージュ模様のままにしておくのだ。交尾の相手の気を引くためのディスプレーをすると、自分を食べようとする動物も引き付けてしまうからである。そんなわけで、コウイカや、その他のタコやイカなどからなる頭足類（*cephalopod*。ギリシア語で「頭 - 足」の意）が、ナメクジ、カタツムリ、ダニなどが含まれる無脊椎動物のなかでは、圧倒的に知性が高いと聞いても、誰も驚かないだろう。しかし、サラ・ジリンスキーという、ジョンセンの元同僚で今はイギリスのリード大学に在籍する研究者がやったように、コウイカの向こう側に、何か壊れた形のものを置くと、コウイカは、ただちにその壊れた部分を埋め合わせるようなパターンで体の色を変えてカムフラージュすると聞いたらどうだろう？

「タコと仕事するのは楽しいですよ」とジョンセン。「タコが何を考えているかはすぐわかります。というのも、それはすべて彼らの皮膚に表れるからです。人間は赤面したり、しかめっ面をしたりします。タコは、いわばほとんどすべてを映画のようにして、自分の体の表面に掲げるんです。だから、それを見れば、タコの頭のなかがわかります。彼らは実に魅力的ですよ」。タコは、彼らの体にある、色素胞と呼ばれる器官についている筋肉を伸ばしたり縮めたりすることによって、色を変える。筋肉を収縮させると、色素胞は色付きの小さな点に収縮する。一方、引き伸ばされたときには、この色付きの点も、大きく拡張する。まるで、自分の意志で大きさを変え、好きな模様が作れるソバカスのようだ。

タコの優れたコミュニケーション能力は、タコにとって良いだけではない。おかげで、タコの視覚が研究しやすくなるのだ。「私たち生物学者が、他の動物の心のなかに入り込むのは極めて難しいのです」とジョンセン。だが、「タコは……体にパターンを示してくれます。そのパターンを見れば、彼らが何を見ているかがわかります」。先にも述べたが、タコは賢い。タコがなぜそこまで頭がいいか、その理由は誰にもわからないのだが。「頭のいい動物は、必ずと言っていいほど、社会的な動物です」とジョンセン。「知性は、動物たちが、複雑な社会的状況に対処できるように進化してきました。たとえば、個々のメンバーを記憶し、それまでそのメンバーにどう扱われてきたかや、メンバーごとの重要度などに、対処せねばなりません。私たちは日々、こういうことをすべて行っているのです」。しかし、タコは完全に非社交的であり、イカは集団で行動するものの複雑な社会階層はないようだ。孤独を好むこれらの動物がこれほど見事な知性を持っていることに、ジョンセンは大きな興味を抱いている。

3重の戦略

タコがそれほど賢いなら、光が青に変化するとタコが「赤くなる」には理由があるはずだ。ジョンセンは、その答えは、水中での光の振る舞いにあると考えている。ダイバーの人なら、スネルの法則や、屈折によって物の高さが違って見える問題について、自分自身の経験として知っているだろう。そしてまた、あなたがダイビングするときのパートナーが色白だった場合、深く潜るにつれ、その人の顔は緑色に、唇は黒色に変わることにもお気づきだろう。水中では、音の世界が変貌する（第4章を参照）のと同じように、光の世界も変貌する。水は空気よりも密度が高く、光をより多く吸収・散乱する。色が変わるのは、水は波長の長い光をよりよく吸収するためだ。長波長光は、水分子の振動や回転を激しくするのにちょうどいい大きさのエネルギーを持っている。光波のエネルギーは、分子のなかで熱エネルギーに変換される。したがって、長波長光（赤、橙、黄）は、短波長光（紫、青、緑）ほど遠くまで伝わらない。これが、あなたが水面から深く潜れば潜るほど、本来ならピンクまたは黄色がかった色の顔が緑色になると同時に、赤い唇や血が黒くなる理由だ。さらに、光合成を行うために赤い光を必要とする単細胞藻類や植物性プランクトンなどの植物が、海の表面から200メートル以内の上層部でしか生きられないのもこのためだ。

もしもあなたが、光が比較的豊富な開けた海に棲んでいたとすると、隠れるところはどこにもない。多くの魚は、この潜在的に危険な状況を、体を透明にすることで打開している。透明なら、下から見上げている捕食者には見えなくなる。透明でなければ、上から水を透過してくる光に対して、体の輪郭が黒い影になって見えてしまうはずだ。この程度の深さのところに棲むほかの魚たちは、あらゆる角度から捕食者に対処するために、3重の戦略を採用している。まず、体の下側に発光器——光源——を備え付け、下にいる捕食者から見える影を作らないようにする。それから、背中を暗い色にして、下側の濁った水を背景に体が目立たないようにし、上から見下ろしている動物に見つからないようにする。そしてさらに、横腹を銀色にして、光を反射しやすくし、横にいる動物に見えにくくする。

発光魚の出す光と反射

どんどん深く進むにつれ、青い光さえも弱まり、海面から約600メートル潜るころには、ダイバーたちは視界がきかなくなってくる。水深850メートル以下では、水が澄んでいて晴天だったとしてもまったく見えなくなる。同じ条件で、1000メートル以下で物が見える動物はいない。海がほとんど真っ暗になると、体が透明な動物には問題が生じる。透明だと、余計に見えやすくなるのだ。このような深海には、ハダカイワシやドラゴンフィッシュなどの発光魚が棲んでおり、彼らは暗さに対処するため、彼ら自身の解決策を構築してきた。そのなかで、少なくともひとつ、比較的大きな種――ドラゴンフィッシュ――が、ナツメダコを捕食する。これらの深海魚は、懐中電灯、すなわち、生物発光組織を目の近くに持っている。化学反応によってルシフェリンという物質を酸化して、青緑の光を発生させるのだ。

体が透明な動物の体内組織は、周囲に光がたっぷりあるときには見えない(ほとんどすべての光がすんなり通り過ぎてしまうので)けれど、部分ごとに少しずつ屈折率が異なっている。物質の屈折率とは、真空中の光速(私たちにとっては、空気中の光速とほぼ同じ)を、その物質内で光が進む速度で割った値だ。水の屈折率は1・33だ。テッポウウオの説明をしたときに、空中から水中へと進む際に光がどれだけの角度で曲がるか計算するためにスネルの法則のなかで使った数値である。この屈折率から、水中では光の速度は、空気中での速度の1/1・33、すなわち75パーセントに落ちることもわかる。透明な海生生物にとって極めて重大なことに、屈折率が異なる2つの体内組織の境目に光が当たると、光の一部が反射して、跳ね返ってくるのである。

「暗闇で光を出す動物たちは、透明な動物を見つけることができます」とジョンセン。「彼らに透明な獲物が見えるのは、獲物からは、水そのものからよりも、少し余計に光が反射されるからなのです」。それは、夜、懐中電灯などの明かりを、少し離れたところにある家の窓に当てるようなものだ。日中、窓ガラスは透明だが、暗くなると、懐中電灯の光が窓ガラスに反射され、おかげで、そこに窓があるとわかってしまう。

海の表面近くでは、透明な動物が反射する極少量の光など、周囲にあふれている光にかき消されてしまう。明るい夏の日に、反射された懐中電灯の光を探すようなものだ。だが、深海の海生生物が光を当てられても、姿を見られないようにする唯一の方法は、自分に当たった光をすべて吸収してしまうことであって、光をすべて透過させることではない。深海では、透明ではまずく、赤か黒が最善なのだ。「深海で発光する動物の光はほとんどが青です」とジョンセン。「そのため、あなたが赤かったら、あなたは自分に当たった光をすべて吸収することになります」。赤い動物が赤く見えるのは、赤の波長の光のみを反射し、それ以外のすべての色を吸収するからだ。また、黒い動物は、すべての色の光をすべて吸収する。そのため、深海にいる赤または黒の動物が、サーチライトを、送り主に向かって反射することはない。送り主の魚は、自分のサーチライトは闇のなかに消えてしまったのだ、そこには何もないのだと思い込むだろう。獲物を見逃したなんて、思いもしないだろう。

光がもっとたくさん届く上層部まで昇ってくると、赤または黒い体の海生生物は、下から見上げたときに、黒い影に見えて、輪郭がはっきりわかってしまう。厄介なことに、日光が届く深さは、時刻、雲量、水の濁り具合、最近の嵐からどれくらい経っているかなど、多くの要因の影響を受ける。そのため、何が海生生物を隠してくれるのかは、その生物が海中で上下方向に移動するにつれ、そして、海自体が変化するにつれ、どんどん変わってしまう。この事実に気づいたジョンセンは、ある疑問を抱いた。頭足類が周囲に合わせて擬態するさまざまな方法を観察してきた彼は、頭足類はこれをさらに一歩推し進めて、光が変化する都度、それに応じて外見を変えるのかどうかを確かめたいと考えたのである。タコはほんとうに、そこまで高度な動物なのだろうか？

これを突き止めるために、ジョンセンとそのチームは海に行った。2010年9月のある夜、ペルー・チリ海溝の上に浮かぶ船で、ジョンセンの同僚のジリンスキーは、水深100〜500メートルの範囲から数匹の若いナツメダコをトロール網で引き上げた。ナツメダコは、本体——外套膜——の長さが約8センチだ。若いあいだは、日中は海の上層部、水深400〜700メートルあたりで過ごし、年を取ってくると、水深800メートルより深いところへ移動するナツメダコは、光の条件の変化に非常に敏感だと予測される。ジリンスキーは捕らえたタコを、船内の実験室に、安全を確保したうえで置いた。続いて彼女は照明を暗くし、発光ダイオード（LED。一部の低エネルギー電球などにも使われている）の白色光にフィルターを通過させて青色の波長を取り出した。こうして人工的に作った、青い生物発光ライトをタコに当て、タコがどう反応するかを録画した。

案の定、青い光線を当ててから約1秒で、ジリンスキーは赤色を目で確認した。それは、彼女の実験が失敗したからではなく、それまではのんびりと透明の状態だったタコが、色を変えたからだ。タコは赤い光線には反応を示さなかった。タコが青い光だけを選んでいることは明白だった。ジリンスキーは、中程度のサイズの頭足類、ホンツメイカ（*Onychoteuthis banksii*）の若い個体も数匹実験し、同じ結果を得た。このイカも、青い光線に当たったときに赤くなり、赤い光は無視したのだ。こうしてジョンセンは、この変色は擬態のトリックである可能性が高いことを確認した。

タコが赤くなるわけ

とはいえ、タコやイカは、実験室では、海で自由に過ごしているときとは違う行動をする可能性がある。「これらの実験を深海で行うのは極めて困難でしょう」とジョンセン。「潜水艦で深海まで行ったとしても、あなたが光と騒音と共にやってくることで、通常の行動はすべて完全に混乱してしまうでしょう」。ジョンセンによれば、これは深海生物学のすべてに共通する問題だ。「海の深いところで、動物たちが何をやっているのか、私たちにはわかっていません」とジョンセン。「とりわけ、動き回れる動物、どちらかというと素早く動ける動物の場合はそうです。私たちが到着した瞬間に、もう彼らの行動を乱してしまっているのです」。この難問を解決するため、生物学者たちは、赤外線カメラを三脚に据え付け、何台も海底に置きたいと考えている。だが、たとえ置いたとしても、長いあいだ待たねばならないだろうが。「深海はほとんど空っぽなわけですから、どれだけ録画を続けても、何も映らない可能性があります」

魚の発する光と深海の光のレベルをより正確に再現するため、チームはLEDビームを暗くし、さらに実験室の照明を一段と暗くした。タコは同じように行動したが、暗すぎてビデオ撮影はできなかった。「私たちは、これが本当に深海で起こっていることなのかどうか、どうしても知りたいのです」とジョンセン。「LEDフラッシュライトなどを使うより、非常に細いビーム状の光を使うほうがもっと正確でしょう。また、ビームの点滅をあらゆる光のオン、オフと分けるのも困難です。タコたちは、あたりがさっきより明るいのは、雲が太陽から離れたからなのか、それとも何かの動物が発している細い光が進んできているからなのか、どっちだろう?と自問しているはずです」

　優れた科学者はみなそうだが、ジリンスキーは枯れることのない好奇心を抱きつつ、2011年7月、カリフォルニア湾を巡行中に、水深1000メートル付近で捕獲されたナツメダコ4匹を調べた。ジリンスキーが先端を丸めた針を足の1本に押し付けてストレスを与えると、タコたちは赤くなり、青い光を、透明な時の約半分反射した。赤くなったタコは、青い光よりも赤い光を多く反射したが、透明なときに反射した赤い光の量よりは少なかった。赤くなったタコの消化管の直前にある部分は、すべての波長にわたって、その部分に当たった光の5分の1以下しか反射せず、青緑の光に関しては12分の1～10分の1しか反射しないことをジリンスキーは確認した。

　この実験結果からすると、このタコは、発光魚が出す獲物を探すためのサーチライトが当たるところにうっかり出てしまったら、赤くなって光を反射しないようにできるほど賢明なようだ。赤面も時には役に立つわけだ。ただし、出くわした敵がアジアアロワナではないとしてだが。アジアアロワナは、ビクトリア朝風の博物館の、ガラスの陳列ケースのなかで、恐ろしげに大きな口を開いていそうな魚だ。上顎は鋭角で上に向かい、大きく開いた口は鋭い歯で縁取られている。アジアアロワナは、気づかれないようにこっそりと、青と赤、両方の光を使って獲物を探す。だが、じつのところ、実際に2色の光でサーチする3つの種はどれも、タコを食べるには体が小さすぎるようだ。「深海では、誰かか違う色の光で照らさないかぎり、体は赤でも黒でも、どちらでも構わないのです」とジョンセンは言う。しかし、それはまた別の話だ……。

ダイオウイカの巨大な目はなんのため?

では、深海の生き物についての、こんなお話はいかがだろう?「私の目の前に、勇者たちの伝説に出て来そうな恐ろしい怪物がいた。体長7メートルを超える巨大なコウイカだった。それは大きな緑色の目でわれわれを凝視しながら、ノーチラス号のほうに向かって猛スピードで泳いでいた。その8本の腕——というより足と言うべきか——は、頭に直接付いていて、これらの動物が頭足類と呼ばれる所以となっているが、本体の倍の長さがあり、ローマ神話の復讐の女神フリアエの、ヘビの頭髪よろしく、ねじれている」。これは、ジュール・ヴェルヌの『海底二万里』(岩波書店ほか。原書1870年)に登場する、フランスの海洋生物学者ピエール・アロナックス教授の言葉である。ここでいわゆる「ネタバレ注意」の警告をさせていただこう。出版から150年近く経つこの古典的名著をまだ読む機会に恵まれていない人は、これからこの名著の重要な内容に触れるので、次の段落に飛ぶようお勧めしておく。さて、ではお話の続きを。船を次々と破壊する謎の海洋生物の正体を探るため、政府に雇われたアロナックスは、ネモ船長が所有する潜水艦ノーチラス号に遭遇する。ネモは直ちにアロナックスを拉致し、捕虜として潜水艦に乗せる。アロナックスが見た海の「怪物」が何だったのか、言い当ててもご褒美はなしだ——アロナックスの記述から明らかである。このあと、7匹の頭足類がノーチラス号を攻撃する。アロナックスが、具体的にどの種の頭足類について述べているかについては議論の余地がある。英訳では、ダイオウイカまたはコウイカになっているが、ヴェルヌの原著のフランス語ではタコである(私たちが知るかぎり、ダイオウイカもタコも集団で狩りをすることはないが、生物学的に正確さを欠くとしても、これが名著であることに変わりはない）。どの種であったにしろ、カナダ人の銛打ち名人ネッド・ランドが彼らの巨大な目に銛を命中させると、怪物は次々と死んでいった。

子どものころにこの潜水艦とイカの対決シーンを読んだことがきっかけで、ジョンセンは海洋生物学を学ぼうと考えたのだった。その実現のため彼は、美術と数学の二重学位を取った。ジョンセンによれば、この学位取得に当たってはエネルギーの大部分を芸術に注いだという。「視覚芸術は、私にとってとても大切なのです」とジョンセン。「生物学に進んだときも、これから、光と色にかかわるいろいろなことを研究するに違いない、と思いました」。まさにそのとおり、ジョンセンはこのところ、動物の視覚を専門に研究している。

「ほとんどの人がそうだと思いますが、私の心の奥底にはいつも、イカはものすごい怪物だという思いがあります」とジョンセンは言う。「イカの目には、興味を引かれずにいられません。この世界に存在するほかのどんな目よりも、はるかに大きいのです。イカより大きな動物に比べてもそうなのです」

ヴェルヌが描いたように、ダイオウイカ（*Architeuthis* 種）は、手ごわい敵だ。8本の長い足のほかに、なおいっそう長い2本の触腕を持っている。触腕は体よりも長く、尾のように長々と伸びている。合計10本の足と腕はどれも、全体を吸盤で覆われ、また、口には獲物を殺し、引き裂くための尖ったくちばしがある。ダイオウイカは、細長くしたクラゲと、くにゃくにゃのタコを掛け合わせ、巨大にしたような姿だ。ダイオウイカの大きさは、その名にふさわしい――体長は13メートルにも達し（足の先端までが5メートルで、残りは触腕の長さ）、2番目に大きな無脊椎動物である。メスはオスよりもさらに大きく、体重が300キログラム近いものもいる。オスのライオンや大型の翼竜よりも重い。

ダイオウイカと、それより約1メートル大きいダイオウホウズキイカ（ダイオウイカよりもピンクがかった色で、世界最大の無脊椎動物）の目は、ディナー用大皿ほど大きい。ほかのどの動物の目と比べても、少なくとも3倍はある。ダイオウイカもダイオウホウズキイカも（イカを名づけた人たちの想像力は、あまり豊かではない）、深海の動物の常で、巨大である。理由はまだわからないが、深海に生息する動物は、浅い海に棲む親戚よりも大きくなる。この2種のイカに次ぐ大きな目は、直径わずか9センチで、ダイオウイカの瞳孔と同じくらいだ。このサイズ2位の目を持つのは、シロナガスクジラ（*Balaenoptera musculus*、体長30メートルの世界最大の動物）とメカジキ（*Xiphias gladius*、体長約3メートル）だ。メカジキは最深で水深約550メートルに生息する。人間の目は、直径2・4センチと極めて小さい。陸生動物で最大の目は、ダチョウのもので直径5センチである。

目が大きいなんて素晴らしいと思われるかもしれないが、大きい目は生物学的に高くつく。「錐体細胞と桿体細胞が働き続けるように、膨大な量の血液を送らねばなりません」とジョンセンは説明する。「それに、大きな目を持っていれば、脳のかなりの部分が、目に映る画像の処理に専念しなければならなくなります。大きな目の動物に巡り合ったなら必ず、この大きな目は何のためのものだろう、と考えねばなりません。多大な代償を払ってまで、そんな大きな目を持っているのですからね」。ジョンセンは、スウェーデンのルンド大学に所属する2人の研究者エリック・ワラントとダン - エリック・ニルソンと共に、ダイオウイカは巨大な目の見返りを何か得ているはずだとの予感がしていた。

大きい目には、より多くの光が入る。また、光受容体もより多く並んでいるので、入ってきた光に対する感受性が高まり、細部をよりよく見分けられる。しかし、水中では、水が光を吸収・散乱するため、目がある程度以上に大きいと、メリットは小さくなる。このイカたちは、なぜ特別なのだろう？その答えは、後に宇宙飛行士になった戦闘機パイロットの命を救った、ある方策のなかにある。

水中ではジャンボジェット機でもすぐ見えなくなる

ジョンセン、ワラント、そしてニルソンが２０１１年に研究を完了するまで、ダイオウイカとダイオウホウズキイカの巨大な目は謎のままだった。これらの巨大な無脊椎動物の生態については、多くの謎が解けずに残りがちだ。彼らはみな、水深５００〜１０００メートルという、途方もない深さに生息しているらしく、本来の生息環境にいるところを人間が見ることはほとんどない。ダイオウホウズキイカのほうがダイオウイカより太っており、体長も長く、メスは最高で体重５００キロにもなるのは知られている。ダイオウホウズキイカは、足と触腕に吸盤のほかに鉤がついており、南極海で、南極大陸から南アフリカの南端に伸びるベルト状の海域に生息する。ダイオウイカは世界中どこの海でも見られるが、ニュージーランド沖をとりわけ好む。「見られる」と言ったが、めったに見つからない。ビーチに打ち上げられていたり、漁網や釣り糸にかかって人間に引き上げられたり、マッコウクジラ（*Physeter macrocephalus*）の胃のなかから、旧約聖書のヨナを彷彿させる遺骸（ヨナは死ななかったが）で見つかることが、たまにあるだけだ。

ジョンセンは、タコの研究を難しいと思っていたかも知れないが、巨大イカの研究はそれ以上に大変だった。「私のように、しょっちゅう海に行く現役の海洋生物学者でも、これらのイカを、１匹でも生きた状態で見ることは、おそらくないでしょう。ですから、イカを生物学的に研究するのはとても難しいのです」と彼は言う。「ほかの動物の場合、少なくとも、船に乗せて直接実験することができます。しかし、ダイオウイカやダイオウホウズキイカをたとえ船に乗せたとしても、大きすぎて何の実験もできないでしょう」。それに比べるとクジラは研究しやすいとジョンセンは言う――数がもっと多いし、呼吸のために海面に出てくるので、見つけやすく、タグをつけて追跡できる。「ダイオウイカの場合、少しでもビデオ映像が撮れたのはこれまでに(わずか)1、2回で、ましてや研究するなんて」

生きたダイオウイカやダイオウホウズキイカがなかなか手に入らないので、研究者たちは、写真と、冷凍された眼球を使うことにした。2012年、ワラントとニルソンは、1981年にハワイ近海で発見されたダイオウイカの写真を調べた。その写真と、写真に写っている死んだダイオウイカを計測した元データを、ジョンセンに提供した。2人は、このダイオウイカの眼球は、直径が少なくとも27センチで、瞳孔は9センチと大きめの人間の手の幅ぐらいだった。ジョンセンはまた、ニュージーランドの漁船が以前捕獲したダイオウホウズキイカの目を解凍したものを入手するという幸運にも恵まれた。これは、ニュージーランドの漁船が捕獲したものだ。この目も、写真で調べたものとほぼ同じ大きさで、27～28センチだった。サッカーボールより直径で約5センチ大きいことになる。

「生物学ではときどき、死体を調べざるを得ないことがありますが、このときもそうでした。私たちには生きた動物が1匹もありませんでしたから」とジョンセン。「私たちは、目のレンズの大きさ、瞳孔の大きさを測定しました。……水中で目はどのように機能するかという数学的モデルを作成し、巨大な目にどんな利点があるのか探りました」

タコの話の際に見たように、水は空気よりも光をよく吸収し、長波長側で特にその傾向が強い。おまけに、水の分子は青色光を最もよく散乱、吸収、再放出し、青色光をあらゆる方向に送り出して、もともとの経路から逸らせてしまう。水深が少し浅いところでは、動物性プランクトン――人間が肉眼でかろうじて見ることができる、小さな浮遊する動物――はすべての波長の光を反射し、白く見える。植物性プランクトン（小さすぎて人間の肉眼では見えないことが多い浮遊する植物）と溶存物質、もしくはその他の微粒子も、あらゆる色の光を反射し、霧のなかの雨粒のように、視覚をぼやけさせる。水を通して物を見るのは、霧のなかで何かを見つめるようなものだ。空気を通した視覚に慣れている研究者たちは、水中の動物の視覚がどのようなものかを理解するために、想像力と科学を駆使しなければならない。

「あなたが陸にいて、歩いて去っていく友だちを見送っているとすると、その友だちは、霧のなかに消える前に1点に収束するか、あるいは建物の陰になって見えなくなるでしょう」とジョンセンは説明する。「海のなかでは、この逆です。動物はほぼ必ず、小さくなって1点に収束する前に、周囲に紛れて見えなくなります」。これは、水中における研究で最も厄介なことのひとつだとジョンセンは言う。つまり、ボーイング747のジャンボジェット並みの大きさのものが、たった3メートルしか離れていないのに、どうしても見えないことがあるのだ。「水中では常にそうです」と彼は続ける。「水は非常に透明に見えても、約100メートルより先は決して見えません。しかもそれは、あなたがいかにたくさんのライトを持っていようが、関係ありません。私たちの潜水艇には、極めて強力なランプが積んでありますが、結局は、自分のほうに戻ってくる光がどんどん増える（後方散乱のため）だけです。水が透明なときでも、私たちは普通、たかだか20〜40メートル先までしか見ることができないのです」

水中で暮らす動物はどれも、実質的に、視覚可能範囲という、1つの泡のなかで生きている。つまり、どの動物も、ある距離までしかものを見ることができず、それより先にあるものはすべて、暗闇に紛れて区別できなくなるのだ。どの距離まで見なければならないかは、その動物の体の大きさによる。あなたが小さい魚で、自分より小さい餌を探し、自分より少しだけ大きな捕食者を避け、交尾の相手として自分と同じ小さな魚を探せばいいだけなら、約10メートル先まで見えれば十分だ。「1000メートル先にいる自分と同じ小さな魚を探す必要はありません。そんな魚はあなたの生活に何の影響も及ぼしませんから」とジョンセン。カイアシという小さな甲殻類の場合、この「関心距離」はたったの1メートルだ。だからこそ、小さな海生生物は、たくさんの光が取り込めて水中で遠くが見える、大きな目をわざわざ持ったりしないのである。「遠くまで見える能力に意味があるのは、(それほど遠くでも) まだまだ大きいものに関心がある場合だけです」とジョンセンは説明する。

マッコウクジラの大好物

記録破りな目を使って、ダイオウイカとダイオウホウズキイカは、遠く離れたところで暗闇に潜む巨大な動物を見つけようとしているに違いない。しかし、それはどの動物だろう？ ネモ船長の潜水艦は別として、この深海に棲むイカが恐れなければならないのは、マッコウクジラだけである。マッコウクジラはイカを食べるのが大好きなのだ。ダイオウイカとダイオウホウズキイカのみならず、あらゆるサイズのイカが、マッコウクジラの餌の5分の4を占めている。魚よりイカのほうがはるかに好きなようだ。なかには、イカの吸盤が吸い付いた跡が皮膚にあるマッコウクジラもいる。また、マッコウクジラの胃のなかにアンバーグリス（竜涎香）――香水の添加物として使われる――が蓄積するのも、消化の悪いイカの尖ったくちばしから消化器系を守るためかもしれない。かつては、イカのくちばしと吸盤に並ぶ、マッコウクジラのもうひとつの大敵に、ロウソク職人やランプ製造業者がいた――彼らは、マッコウクジラの、巨大で頂上が平らな頭のなかにある液体状の鯨蝋を求めていたのだ。今日では、マッコウクジラは、その頃よりは保護されている。

マッコウクジラは、2キロメートルを超える深さまで飛び込んで、魚やイカを獲る。キュビエ歯クジラに次いで、2番目に深く潜る哺乳類だ。オスのマッコウクジラは、体長約16メートル――ダイオウイカより少しだけ長い――で、体重のほうは40トン（4万キログラム）と、ダイオウイカの数百倍である。無脊椎動物であるイカには骨はないが、マッコウクジラには骨があって重いのだ。また、マッコウクジラの体には厚みがあると、ジョンセンは言い添える。「ダイオウイカの体長のほとんどが、細長い足や触腕の長さです。マッコウクジラのほうは、大量の肉の塊ですね」。マッコウクジラは、少し長く、ものすごく重いかもしれないが、目玉コンテストでダイオウイカやダイオウホウズキイカと対決したら、文句なしにイカの勝ちだろう。マッコウクジラの目は直径わずか5・5センチだ。マッコウクジラにどれくらい遠くが見えるのか、私たちにはわからない。それどころか、彼らには前が見えるのかどうかもわからない――巨大な頭が視界を遮ってしまいそうである。

マッコウクジラは、暗い深海では遠くは見えないかもしれないが、密かに別の武器を用意している。マッコウクジラは、230デシベル（先に説明した空気中の値とは基準値が異なる。水中では1マイクロパスカルに対する対数値）という、動物が出す音としては最大級の音波を発生させ、陸上でのコウモリのように、反射して戻ってくるエコーを聞いて獲物を追跡する。イカの体は柔らかく、音をあまり反射しないため、クジラはこれほど大きな音を出さねばならないのだ。とはいえ、マッコウクジラは、体長25センチのヤリイカ属のイカを３２５メートルの距離から発見でき、また、がっしりした体長1・5メートルのアメリカオオアカイカなら１０００メートル離れたところから発見できる。ダイオウイカやダイオウホウズキイカは、はるかにくにゃくにゃしているので、この音波探知機《ソナー》で発見するのは難しいと思われる。だがおそらく、マッコウクジラはこれらのイカを１００メートル以上の距離から発見できると思われ、そのことからすると、このイカたちの「関心距離」は少なくとも１００メートルはあるはずだ。だが、このイカたちはマッコウクジラのソナーの音波を音として聞くことはできない――その主成分は1万５０００ヘルツで、イカが聞こえる範囲より高いのだ。イカはソナーを持ってはいないので、その日の食事にされないようにするための別の手段が必要だ。そこで、彼らは、目を使う。ただし、水中で１００メートル以上の遠方を見るのは、ほとんど不可能なのだが。

　さて、勝算がないのに勝つ話で、アメリカ海軍パイロットのジム・ラヴェルの逸話ほど面白いものはない。彼は所属の空母に帰艦するため、自機で海上を飛行していた。すべてが順調だったのだが、やがてナビゲーション・システムが故障し、空母を見つける手段がなくなってしまった。しかし、のちにアポロ13号の船長となったときにも役立った冷静さを備えていた彼は、海洋生物学の知識を思い出した。そこで彼は、操縦席の照明をすべて消し、暗闇をじっと見つめた。すると、遠くで、青緑色の光がぼんやりと光っているのが見えた。船の通過後、乱れた海水に邪魔された、バクテリアや渦鞭毛藻類などの小さな発光微生物が光のパルスを発していたのだ。その光を頼りに、彼は無事帰艦することができた。めでたしめでたしである。さて、海中を滑るように泳ぐイルカの体を、光瞬く「塵」のようなものが取り巻いているのを見ることがあるが、これも同じ理由で起こる。ダイオウイカやダイオウホウズキイカも、これと同じ、発光微生物の光を利用して、離れたところにいるマッコウクジラを回避して、自分たちを守っていることが、ジョンセン、ワラント、ニルソンの研究によって示された。この深さまで日光が届くことはほとんどないので、マッコウクジラの体が上からの太陽光で照らされて、下にいるイカから黒いシルエットに見える、なんてことはほとんどあり得ないだろう。しかし、移動するマッコウクジラは、おもちゃのスノードームのなかでキラキラ輝いて落ちていく粉末のような、発光微生物が出す小さな光に取り巻かれている。ひとつ問題なのは、これらの光る点があまりに小さく、しかも、イカはそれを遠方から見ているということだ。イカにとって、これらの針で突いた跡のような小さな点々をはっきり見るのは、霧が満ちている大きなリビングルームに置かれた旧式テレビの、ノイズだらけの画面のなかで何かの形を見るようなものだ。ダイオウイカやダイオウホウズキイカの巨大な目は、これらの「クジラが起こした」明滅する光を感知できるだけの視力があるのだろうか?

光の雨

そんなことができるとすれば、それは目を見張るような技だ。暗闇で微弱な光を見ようとするとき、すべては統計で決まる。「あなたは、その物体から光を集めていますが、背景からの光も集めているのです」とジョンセン。「最終的に、2つの数値が得られます。確実に何かがそこにあると言うには、この2つの数値が違うとはっきりわからなければいけません」。陸上では、視界が悪いとか、光があまりないなどのことがない限り、これは簡単なことだ。だが、海中では、光の少ないところで本を読もうとするようなものだ。本そのものは見えるとしても、ページの白地と文字の黒のコントラストが足りず、言葉を読み取ることはできないだろう。「暗くなればなるほど、光はなめらかな川のように届いているのではないことがはっきり実感されてきます。光は雨粒のようにやってくるのです。この粒が、私たちが光子と呼ぶものです」とジョンセンは言う。

第1章で触れたように、光子は、光が取り得る最小の形だ。ある種の状況のもとでは、光はもはや波のようには振る舞わず、一連の小さなパケット、つまり、粒子として振る舞う。いわゆる、光が持つ粒子と波動の二重性である。科学者たちは、光は粒子か波かを巡り、100年以上にわたって論争を続けたが（ニュートンは粒子説をとっていた）、結局、両方なのだという認識に至った。すばらしい歩み寄りだ。

「光は、ピッ、ピッ、ピッと（医療ドラマの、心拍モニターのような音）、小さな塊として次々と目に入ってきます。しかもそれはランダムです」とジョンセン。「あなたが歩道にチョークで丸を描いたとしましょう。やがて雨が降ってきます。雨が、丸の外側よりも内側のほうに少しだけたくさん降ったとします。仮に、降ってきた雨粒が全部で4個だけだったとしたら、そこに丸があるとはっきりわかるでしょうか？ たぶん、わからないでしょう」。たとえ100粒降って、丸の内側のほうに外側よりもたくさん雨粒が落ちていたとしても、おそらく丸の形は見えないだろう。「ですが、1000粒降って、丸の内側のほうが外側より余計に濡れていたとしたら、そのときは丸の形がかなりはっきりとわかるでしょう」とジョンセン。「ここがポイントです。何かがほんとうにそこにあるかどうか判断するときの、統計的な問題を回避するには、動物は光を十分集めなければならないのです」

十分な量の光を手に入れるには、目を大きくすることだ。イカの目も人間と同じく、単純なカメラのような構造をしている。レンズが1枚あり、光を収束させ、網膜にある光受容体の層に像を結ばせるわけだ。「ほんの少しだけ背景と明るさが違う物を見る能力を得るには、大きな目が必要だし、たくさんの光が入ってこなければならないし、光受容体もたくさん必要だし、また、大量のデータを記録するため、視覚細胞もたくさん必要です」とジョンセンは言う。ジョンセンらのモデルは、ダイオウイカやダイオウホウズキイカが、発光するプランクトンの出す青緑の光を120メートル離れたところから見つけるのに十分なほど、わずかなコントラストの違いを感知できると示した。これだけ敏感な目を持っているイカは一度に、700万立方メートル――オリンピックサイズのプール約2800個分――という途方もない広さを観察し、マッコウクジラがいるかどうかを調べることができる。イカの目は、光の点を1個ずつ、個別な点として認識するより、光の点の集合体が、ぼやけた弱い光となっているのを見つけるほうが得意なようだ。天の川を、個々の恒星の集まりとして感知するのではなく、全体がぼわっと広がっているのを見るようなものだ。あるいは、クリスマスの装飾の豆電球が何個も1列に並んでいるのを、個々の電球として認識するのではなく、100メートル先からぼやけた一筋の光として認識するようなものである。イカの大きな目は、同じ種の別の個体や、獲物――普通、魚と、自分よりも小さなイカ――を見つけるには役立ちそうにない。というのも、これらの動物は、十分広い面積にわたって光を出せるほど体が大きくないからだ。

ジョンソンの計算によれば、ダイオウイカやダイオウホウズキイカのような大きな目の長所は、ほとんど光がない、水深約500メートルよりも深いところで、薄っすらと明るい巨大な物体を感知できることだけだそうだ。さあ、これで、ダイオウイカの目の謎は解けたようだ。その異様な大きさは、遠方で、自ら発光する微生物の群れのなかを泳いでいるクジラたちの放つ薄ぼんやりとした光を感知するためのものだった。だが、ダイオウイカの巨大な目は、100メートル以内にある暗い影を感知するため、という可能性もまだ残っている。この2つの機能の両方が備わっているという可能性がいちばん高そうだ。明るい浅瀬では、直径10センチを超える大きな目を持っていたとしても、それでより遠くがよく見えることにはならない。ダイオウイカが、近縁種に比べても突出して大きな目を持っている理由のひとつはそこにあるのだろう。

イカの知覚をさらに探究する

こうしてわかったように、イカは、マッコウクジラがソナーの音波ビームを使ってイカを追跡できる最遠距離と同じぐらいの距離からマッコウクジラを見つけることができる。だとすると、イカとマッコウクジラの闘いは、ほぼ互角に思えるが、イカはさらに逃げなければならない。マッコウクジラの最高速度は時速32キロと素晴らしく、イカがそれを上回る速さで泳ぐことはあまりなさそうだ。しかしイカは、逃げるために2つのことを利用できる。ひとつ目はクジラのソナーの欠点、そして2つ目は海水の光学的性質だ。クジラのソナーは指向性が高い。遠くにいるクジラのぼんやりした光を感知したイカは、クジラのソナーの細長い感知可能領域の外に逃げてしまえば、ソナーの音波ビームをかわして、光を散乱する水が作る「霧」のなかに素早く紛れ込めるだろう。「あなたがハイウェイで1台の車を追跡していたとすると、たとえ1マイル（約1・6キロ）離れていたとしても、相手を見ることができます」とジョンセン。「しかし水中は、別世界です。というのも、何かが100メートル以上離れてしまったら、それはもう見えなくなってしまいますから」。それは、濃い霧が垂れこめる暗闇でかくれんぼをしているようなもので、クジラは、細長い照明ビームで照らせる程度の狭い範囲しか見ることができない一方で、イカは霧を通して全方向で見ることができる。「ダイオウイカが、遠くへと泳いでいくことに成功すれば、もう二度とそのクジラと出くわすことはないでしょう」とジョンセンは言う。

ダイオウイカやダイオウホウズキイカと同じくらい大きな目を持っていた、ほかの唯一の動物は、今ではもう絶滅してしまった。2億5千万〜2億9千万年前に生きていた巨大な爬虫類で、「魚竜（Ichthyosaurs）」と呼ばれるものだ。体長は最大で16メートルに達する。魚竜の目は、直径約35センチで、ここでもお皿の比喩を使うとすれば、おしゃれなレストランの標準サイズのディナープレートの下に敷いてある浅い大皿のサイズだ。魚竜もやはり、「水中で、別の大きな動物を見ようとしている大きな動物」である。このころ、クジラはまだ存在しなかったので、魚竜は別の魚竜を探していたか、あるいは恐ろしい歯を持つプリオサウルスを見張っていたのだろう。

巨大なイカについては、多くのことがまだ謎のままだ。だが、ジョンセンは、巨大なイカの視覚について、何が知りたいのだろう？「彼らを自然の環境で観察して、どんなふうに行動するか、何を気にしているのか、そういうことをまだ見ていませんからね。そのほか、巨大イカの網膜に関して、もっと詳しく知りたいですね。目の形、瞳孔、レンズについてはわかっていますし、目の光学的性質、つまり目がカメラとしてどのように働くかもわかっていますが」とジョンセン。網膜について詳細が発見できれば、イカは色覚を持っているのか、視覚の解像度はどれくらいか、脳内で視覚情報をどのように処理しているのか、何が見えて、何が見えないのかがわかるだろう。「最も単純な部分はわかっているのですが、イカの知覚世界がどのようなものか詳細を教えてくれるはずの部分はわかっていません」とジョンセンは言う。

まとめ

本章では、光の物理的な性質をさまざまな方法で利用する動物たちを見てきた。偏光を利用して目的地にたどり着くアリやミツバチ。翼の下から紫外線を送って、餌をたくさんもらうカッコウのヒナ。昆虫を水に落とすために屈折を補正するテッポウウオ。光を出しながら獲物を探す魚から隠れるために体の色を変えるタコ。近くを泳ぐマッコウクジラに乱されたプランクトンが出す光を遠方から見つけて、そのマッコウクジラから逃げる、大きな目をしたイカ。

これらの動物は、光は互いに垂直を保ちながら振動する電場と磁場がなす波だ、ということを教えてくれた。アリとミツバチは、空がこれらの場を特定の方向だけに振動させ、偏光という現象を起こすこと、さらに空が青いのは光の散乱によることを明らかにしてくれた。ジュウイチのヒナと、その翼にある紫外線を反射する模様は、光も音やその他の波と同じように、波長と振動数を持っていることを示してくれた。一方、テッポウウオは、光が水に入ってスピードを変えるとき、どのように曲がる――屈折する――かを見せてくれた。タコは、色、反射、屈折について、私たちの理解を助けてくれた。最後には、ダイオウホウズキイカが、光と視覚のかかわりについて教えてくれた。

最後はカッコよく締めくくりたいものだ。ならば、日常生活で物理を利用している動物たちを巡る、この旅の最後は、最大級の無脊椎動物に締めてもらうのがいちばんだ。大きく華々しく終える以上のことがあろうか。とはいえ、私たちはまだ学び尽くしてなどいない。続けて、このあとの「おわりに」をお読みいただき、動物たちが自分のやっていることをちゃんと理解しているのかどうか、確認してほしい。さらに、動物と物理を巡る負の側面についても見ていただきたい。

おわりに　生命、宇宙、そして万物

物理と一緒に

私たちの世界は、生き抜くためにさまざまな物理の原理を利用する動物に満ちあふれている。テッポウウオは、池の上まで伸びた枝の葉にとまっているハエを水鉄砲で打ち落とす。デンキウナギは、電流を使って獲物を気絶させる。レッドサイドガーターヘビは、熱を逃がさないように（「シーメイル」の場合は、熱を盗むために）、数千匹で身を寄せ合う。私たちの身近な動物にしても、物理に基づく知恵を使っている。ネコは表面張力を利用して、舌を使って飲み物を持ち上げる。一方、イヌは単振動の原理を使って、体を揺さぶって水を飛ばす。物理を使う動物の例は枚挙にいとまがなく、本書を執筆するにあたって、ページを埋めるのはたやすかった。だがそこには、難しさもあった。というのも、載せたくても載せられるページがなかった動物がたくさんいたからだ（そのようなわけで、捕食者に襲われそうになると光を点滅させる「アラーム・クラゲ」、すなわちアトラジェリーフィッシュ、偏光を打ち消すニシン、そして電場を感知するカモノハシには、ここにお詫びいたします）。

だが物理は、動物がどのようにコミュニケーションし、自衛し、動き、食べ、そして飲むかを理解するのに便利なだけではない。物理は、行動している状態の動物を調べるための装置も与えてくれる。ハチの体の電荷を測定するための電流計。ハチの飛び方を調べるための風洞。カリフォルニアジリスの尾の熱や、メスの蚊がお尻から出す血混じりの水滴の熱分布をマップ化するための赤外線カメラ。本書に出てくる注目すべき驚きの科学機器が、高速ビデオカメラだ。毎秒数百から数千枚のコマを撮影して、素早い動きをとらえる。科学者たちは、あとからスローモーションで映像を見ることで、蚊が雨粒との衝突で命を失わないために使う方策から、アメンボが水面をスイスイ進む様子まで、あらゆることを知ったのだ。

お話するなかで、本書は偉大な物理学者を大勢紹介してきた。だが、私たちにとって、アイザック・ニュートンを超える天才はいなかった。アルベルト・アインシュタインと、彼が光速について考案した、凡人には頭がくらくらしそうな思考実験のことなど、うっちゃっておこう。動物の暮らしを支配している「古典」物理学については、ニュートンこそわれらがナンバーワンだ。彼は運動の法則を打ち立てたこと、液体に関して行った研究、そして音速を計算したことで（結果は20パーセントずれていたとしても）、ほとんどすべての章に登場した。ニュートンは変わり者だった――卑金属を金に変えようとして（失敗して）何年もの歳月を費やしたし、また、物議を醸すような宗教思想を持っていた――が、彼が科学的な本質を見抜く眼力は素晴らしかった。ただし、実際の視力については、それを失う危険を顧みず、自分の眼球の回りの隙間に物を突っ込んで、それによって世界の見え方がどう変化するかを確かめる実験を行ったのだったが。

自然からインスピレーションを得て

とはいえ、物理学が知恵を独占しているわけではない。逆方向にアイデアが流れることは、これまでも珍しくなかった。動物の行動が、物理の進歩を引き起こした例がいろいろとある。古代ギリシア人たちは、牛が荷車を引くのを観察しながら、力について思い巡らせた。18世紀、デンキウナギの電気ショックを研究する科学者たちが導いてくれたおかげで、私たちは電気というものが理解できるようになった。工具を回転させて金属に穴を開ける馬が、熱はエネルギーのひとつの形態だということを示した。また、ドイツのオットー・リリエンタール（1848～96年）は、コウノトリの研究を元に、世界初のグライダーを製作した。

動物たちは、新しい技術が生まれるきっかけにもなっている。実際の動物について学ぶため、研究者らが人工的に動物モデルを作ることもある。本書にも、ロボ・ストライダーという名前の人工アメンボ、スズメガのロボット、そして、ぬいぐるみのカリフォルニアジリスのしっぽに業務用ヒーターをしこんだものなどが登場した。それよりもっとすごいことには、科学者と技術者が動物をまねることによって、アフリカゾウにインスピレーションを得た振動方式の補聴器が開発され、また、ヤモリの爪先をまねたゲックスキン粘着シートが開発されるなどのことが、現実に起こっているのだ。さらに、クジャクの羽に見られるさまざまな美しい色は、色素によるものではなく、光の羽からの反射の仕方の違いによるものではないかというニュートンの疑問があった。彼のこの洞察は、その後正しかったことが確認され、「構造色」という、まったく新しい科学をもたらした。この構造色を利用して、偽造が困難な紙幣から、環境の変化に反応する「スマートウインドウ」〔カーテンやブラインドなしで明るさや眩しさが調整できる窓〕まで、そしてさらに、飲み物に入れればアルコール度数が判定できるスティックさえもが生み出されている。

このように情報が双方向に流れていることは、驚くにはあたらない。生物学と物理学を無関係なもののように語るのは、単なる慣習にすぎない。それは都合がいいかもしれないが、必ずしも有用ではない。物理学者と生物学者を分離し、彼らを別々の教室に行かせて、異なるテーマを学ばせるなら、進歩は滞ってしまう。それぞれが異なる言語を話すことになってしまう。たとえば、「核」という言葉。物理学者にとっては、ある原子の中心にある陽子と中性子の集合体だが、生物学者にとっては、細胞の中心にある遺伝子が格納されている構造だ。

多くの物理学者たちが、すべては物理に帰着すると思い込むという間違いをおかしている。動物なんて、電子と中性子と陽子でできた、原子と分子の集合体以外の何物でもないじゃないか。そして、電子、中性子、陽子は、すべてクォークとグルーオンでできているにすぎないのさ——と、そんな思い込みに縛られた物理学者たちは言うだろう。彼らの主張は間違ってはいないが、その考え方では、それ以上先には進めない。クジャクがいかにしてインフラサウンドを生み出すかを説明する際に、空気の分子の運動を使うのは確かだ。しかし、クジャクの交尾の習慣を研究しないことには、クジャクがなぜインフラサウンドを生み出すかを理解することはできない。世界は複雑なところで、常に物理に帰着するとは限らないのだ。動物の遺伝学、神経科学、生理学にはまったく触れないこのような話ですら、そうなのだ。

さらに、物理学は完全に無害というわけでもない。人類の技術は、その多くが物理学に基づいているが、これまでに多くの動物の生息地を損なってきた。沿岸部の送電線や海辺のホテルで使われている鉄骨は、アカウミガメが帰巣の際に方向感知のために使う磁場を混乱させる恐れがある。携帯電話、ノートパソコン、その他の電子機器のコンデンサーに使われるタンタルというレアメタルが含まれる、コルタンと呼ばれる鉱石の採掘が盛んなコンゴ民主共和国では、野生生物の生息環境が破壊され、ニシローランドゴリラの狩猟も盛んに行われている。一部の人間の繁栄を許すことによって、技術は人口を急激に増加させたが、その結果、私たちの農業用地や都市が、自然のままの景色を侵害している。そして、産業革命によって化石燃料の燃焼が促進された結果引き起こされた気候変動に、私たちは今直面している。

しかし、技術は賢く使えば、医療を向上させ、安全な水を供給し、二酸化炭素や汚染物質を発生しないクリーンエネルギーを提供してくれる。さらに、私たちが苦境に陥れてしまった動物たちを保護するのを助けてもくれる。たとえば本書で紹介したように、ゾウが出す地面を伝わる音を利用して、うろつき回っているオスのゾウが人間とのあいだで問題を起こさないように呼び戻すことができるし、また、卵から孵ったばかりの子ガメが生まれたビーチの磁場を記憶することを利用できれば、絶滅したビーチにカメを呼び戻せる可能性もある。

私を知り、あなたを知る

本書を終える前に、触れておかねばならない重要な問題がひとつある。誰もが気にしていながら、口にはせずに済ませている問題だ。それは、動物たちはほんとうに物理を「わかって」いるのだろうか？

という疑問である。本書では終始、まるで動物たちが意識的に物理を利用しているかのように書いてきた（それはひとつには、擬人化したほうが話がしやすいからだ）。しかし、動物たちに、質量、重力、力、そして物質強度などの抽象的な概念が論理的に考えられるのだろうか？　アメリカのルイジアナ大学に所属する人類学者、ダニエル・ポヴィネリが２０００年に出版した著書『サルの民俗物理学：世界の仕組みについてのチンパンジーの理論（*Folk Physics for Apes: the Chimpanzee's Theory of How the World Works*）』のなかで取り組んだのもこの問題だった。野生の状態で、これらの動物は道具を作ってそれを使う。ナッツを砕くための石と台、さらにシロアリを巣から引き出すための棒など。実験室では、サルたちが手が届かないところにあるバナナを取るために箱を積み上げるのが観察されている。また、イギリスのオックスフォード大学に所属する動物学者アレックス・カセルニクは、カレドニアガラスがワイヤーを曲げてフックを作り、それを使って垂直なパイプのなかから小さなバケツいっぱいの食べ物を引き上げることを示した。最近ではイヌ用のパズルまである。イヌは、プラスチックのスライド式の板をいくつも動かすことによって、下側に隠されているごほうびを出すにはどうすればいいかを学習するのだ。

こういう例を聞くと、チンパンジー、カラス、あるいは本書で取り上げたどの動物でも、動物たちは物理を「わかって」いるのは明らかだと思えるかもしれない。しかし、動物が人間のように振る舞っていると見なせば、彼らの思考も人間と似ているという思い込みにつながりかねない。私たちは、大きな箱を見れば、それは小さな箱より持ち上げにくいと「わかる」が、チンパンジーもそのように考えると思い込むのは正しいだろうか？　道具を手にしたチンパンジーを注意深く観察した結果に基づき、ポヴィネリは「必ずしもそうではない」と結論した。物理的世界について理解することに関して、チンパンジーは幼い子どもにも及ばないのである。

そのうえ、チンパンジーは（この点に関してはほとんどの人間もそうだが）、物理が現れるさまざまな形をすべて理解しているわけではない。だからこそポヴィネリも「民俗物理」という言葉を使ったのだ。私たちは、自分の生活が危うくなりそうな状況になると、そこで役に立ちそうな世界像を作り上げる。その世界像は常に正しいわけではなくても、別に構わないのだ。たとえばの話、「走りながら物を落としたとき、その物はどんな軌道を描いて落ちますか？」と尋ねられて、正しく答えられる人はあまりいない。ほとんどの人が、その物はまっすぐ地面に落ちるだろうと考える。だが、現実には、物は放物線を描いて前方に落ちるのだ。ポヴィネリが注目しているのは、走りながら物を落とすことはめったにないので、その質問への答えが間違っていても別に構わないという点だ。たいていの場合、民俗物理は何ら問題を起こさない。しかし私たちは、人間は物理を「わかっている」と勘違いしてはならない。

デイヴィッド・ベッカムは、ディフェンダーたちの壁をうまく避けられるようにサッカーボールのコースを曲げる名人だった。しかし、乱流が球の自転をいかに変化させるかに関する洞察で、彼がノーベル賞を取ることはないだろう。ミツバチやタツノオトシゴと同じように、ベッカムも、物理に関しては自分が何をやっているのかなど意識せぬままに、自分が望むことを正確に行うために乱流を利用できたのだ。小さな羽で飛ぶことから、獲物に忍び寄ることまで、さらにサッカーでハットトリックを決めることも含め、重要なのは物理があなたのために働いてくれるようにすることだ。なぜなら、もしそうできたなら、あなたが勝つ可能性が高まるからだ。そして生き物の世界では、生き残るのは勝者だけなのである。

謝辞

本書は、次に記す皆さんのご協力なしには書き上げることはできなかったものであり、私たち2人は、この方々に心から感謝している。

快く時間を割いてくださり、寛大にも知識を共有させてくださったすべての科学者の皆さんを、本書にご登場いただいたおおよその順番で挙げさせていただきたい。リック・シャイン、アンドリュー・ディッカーソン、クラウディオ・ラッツァーリ、小野正人、佐々木正巳、アーロン・ランダス、ヘルムート・シュミッツ、スティーヴン・ロー、デイヴィッド・キサイラス、シーラ・パテク、アリッサ・スターク、ジョン・ブッシュ、マーク・デニー、ロマン・ストッカー、マイケル・ノーエンバーグ、サニー・ユング、ブラッド・ゲンメル、チャーリー・エリントン、マット・ウィルキンソン、アンジェラ・フリーマン、ホルガー・ゲルリッツ、ブルース・ヤング、レオ・ファン・ヘメン、ケイトリン・オコーネル、ウィリアム・ターケル、ケネス・カターニャ、ダニエル・ロバート、ケン・ローマン、マリアン・スティーヴンス、田中啓太、シェルビー・テンプル、センケ・ジョンセン。以上の皆さんには専門知識をお教えいただくことができた。心より御礼申し上げます。また、私たちが不注意から、皆さんにお教えいただいたことを誤って伝えてしまっている箇所があったとしたら、お詫び申し上げます。

私たちの草稿を読んでフィードバックをくださったのは、次の方々だ。マイク・フォローズ、ホルガー・ゲルリッツ、タニア・ハーシュマン、パトリック・カラーファー、マキシム・コセック、バーンド・クラマー、デイヴィッド・パイ、ヴィジェイ・シャー、スー・スミス、マリック・スティーヴンス、シェルビー・テンプル、ケイト・ワット。皆さんの我慢強さと知識に基づく洞察に感謝申し上げます。ロッテ・カメンガには、リズに『キャビン・プレッシャー』に描かれる飛行機運行中の状況をご説明くださったことに感謝いたします。

ジム・マーチン、アナ・マクディアミドをはじめとするブルームスベリー社の皆さんには、本書執筆をご依頼くださり、また編集の労をお取りくださったことにお礼申し上げます。また、マーク・ダンドゥーの卓越した図版に感謝いたします。

最後になりましたが、『フィジックス・ワールド』誌の特集記事担当デスク、ルイーズ・メイヤーには、２０１２年に同誌で「動物が使っている物理」の特集を組むことをご提案くださり、また、実際にその特集をまとめあげてくださったことに心より感謝申し上げます。この特集号が大成功を収めたことがきっかけで、私たちは、これを本の形で出版するのは素晴らしいことだと気づいたのでした。

著者
マティン・ドラーニ Matin Durrani
国際的な物理学誌『フィジックス・ワールド』の編集者。ケンブリッジ大学所属キャヴェンディッシュ研究所で高分子物理の博士号を取得後、現職に。

リズ・カローガー Liz Kalaugher
サイエンスライター。オックスフォード大学で材料科学の学位、ブリストル大学でダイヤモンド薄膜の博士号を取得。BBC ニュース、『ガーディアン』紙、『フィジックス・ワールド』誌などに寄稿。

訳者
吉田 三知世（よしだ みちよ）
翻訳家。京都大学理学部物理系卒業。訳書は、ランドール・マンロー『ホワット・イフ？』『ホワット・イズ・ディス？』、ニール・シュービン『あなたのなかの宇宙』、ピーター・フォーブズ『ヤモリの指』、ロバート・P・クリース『世界でもっとも美しい 10 の物理方程式』ほか、多数。

動物たちのすごいワザを物理で解く

花の電場をとらえるハチから、しっぽが秘密兵器のリスまで

2018年4月20日　第1刷発行

著　者　マティン・ドラーニ、リズ・カローガー
訳　者　吉田 三知世
発行者　宮野尾 充晴
発　行　株式会社 インターシフト
〒156-0042　東京都世田谷区羽根木1-19-6
電話 03-3325-8637　FAX 03-3325-8307
www.intershift.jp/
発　売　合同出版 株式会社
〒101-0051　東京都千代田区神田神保町1-44-2
電話 03-3294-3506　FAX 03-3294-3509
www.godo-shuppan.co.jp/
印刷・製本　シナノ印刷
装丁　織沢 綾

カバーイラスト ©岩崎政志

Printed in Japan
ISBN 978-4-7726-9559-6　C0040　NDC400　188x130

インターシフトの本　新刊メルマガもどうぞ！　www.intershift.jp

猫はこうして地球を征服した　人の脳からインターネット、生態系まで

アビゲイル・タッカー　西田美緒子訳　二二〇〇円＋税

愛らしい猫にひそむ不思議なチカラ——世界中のひとびとを魅了し、
リアルもネットも席巻している秘密とは？　★全米ベストセラー★年間ベストブック&賞、多数！

たいへんな生きもの　問題を解決するとてつもない進化

マット・サイモン　松井信彦 訳　一八〇〇円＋税

生きることは「問題」だらけだ。だが、進化はとてつもない「解決策」を生み出す！
★全米図書館協会「アレックス賞」★２０１７年下半期アンケート・ベストブックス！『図書新聞』

ニワトリ　人類を変えた大いなる鳥

アンドリュー・ロウラー　熊井ひろ美訳　二四〇〇円＋税

ニワトリ無くして、人類無し！　古代から近未来まで、ニワトリとともに歴史・文化・科学を巡り、

動物たちの喜びの王国

ジョナサン・バルコム　土屋晶子訳　二三〇〇円＋税

従来の動物観をくつがえし、ひとと動物とのかかわりを問い直す画期的著作。

動物の喜び（快楽行動学）をテーマとした世界初の本！　★池田清彦さん絶賛！

「動物たちも人間と同じように生活をエンジョイしていることを、

沢山の具体例を挙げながら論じた好著」——池田清彦『東京新聞・中日新聞』

なぜ生物時計は、あなたの生き方まで操っているのか？

ティル・レネベルク　渡会圭子訳　二二〇〇円＋税

生物時計は私たちの細胞や代謝のリズムを制御し、心身の調子のもとになっている。

あなたの生物時計に逆らってはいけない！　★年間ベストブック（英国医療協会）★佐倉統さん絶賛！

なぜ老いるのか、なぜ死ぬのか、進化論でわかる

ジョナサン・シルバータウン　寺町朋子訳　二二〇〇円＋税

進化を通して見えてくるのは、生命は矛盾やパラドックスだらけであり、

老化や寿命、死もその産物にほかならないことだ。　★『ニューヨーク・タイムズ』で絶賛！